T0207516

Die Schriftenreihe gibt aktuelle Forschungsarbeiten des Instituts Baubetriebswesen der TU Dresden wieder, liefert einen Beitrag zur Verbreitung praxisrelevanter Entwicklungen und gibt damit wichtige Anstöße auch für daran angrenzende Wissensgebiete.

Die Baubranche ist geprägt von auftragsindividuellen Bauvorhaben und unterscheidet sich von der stationären Industrie insbesondere durch die Herstellung von ausgesprochen individuellen Produkten an permanent wechselnden Orten mit sich ständig ändernden Akteuren wie Auftraggebern, Bauunternehmen, Bauhandwerkern, Behörden oder Lieferanten. Für eine effiziente Projektabwicklung unter Beachtung ökonomischer und ökologischer Kriterien kommt den Fachbereichen des Baubetriebswesens und der Bauverfahrenstechnik eine besonders bedeutende Rolle zu. Dies gilt besonders vor dem Hintergrund der Forderungen nach Wirtschaftlichkeit, der Übereinstimmung mit den normativen und technischen Standards sowie der Verantwortung gegenüber eines wachsenden Umweltbewusstseins und der Nachhaltigkeit von Bauinvestitionen.

In der Reihe werden Ergebnisse aus der eigenen Forschung der Herausgeber, Beiträge zu Marktveränderungen sowie Berichte über aktuelle Branchenentwicklungen veröffentlicht. Darüber hinaus werden auch Werke externer Autoren aufgenommen, sofern diese das Profil der Reihe ergänzen. Der Leser erhält mit der Schriftenreihe den Zugriff auf das aktuelle Wissen und fundierte Lösungsansätze für kommende Herausforderungen im Bauwesen.

Weitere Bände in der Reihe http://www.springer.com/series/16521

Baubetriebswesen und Bauverfahrenstechnik

Reihe herausgegeben von
Jens Otto, Dresden, Deutschland
Peter Jehle, Dresden, Deutschland

Anne Harzdorf

Anpassungs- und Umnutzungsfähigkeit von Produktionshallen

Eine funktionale und wirtschaftliche Lebenszyklusanalyse

Mit einem Geleitwort von Prof. Dr.-Ing. Peter Jehle
und Prof. Dr.-Ing. Dipl.-Wirt.-Ing. Jens Otto

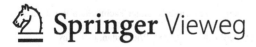

Anne Harzdorf
Fakultät Bauingenieurwesen,
Institut für Baubetriebswesen
Technische Universität Dresden
Dresden, Deutschland

Zugl.: Dissertation, Technische Universität Dresden, 2020

ISSN 2662-9003   ISSN 2662-9011 (electronic)
Baubetriebswesen und Bauverfahrenstechnik
ISBN 978-3-658-31657-0   ISBN 978-3-658-31658-7   (eBook)
https://doi.org/10.1007/978-3-658-31658-7

Die Deutsche Nationalbibliothek verzeichnet diese Publikation in der Deutschen National-
bibliografie; detaillierte bibliografische Daten sind im Internet über http://dnb.d-nb.de abrufbar.

Springer Vieweg ist ein Imprint der eingetragenen Gesellschaft Springer Fachmedien Wiesbaden
GmbH und ist ein Teil von Springer Nature.
Die Anschrift der Gesellschaft ist: Abraham-Lincoln-Str. 46, 65189 Wiesbaden, Germany

„Nichts ist so beständig wie der Wandel"

Heraklit von Ephesus (etwa 540 bis 480 v. Chr.)

Geleitwort der Herausgeber

Produktionshallen zählen als Betriebsmittel der betrieblichen Leistungserbringung zu den elementaren Produktionsfaktoren. Darüber hinaus erfordern sie in der Regel sehr hohe Investitionen für deren Herstellung und sind bei später erforderlichen Änderungen der Produktionsorganisation wegen baukonstruktiver und technischer Eigenschaften oft begrenzender Faktor. Die Änderung der Produktionsorganisation wird durch die permanente Anpassung der Güterproduktion an sich ständig variierende Marktbedingungen beeinflusst. Die Anpassungs- und Umnutzungsfähigkeit von Produktionshallen spielt daher für einschlägige Industrieunternehmen hinsichtlich von Erst- und Folgeinvestitionen, vor allem aber auch Reaktionszeiten bis zur erneuten Inbetriebnahme nach dem Hallenumbau eine entscheidende Rolle.

In diesem Kontext betrachtet die hier vorliegende Arbeit von Frau Anne Harzdorf einerseits die Vorteilhaftigkeit von ausgewählten bautechnischen und konstruktiven Kriterien von Produktionshallen. Andererseits beschäftigt sich die Arbeit mit der Fragestellung, inwieweit die präventive Berücksichtigung von späteren Nutzungsänderungen und damit zusammenhängende kostenintensivere Gebäudestrukturen beim Neubau von Produktionshallen wirtschaftlich sind. In der Arbeit werden die dieser Fragestellung zugrunde liegenden Sachverhalte und Zusammenhänge umfänglich aufgearbeitet und wissenschaftlich fundiert nachgewiesen.

In diesem Sinne bleibt zu hoffen, dass sich durch diese Publikation Bauherren, Architekten und Fachplaner diesem Thema widmen und die Erkenntnisse dieser Arbeit in ihre Entscheidungsfindung einfließen lassen.

Dresden, August 2020

Prof. Dr.-Ing. Peter Jehle

Institut für Baubetriebswesen
der Technischen Universität Dresden

Prof. Dr.-Ing. Dipl.-Wirt.-Ing. Jens Otto

Direktor des Instituts für Baubetriebswesen
der Technischen Universität Dresden

Vorwort des betreuenden Hochschullehrers

Die Industrie und andere Wirtschaftsbereiche benötigen Hallen zu den unterschiedlichsten Zwecken. Da die Errichtung und der Betrieb der Hallen für die allermeisten Unternehmen, ausgenommen sind insbesondere Logistikunternehmen, kein strategisches Geschäftsfeld darstellen, werden beim Bau der betriebsnotwendigen Hallen meistens keine vertieften Wirtschaftlichkeitsuntersuchungen durchgeführt. Die Hallen werden in der Regel nur so geplant, dass sie die anfangs definierten Funktionen erfüllen. Somit wird – wenn überhaupt – nur eine Anfangsrentabilität unter Ansatz von betriebsinternen Mietsätzen errechnet.

Bei den Wirtschaftlichkeitsuntersuchungen wird in der Regel nicht unterstellt, dass die Halle nach einer begrenzten Nutzungszeit einer Weiterverwendung zugeführt werden muss. Es zeigt sich jedoch, dass bei sehr vielen Hallen die Anfangsnutzung zeitlich begrenzt ist und die Halle einer Wiederverwendung zuzuführen ist. Die spezifische Planung nur unter Betrachtung der Anfangsnutzung erweist sich dabei regelmäßig als sehr nachteilig, mit der Folge, dass bei Folgenutzungen Kompromisse notwendig sind und bei Fremdvermietung nur reduzierte Mietsätze erzielt werden können.

Daraus stellt sich die Frage, ob gewisse Kriterien generell bei der Planung von Hallen erfüllt werden sollten, damit bei einer Lebenszyklusbetrachtung eine möglichst hohe Rendite über den gesamten Lebenszyklus erreicht werden kann.

Der Begriff der Nachhaltigkeit umfasst nach der üblichen Definition drei Aspekte: den ökologischen, den ökonomischen und den sozialen. Die Frage nach einer langfristigen, hohen Rendite enthält neben dem ökonomischen auch den ökologischen Aspekt der Nachhaltigkeit. Durch eine Lebenszyklusbetrachtung wird in großem Maße sichergestellt, dass eine möglichst lange wirtschaftliche Nutzung möglich ist. Somit wird durch diesen Ansatz im nachhaltigen Sinn auch die Schonung von Ressourcen erreicht.

Frau Harzdorf widmet sich in der vorliegenden Veröffentlichung den aufgeworfenen Fragen. Neben einer Untersuchung der Kriterien, die bei der Planung und Konzeption von Hallen zu beachten sind, werden jene definiert, die erfüllt sein müssen, damit Hallen neben einer möglichst hohen Anpassungsfähigkeit (Flexibilität) auch eine möglichst hohe Umnutzungsfähigkeit (Variabilität) aufweisen.

Besonders wertvoll sind die Erkenntnisse, die Frau Harzdorf aus den lebenszyklusorientierten Wirtschaftlichkeitsbetrachtungen mit stochastischen Ansätzen gewinnt. Dabei konnte nachgewiesen werden, dass zielgerichtete Investitionen, die zu einer höheren Flexibilität und Variabilität von Hallen führen, sich langfristig als wirtschaftlich herausstellen, falls Nachnutzungen der Hallen notwendig werden.

Insoweit kann gehofft werden, dass künftig beim Bau von Hallen die Erkenntnisse von Frau Harzdorf aufgenommen werden, um möglichst nachhaltige Bauwerke zu realisieren.

Dresden, April 2020   Prof. Dr.-Ing. Rainer Schach

Direktor des Instituts für Baubetriebswesen
der Technischen Universität Dresden i. R.

Vorwort der Verfasserin

Industrieunternehmen unterliegen einem stetig steigenden Konkurrenzdruck. Dies bedingt immer kürzere Strategie- und Entscheidungszyklen und kann dazu führen, dass sich Gebäudeanforderungen vor Ablauf der wirtschaftlich kalkulierten Lebensdauer elementar ändern. Daraus ergibt sich, dass die betreffenden Immobilien entweder unternehmensintern angepasst oder auf dem Immobilienmarkt verwertet werden müssen. Da traditionell jedoch das Kerngeschäft von Unternehmen den Umgang mit Immobilien vorgibt und die Gebäudeanforderungen auf Basis der spezifischen Bedürfnisse der Erstnutzer bestimmt werden, stellen Produktionsgebäude oftmals nicht oder nur schwer verwertbare Spezialimmobilien dar. Dies kann zur Folge haben, dass Gebäude vor Erreichung der wirtschaftlichen Lebensdauer leer stehen oder abgerissen werden müssen. An dieser Stelle setzt die vorliegende Arbeit an und entwickelt ein Bewertungssystem zur funktionalen und wirtschaftlichen Beurteilung der Anpassungs- und Umnutzungsfähigkeit von Produktionshallen. Damit leistet die Arbeit einen Beitrag zur stärkeren Verzahnung zwischen Unternehmens- und Immobilienstrategie. Ziel ist es, ein sinnvolles Gleichgewicht zwischen den Interessen des Kerngeschäfts und der immobilienwirtschaftlichen Realität herzustellen.

Die vorliegende Arbeit entstand während meiner Tätigkeit als wissenschaftliche Mitarbeiterin am Institut für Baubetriebswesen, Fakultät Bauingenieurwesen an der Technischen Universität Dresden. Mein besonderer Dank gilt meinem Doktorvater Herrn Prof. Dr.-Ing. Rainer Schach für die intensive Betreuung, die individuelle Förderung und das entgegenbrachte Vertrauen. Die vielen inspirierenden Gespräche und fachlichen Diskussionen haben maßgeblich zum Gelingen der Arbeit beigetragen. Ebenso möchte ich mich bei Herrn Prof. Dr.-Ing. Christian Jünger und Herrn Prof. Dr.-Ing. Dipl.-Wirt.-Ing. Jens Otto für die Bereitschaft zur Begutachtung meiner Arbeit und das dadurch zum Ausdruck gebrachte Interesse bedanken. Herrn Prof. Dr.-Ing. Richard Stroetmann danke ich für die Übernahme des Vorsitzes der Promotionskommission. Weiterhin bedanke ich mich bei Herrn Prof. Dr.-Ing. Thomas Glatte. Er fungierte als Ideengeber der Arbeit und unterstütze mich während der gesamten Bearbeitungszeit in verschiedenen organisatorischen und fachlichen Belangen. Ein weiterer Dank gilt meinen Institutskolleginnen und -kollegen. Sie haben während meiner Zeit am Institut für ein außerordentlich freundschaftliches und unterstützendes Umfeld gesorgt. Ganz besonders bedanke ich mich bei Herrn Dipl.-Ing. Cornell Weller für die zahlreichen Diskussionen über Vollständige Finanzpläne. Weiterhin bedanke ich mich bei meinen ehemaligen Studienkolleginnen und sehr guten Freundinnen für die stets aufbauenden Worte. Ein großer Dank gilt Frau Dipl.-Ing. Laura Kreisel. Sie hat mich mit Ihrem Fachwissen zu Hallenbauwerken maßgeblich bei der Erarbeitung der Referenzgebäude unterstützt. Von Herzen danke ich meiner gesamten Familie für die Unterstützung. Hierbei möchte ich mich ganz besonders bei meinen Eltern Ina und Helge Harzdorf bedanken. Sie haben mir meinen Weg geebnet und mich in allen Lebenslagen unterstützt. Auch meiner Schwester Carolin Harzdorf danke ich. Schließlich danke ich meinem Verlobten Marko Schimke. Er hat mich darin bestärkt, die Promotion zu beginnen und hierfür stets mein Bestes zu geben.

Dresden, April 2020   Dr.-Ing. Anne Harzdorf

Inhaltsverzeichnis

Abbildungsverzeichnis

Tabellenverzeichnis

Formelverzeichnis

Formelzeichenverzeichnis

A	€	Jährliche Annuität
$A_{BGF,\,Büro}$	m²	Bruttogrundfläche Referenzgebäude Büroanteil
$A_{BGF,\,Ges}$	m²	Bruttogrundfläche Referenzgebäude Gesamt
$A_{BGF,\,Halle}$	m²	Bruttogrundfläche Referenzgebäude Hallenanteil
A_{GF}	m²	Grundstücksfläche
D	%	Tageslichtquotient
E	€	Ertragswert
E_a	lx	Beleuchtungsstärke im Freien bei bedecktem Himmel
$E_{M,\,n}$	€	Mieterlöse im Jahr n
$E_{M,\,30}$	€	Mieterlöse im Jahr 30
E_p	lx	Beleuchtungsstärke an einem Punkt im Innenraum
$E_{V,\,n}$	€	Erlöse aus Vermietung im Jahr n
$E_{V,\,3}$	€	Erlöse aus Vermietung im Jahr 3
$E_{VGeb,\,30}$	€	Erlöse aus Verkauf Gebäude im Jahr 30
$E_{VGr,\,30}$	€	Erlöse aus Verkauf Grundstück im Jahr 30
f_{Makler}	-	Maklerfaktor
i	%	Kalkulationszinssatz
$I_{End,\,n}$	€	Investitionsendwert im Jahr n
k_B	€/m²	Jährlicher Betriebskostenkennwert
$k_{B,\,Büro}$	€/m²	Jährlicher Betriebskostenkennwert Büroflächenanteil
$k_{B,\,Halle}$	€/m²	Jährlicher Betriebskostenkennwert Hallenflächenanteil
$k_{ME,\,Büro}$	€/m²	Monatlicher Mieterlöskennwert Büroflächenanteil
$k_{ME,\,Halle}$	€/m²	Monatlicher Mieterlöskennwert Hallenflächenanteil
k_{OM}	€/m²	Jährlicher Objektmanagementkostenkennwert
$K_{A,\,n}$	€	Endwert einer Alternativinvestition im Jahr n
$K_{B,\,n}$	€	Betriebskosten im Jahr n
$K_{B,\,3}$	€	Betriebskosten im Jahr 3
$K_{B,\,18}$	€	Betriebskosten im Jahr 18
K_{Bew}	€	Jährliche Bewirtschaftungskosten
$K_{Bew,\,NU}$	€	Nicht umlagefähige Bewirtschaftungskosten
$K_{EK,\,0,\,n}$	€	Eigenkapitaleinsatz zum Zeitpunkt 0 im Jahr n
$K_{EK,\,n}$	€	Eigenkapitaleinsatz im Jahr n
K_{EN}	€	Erwerbsnebenkosten
$K_{GS,\,0}$	€	Grundstückskosten zum Zeitpunkt 0
$K_{I,\,n}$	€	Instandhaltungskosten im Jahr n
$K_{I,\,10}$	€	Instandhaltungskosten im Jahr 10
$K_{I,\,30}$	€	Ersparte Instandhaltungskosten im Jahr 30
$K_{OM,\,n}$	€	Objektmanagementkosten im Jahr n
$K_{OM,\,1}$	€	Objektmanagementkosten im Jahr 1
$K_{R,\,0}$	€	Realisierungskosten Gesamt zum Zeitpunkt 0
M_{Netto}	€	Jahresnettomiete

n	a	Laufzeit
p_G	%	Prozentualer Ansatz Grunderwerbssteuer
p_{GNK}	%	Prozentualer Ansatz Grundstücksnebenkosten
p_{ISK}	%	Prozentualer Ansatz Instandsetzungskosten
p_M	%	Prozentualer Ansatz Maklerprovision
P_{Netto}	€	Nettokaufpreis
p_N	%	Prozentualer Ansatz Notariats- und Gerichtsgebühren
p_{VPI}	%	Jährliche prozentuale Preissteigerung
R	€	Jährlicher Rohertrag
r_{BA}	%	Bruttoanfangsrendite
r_{EK}	%	Eigenkapitalrentabilität
r_{NA}	%	Nettoanfangsrendite
S	€	Darlehensbetrag
$t_{ä}$	min	Äquivalente Branddauer
V	-	Vervielfältiger
W_B	€	Bodenwert
$W_{BR,0}$	€/m²	Bodenrichtwert zum Zeitpunkt 0
z	%	Liegenschaftszinssatz

Abkürzungsverzeichnis

AF	Außenanlagenfläche
ArbSchG	Arbeitsschutzgesetz
ArbStättV	Arbeitsstättenverordnung
ASR	Technische Regel für Arbeitsstätten
AwSV	Verordnung über Anlagen zum Umgang mit wassergefährdenden Stoffen
BauGB	Baugesetzbuch
BauNVO	Baunutzungsverordnung
BayBO	Bayerische Bauordnung
BBSR	Bundesinstitut für Bau-, Stadt- und Raumforschung
BE	Baustelleneinrichtung
BetrKV	Betriebskostenverordnung
BGB	Bürgerliches Gesetzbuch
BGF	Bruttogrundfläche
BIM	Building Information Modeling
BImSchG	Bundes-Immissionsschutzgesetz
BImSchV	Bundes-Immissionsschutzverordnung
BKI	Baukosteninformationszentrum
BMUB	Bundesministerium für Umwelt, Naturschutz und nukleare Sicherheit
BMVBS	Bundesministerium für Verkehr, Bau und Stadtentwicklung
BMZ	Baumassenzahl
BNatSchG	Bundesnaturschutzgesetz
BNB	Bewertungssystem Nachhaltiges Bauen
BPI	Baupreisindex
BREEAM	Building Research Establishment Environmental Assessment Method
BSH	Brettschichtholz
CASBEE	Comprehensive Assessment System for Building Environmental Efficiency
CREM	Corporate Real Estate Management
dB	Dezibel
DGNB	Deutsche Gesellschaft für nachhaltiges Bauen
DGUV	Deutsche Gesetzliche Unfallversicherung
DIN	Deutsches Institut für Normung
DWA	Deutsche Vereinigung für Wasserwirtschaft, Abwasser und Abfall
EEWärmeG	Erneuerbare-Energien-Wärmegesetz
EnEG	Energieeinsparungsgesetz
EnEV	Energieeinsparverordnung
EPS	Expandierter Polystyrolhartschaum
ErbbauRG	Erbbaurechtsgesetz
ESt	Einkommensteuer
EStG	Einkommensteuergesetz
e. V.	eingetragener Verein
F 30	feuerhemmend

FDE-Beton	Flüssigkeitsdichter Beton mit Eignungsprüfung
FD-Beton	Flüssigkeitsdichter Beton
FK	Fremdkapital
FLL	Forschungsanstalt Landschaftsentwicklung Landschaftsbau
FM	Facility Management
FW	Fachwerk
G	Gewerbliche Bauflächen
GE	Gewerbegebiete
GEFMA	German Facility Management Association
GEG	Gebäudeenergiegesetz
GewSt	Gewerbesteuer
GewStG	Gewerbesteuergesetz
GF	Grundstücksfläche
GFZ	Geschossflächenzahl
GG	Grundgesetz
GI	Industriegebiete
gif	Gesellschaft für immobilienwirtschaftliche Forschung
GrESt	Grunderwerbssteuer
GRZ	Grundflächenzahl
H1	1. Halbjahr
HBO	Hessische Bauordnung
HF	Hallenfläche
HOAI	Honorarordnung für Architekten und Ingenieure
HQE	Haute Qualité Environnementale
IGF	Industrielle Gemeinschaftsforschung
IGM	Infrastrukturelles Gebäudemanagement
ImmoWertV	Immobilienwertermittlungsverordnung
IndBauRL	Industriebaurichtlinie
IRW	Immissionsrichtwerte
ISIC	International Standard Industrial Classification
ISO	International Organization for Standardization
KG	Kostengruppe
KGF	Konstruktionsgrundfläche
KGM	Kaufmännisches Gebäudemanagement
KStG	Körperschaftssteuergesetz
KSt	Körperschaftssteuer
LB	Leistungsbereich
LBO	Landesbauordnung
LED	Lichtemittierende Diode
LEED	Leadership in Energy and Environmental Design
LHS	Latin-Hypercube-Simulation
LZ	Lebenszyklus
M	Gemischte Bauflächen
MBO	Musterbauordnung

MCS	Monte-Carlo-Simulation
MD	Dorfgebiete
MFG	Mietfläche für gewerblichen Raum
MI	Mischgebiete
MIndBauRL	Musterindustriebaurichtlinie
MK	Kerngebiete
MU	Urbane Gebiete
n	Stichprobenumfang
n_D	Anzahl der Nennungen für Distributionshallen
n_G	Stichprobenumfang durchgeführte Interviews Gesamt
n_L	Anzahl der Nennungen für Logistikhallen
n_M	Stichprobenumfang durchgeführte Interviews Bereich „Markt"
n_{ME}	Stichprobenumfang befragte Experten Bereich „Markt"
n_P	Anzahl der Nennungen für Produktionshallen
n_U	Stichprobenumfang durchgeführte Interviews Bereich „Unternehmen"
n_{UE}	Stichprobenumfang befragte Experten Bereich „Unternehmen"
NRF	Nettoraumfläche
NUF	Nutzungsfläche
NWG	Nichtwohngebäude
OK	Oberkante
o. O.	ohne Ort
PE	Polyethylen
PEHD	Polyethylen hoher Dichte
PSA	Persönliche Schutzausrüstung
PTFE	Polyetrafluorethylen
Q1	1. Quartal
RLT	Raumlufttechnik
RWA	Rauch- und Wärmeabzugsanlagen
s	Standardabweichung
S	Sonderbauflächen
SächsBO	Sächsische Bauordnung
SK	Sicherheitskategorie
SO	Sondergebiete
SolZG	Solidaritätszuschlagsgesetz
SolZ	Solidaritätszuschlag
StB	Stahlbeton
STLB	Standardleistungsbuch
StVO	Straßenverkehrs-Ordnung
StVZO	Straßenverkehrs-Zulassungs-Ordnung
TA Lärm	Technische Anleitung zum Schutz gegen Lärm
TA Luft	Technische Anleitung zur Reinhaltung der Luft
TF	Technikfläche
TGA	Technische Gebäudeausrüstung
TGM	Technisches Gebäudemanagement

TRwS	Technischen Regel wassergefährdender Stoffe
TUD	Technische Universität Dresden
UKB	Unterkante Binder
UNO	United Nations Organization
UStG	Umsatzsteuergesetz
USt	Umsatzsteuer
VF	Verkehrsfläche
VOB/C	Vergabe- und Vertragsordnung für Bauleistungen, Teil C
VoFi	Vollständiger Finanzplan
VPI	Verbraucherpreisindex
W	Wohnbauflächen
WA	Allgemeine Wohngebiete
WB	Besondere Wohngebiete
WHG	Wasserhaushaltsgesetz
WiStG	Wirtschaftsstrafgesetz
WR	Reine Wohngebiete
WS	Kleinsiedlungsgebiete
$\bar{x}$	Mittelwert
XPS	Extrudierter Polystyrolhartschaum

1 Einleitung

1.1 Ausgangssituation und Motivation

Globale Entwicklungen, wie beispielsweise der Klimawandel, das Bevölkerungswachstum, der steigende Energie- und Rohstoffbedarf sowie die Internationalisierung der Märkte bestimmen das stetig steigende Bewusstsein für Nachhaltigkeit im politischen, gesellschaftlichen, wirtschaftlichen und wissenschaftlichen Kontext. Die Grundlage des heute gängigen Begriffs der Nachhaltigkeit findet sich im 1987 veröffentlichten Brundtland-Bericht.[1] Darin heißt es, dass eine Entwicklung im weitesten Sinne dann nachhaltig ist, wenn sie

„[...] die Bedürfnisse der Gegenwart befriedigt, ohne zu riskieren, dass zukünftige Generationen ihre eigenen Bedürfnisse nicht befriedigen können".[2]

Grundsätzlich kann die dargestellte Forderung nach Generationengerechtigkeit nur dann umgesetzt werden, wenn die ökologischen, ökonomischen und sozialen Zielkriterien in Einklang gebracht werden.[3] Diese gesamtheitliche Betrachtungsweise definiert einen Idealzustand, bei dem sich die genannten Merkmale dauerhaft im Gleichgewicht befinden.[4]

Auch die Bau- und Immobilienbranche bleibt von den Anforderungen einer nachhaltigen Entwicklung nicht unberührt. Wurden Gebäude in der Vergangenheit fast ausschließlich anhand der Realisierungskosten bewertet, erfolgt die Betrachtung zunehmend über den gesamten Lebenszyklus. Aufgrund dynamischer Marktentwicklungen und steigender Nutzeranforderungen kann nicht mehr prinzipiell von einer dauerhaften Wertstabilität und Wertsteigerung ausgegangen werden. Gesättigte Immobilienteilmärkte führen dazu, dass Gebäude in immer kürzeren Abständen wechselnden Anforderungen verschiedener Nutzergruppen entsprechen müssen.[5] Ziel aller Anstrengungen muss es daher sein, die Nachhaltigkeit von Gebäuden anhand ökologischer, ökonomischer und sozialer Aspekte transparent, messbar und prüfbar zu machen.[6] Dabei ist zu berücksichtigen, dass sich Entscheidungen in der Planungs- und Realisierungsphase maßgeblich auf die Nutzungs- und Verwertungsphase auswirken.[7] Erst die Betrachtung des gesamten Lebenszyklus lässt Aussagen zur tatsächlichen Gebäudequalität und Rentabilität einer Investition zu.[8]

Aufgrund der Globalisierung der Märkte unterliegen speziell Industrieunternehmen einem stetig steigenden Konkurrenzdruck und sich ständig ändernden Randbedingungen. Dies bedingt immer kürzere Strategie- und Entscheidungszyklen und kann dazu führen, dass sich Gebäudeanforderungen vor Ablauf der wirtschaftlich kalkulierten Lebensdauer elementar ändern. Daraus ergibt sich, dass die betreffenden Immobilien entweder unternehmensintern angepasst oder auf dem

---

[1] Vgl. HAUSER/EBIG/EBERT (2010), S. 20.
[2] Definition im Bericht der World Commission of Environment and Development der UNO (Brundtland-Kommission, 1987), zur deutschsprachigen Fassung siehe HAUFF (1987), S. 46.
[3] Vgl. BUNDESMINISTERIUM FÜR UMWELT, NATURSCHUTZ, BAU UND REAKTORSICHERHEIT (2016), S. 15.
[4] Vgl. MEINS ET AL. (2011), S. 8.
[5] Vgl. BRAUER (2013), S. 47.
[6] Vgl. BUNDESMINISTERIUM FÜR UMWELT, NATURSCHUTZ, BAU UND REAKTORSICHERHEIT (2016), S. 9.
[7] Vgl. LENNERTS/SCHNEIDER (2011), S. 105.
[8] Vgl. BUNDESMINISTERIUM FÜR UMWELT, NATURSCHUTZ, BAU UND REAKTORSICHERHEIT (2016), S. 18.

© Der/die Herausgeber bzw. der/die Autor(en), exklusiv lizenziert durch
Springer Fachmedien Wiesbaden GmbH, ein Teil von Springer Nature 2020
A. Harzdorf, *Anpassungs- und Umnutzungsfähigkeit von Produktionshallen*,
Baubetriebswesen und Bauverfahrenstechnik,
https://doi.org/10.1007/978-3-658-31658-7_1

Immobilienmarkt verwertet werden müssen.[9] Durch die Verschiebung von Produktionskapazitäten und die damit einhergehende Reduktion der Standortausnutzung kann es dazu kommen, dass Produktiongebäude alternativen Nutzungsarten zugeführt werden.[10] Da jedoch das Kerngeschäft von Unternehmen traditionell den Umgang mit Immobilien vorgibt und die Gebäudeanforderungen auf Basis der spezifischen Bedürfnisse der Erstnutzer bestimmt werden, stellen Produktionsgebäude oftmals nicht oder nur schwer verwertbare Spezialimmobilien dar.[11] Dies hat den Leerstand oder Abriss der Gebäude vor Erreichung der wirtschaftlichen Lebensdauer zur Folge und widerspricht dem Kerngedanken der Nachhaltigkeit. Um dieser Entwicklung entgegen zu wirken, sind marktgängige Standards für Produktionsgebäude zu definieren und der unternehmensspezifische Gebäudebestand an den klassischen Markt anzugleichen. Dadurch kann das Leerstandsrisiko reduziert, die Drittverwendungsfähigkeit erhöht und der Werterhalt gesichert werden.

1.2   Zielstellung und Abgrenzung

Die vorliegende Arbeit beschäftigt sich mit der Anpassungs- und Umnutzungsfähigkeit von industriell genutzten Immobilien. Der Fokus der Untersuchungen liegt auf Produktionsgebäuden und im Speziellen auf Produktionshallen. Dies ist damit zu begründen, dass die Erarbeitung einer Strategie zur optimierten Anpassungs- und Umnutzungsfähigkeit nur dann sinnvoll ist, wenn die betreffenden Immobilien grundsätzlich marktgängig sind. Produktionshallen, die insbesondere der Einhausung von Produktionsprozessen dienen, lassen vergleichsweise hohes Potenzial zur Berücksichtigung marktrelevanter Kriterien erwarten. Daher bilden diese die Grundlage der vorliegenden Arbeit.

Ziel der Arbeit ist es, ein Bewertungssystem aus funktionaler und wirtschaftlicher Sicht zu entwickeln. Dabei soll die bauliche Struktur von Produktionshallen und die sich daraus ergebenden Nutzungsszenarien adäquat einbezogen und der wirtschaftliche Mehrwert zur Umsetzung geeigneter Maßnahmen über den Lebenszyklus verdeutlicht werden. Die Bedürfnisse des unmittelbaren Erstnutzers und die der mittelbaren Folgenutzer sollen angemessen berücksichtigt werden. Das Bewertungssystem soll helfen, die Anzahl nicht verwertbarer Spezialimmobilien in Unternehmen zu reduzieren. Insgesamt soll die Arbeit einen Beitrag zur verstärkten Verzahnung zwischen Unternehmens- und Immobilienstrategie leisten und ein sinnvolles Gleichgewicht zwischen den Interessen des Kerngeschäfts und der immobilienwirtschaftlichen Realität herstellen.

Die vorgestellten Schwerpunkte führen zu den nachfolgend dargestellten Hypothesen. Diese werden mithilfe der vorliegenden Arbeit verifiziert und bestimmen den grundsätzlichen Aufbau der Arbeit.

Hypothese 1:   *„Nur eine geringe Anzahl an bautechnischen und konstruktiven Kriterien ist für die Umsetzung marktgängiger Standards zur Realisierung von anpassungs- und umnutzungsfähigen Produktionshallen ausschlaggebend."*

---

[9]   Vgl. DOMBROWSKI ET AL. (2011), S. A7 und GRIMM/KOCKER (2011), S. 36.
[10]   Vgl. GLATTE (2017b), S. 15.
[11]   Vgl. GLATTE (2017b), S. 9 ff.; HORNUNG/SALASTOWITZ (2015), S. 7 und DIETRICH (2005), S. 23.

Hypothese 2: *„Unter Ansatz von Risikobetrachtungen und der Berücksichtigung von marktrelevanten Anpassungs- und Umnutzungskriterien kann die Rentabilität und Vermarktungsfähigkeit von Produktionshallen über den Lebenszyklus verbessert werden. "*

Um den Anspruch dieser Arbeit zu erfüllen, ist neben der Zieldefinition eine Abgrenzung des Untersuchungsgebietes vorzunehmen. Der Fokus der Arbeit liegt auf der baulichen Struktur von Produktionshallen und möglichen Folgenutzungen. Es wird keine vertiefende Untersuchung von Produktionsprozessen sowie des Fertigungsaufbaus und -ablaufs durchgeführt. Zudem werden Produktionshallen ausgeschlossen, die nur auf ganz bestimmte Produkte und Prozesse zugeschnitten sind und einen integralen Bestandteil der Prozesskette darstellen. Es erfolgt keine Betrachtung von Großfabrikstrukturen und Spezialnutzungen (z. B. Hochregallager[12], Kühllager[13] und Gefahrgutlager[14]). Fliegende Bauten[15] und Typenhallen[16] sind ebenso nicht Gegenstand der Arbeit. Weiterhin werden keine vertiefenden Untersuchungen zur Lage und dem Standort durchgeführt, da dies von den strategischen Zielen des jeweiligen Unternehmens abhängt und somit einer individuellen Beurteilung des entsprechenden Investors unterliegt. Alle erarbeiteten Ergebnisse beziehen sich auf die in Deutschland geltenden gesetzlichen Ausgangsbedingungen.

1.3 Aufbau und Lösungsweg

Die Arbeit gliedert sich in insgesamt sieben Kapitel. Diese bauen aufeinander auf und orientieren sich an der Verifizierung der vorgestellten Hypothesen (siehe Abschnitt 1.2). Im Folgenden werden die inhaltlichen Schwerpunkte der einzelnen Kapitel vorgestellt und in den Gesamtkontext der Arbeit eingeordnet.

Kapitel 1 dient zur Einführung in das Forschungsfeld. Es werden die Ausgangssituation und Motivation, die Ziele und Abgrenzung sowie der Aufbau und Lösungsweg der Arbeit dargestellt.

Kapitel 2 beschäftigt sich mit den theoretischen Grundlagen. Zunächst wird der aktuelle Stand der Forschung dargestellt. Es werden relevante Forschungsprojekte und wissenschaftliche Ausarbeitungen vorgestellt, das Untersuchungsgebiet in den Forschungskontext eingeordnet und der Forschungsbedarf aufgezeigt. Weiterhin werden relevante Begriffe definiert. Anschließend werden die Perspektiven der verschiedenen Akteure in Bezug auf das Forschungsfeld dargestellt und die aktuelle Marktlage analysiert.

---

[12] Hochregallager sind automatisierte Lagereinrichtungen in Silobauweise. Das Regalsystem übernimmt häufig tragende Funktionen des Dachs und der Fassade (vgl. VERES-HOMM ET AL. (2015), S. 30 und GROENMEYER (2012), S. 46).

[13] Kühllager unterliegen erhöhten bautechnischen Anforderungen zur Minimierung von Kälteverlusten (vgl. VERES-HOMM ET AL. (2015), S. 30 und GROENMEYER (2012), S. 46).

[14] Gefahrgutlager unterliegen strengen gesetzlichen Anforderungen zum Schutz der Umwelt und Bevölkerung (vgl. VERES-HOMM ET AL. (2015), S. 30 und GROENMEYER (2012), S. 46).

[15] Fliegende Bauten bezeichnen nach § 76 Abs. 1 S. 1 MBO temporäre bauliche Anlagen (z. B. Leichtbauhallen), die wiederholt an verschiedenen Orten aufgestellt werden können (vgl. Musterbauordnung (MBO), in der Fassung vom 01.11.2002, zuletzt geändert am 21.09.2012).

[16] Typenhallen bezeichnen typengeprüfte Stahlhallen. Die Konstruktion basiert auf der stahlträgerbedingten Produktion (vgl. KOCKER/MÖLLER (2016), S. 5).

In Kapitel 3 werden die Voraussetzungen zur Gestaltung von anpassungs- und umnutzungsfähigen Produktionshallen dargestellt. Dazu werden die gesetzlichen und planerischen Rahmenbedingungen analysiert und die Anforderungen an Hallenbauwerke auf Basis einer umfassenden Literaturrecherche zusammengestellt. Neben allgemeinen bautechnischen und konstruktiven Kriterien werden nutzungsbezogene Parameter definiert.

Die Erkenntnisse aus Kapitel 3 bilden die Grundlage, um in Kapitel 4 nutzungsspezifische Unterschiede ausgewählter Hallenprofile zu ermitteln und wichtige Kriterien zur Verbesserung der Anpassungs- und Umnutzungsfähigkeit zu bestimmen. Dazu wird eine umfangreiche Sekundär- und Primärdatenerhebung durchgeführt. Die erzielten Ergebnisse werden ausgewertet und für die Modellierung eines Referenzgebäudes in Kapitel 5 vorbereitet.

In Kapitel 5 wird ein Referenzgebäudemodell in insgesamt fünf verschiedenen Ausführungsvarianten entwickelt. Die Varianten unterscheiden sich hinsichtlich relevanter Kriterien der Anpassungs- und Umnutzungsfähigkeit und bilden die Grundlage, um die geringe, mittlere und hohe Anpassungs- und Umnutzungsfähigkeit von Produktionshallen monetär zu bewerten und gegenüberzustellen.

In Kapitel 6 wird ein geeignetes Berechnungsmodell zur Ermittlung der Realisierungskosten entwickelt. Aufbauend darauf wird mithilfe der vollständigen Finanzplanung ein lebenszyklusbasiertes Berechnungsmodell entworfen. Dieses wird um die stochastische Risikobetrachtung ergänzt. Anschließend wird das erarbeitete Wirtschaftlichkeitsmodell auf die erstellten Referenzgebäudevarianten angewendet und die Ergebnisse detailliert ausgewertet. Zudem werden Handlungsempfehlungen für die zukünftige Gestaltung von Produktionshallen formuliert.

In Kapitel 7 werden die Ergebnisse der Arbeit zusammengefasst und kritisch gewürdigt. Zudem wird ein Ausblick auf weiteren Forschungsbedarf gegeben.

Abbildung 1-1 fasst den beschriebenen strukturellen Aufbau der Arbeit nochmals zusammen und verdeutlicht den Analyse- und Lösungsansatz zur Verifizierung der vorangestellten Hypothesen.

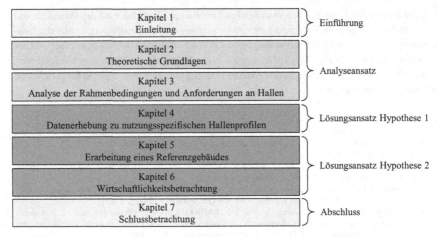

Abbildung 1-1: Struktureller Aufbau der Arbeit

2   Theoretische Grundlagen

2.1   Überblick

In diesem Kapitel werden der Stand der Forschung vorgestellt und wichtige Begriffe definiert. Zudem werden die unterschiedlichen Perspektiven auf die Anpassungs- und Umnutzungsfähigkeit von Produktionshallen dargestellt und die aktuelle Marktlage analysiert.

2.2   Stand der Forschung

Aktuell[17] existieren keine gesamtheitlichen Bewertungsansätze zur funktionalen und wirtschaftlichen Beurteilung der Anpassungs- und Umnutzungsfähigkeit von Produktionshallen über den Lebenszyklus. Im Folgenden wird die vorliegende Arbeit in den Forschungskontext eingeordnet und der Forschungsbedarf hervorgehoben. Dazu werden relevante Forschungsprojekte und wissenschaftliche Ausarbeitungen näher vorgestellt.

PLAGARO COWEE/SCHWEHR[18] beschäftigen sich mit der Flexibilität von Gebäuden im Hochbau. Der Fokus der Untersuchungen liegt auf der Typologisierung verschiedener Flexibilitätsarten und der Analyse daraus resultierender Konsequenzen und Maßnahmen bezüglich der Konstruktion eines Gebäudes. Darüber hinaus werden die Haupteinflussfaktoren auf den Flexibilitätsgrad von Gebäuden dargestellt und ein methodischer Ansatz zur Bewertung des Flexibilitätsgrades vorgeschlagen. Die Ausarbeitung verzichtet jedoch darauf, gebäudespezifische Parameter und detaillierte Vorgaben zur funktionalen und wirtschaftlichen Bewertung der Flexibilität verschiedener Gebäudetypen zu erarbeiten.

Die von HARLFINGER[19] vorgelegte Dissertation behandelt das Redevelopment[20] von Bürobestandsimmobilien. Dazu wird ein Referenzvorgehensmodell entwickelt. Grundlage bildet die Analyse von entscheidungsrelevanten Kriterien und Anforderungen in Bezug auf die Neuentwicklung von Bestandsgebäuden. Aufbauend darauf werden die Kriterien und Anforderungen gewichtet und in das Referenzvorgehensmodell integriert. Die Anwendbarkeit des Modells wird anhand einer Fallbeispieluntersuchung überprüft. Da die Untersuchung ausschließlich Bürobestandsimmobilien berücksichtigt und der Fokus auf dem Redevelopment liegt, kann das entwickelte Modell nicht auf das Untersuchungsgebiet der vorliegenden Arbeit übertragen werden.

Die vom BUNDESINSTITUT FÜR BAU-, STADT- UND RAUMFORSCHUNG (BBSR)[21] herausgegebene Studie zum Thema „Umwandlung von Nichtwohngebäuden in Wohnimmobilien" gibt einen

---

[17]   Stand: September 2019.
[18]   Vgl. PLAGARO COWEE/SCHWEHR (2008).
[19]   Vgl. HARLFINGER (2006).
[20]   Unter dem Begriff „Redevelopment" von Immobilien werden alle Maßnahmen verstanden, die zur Anpassung der Gebäudesubstanz an veränderte Markt- und Nutzungsanforderungen notwendig sind (vgl. SAILER ET AL. (2013), S. 717 und GESELLSCHAFT FÜR IMMOBILIENWIRTSCHAFTLICHE FORSCHUNG (2016), S. 9).
[21]   Vgl. KRINGS-HECKEMEIER ET AL. (2015).

© Der/die Herausgeber bzw. der/die Autor(en), exklusiv lizenziert durch
Springer Fachmedien Wiesbaden GmbH, ein Teil von Springer Nature 2020
A. Harzdorf, *Anpassungs- und Umnutzungsfähigkeit von Produktionshallen*,
Baubetriebswesen und Bauverfahrenstechnik,
https://doi.org/10.1007/978-3-658-31658-7_2

systematischen Überblick über das Umwandlungsgeschehen in Deutschland.[22] Die Studie hat zum Ziel, Erfolgsfaktoren und Hemmnisse für Umwandlungen anhand ausgewählter Fallstudien herauszuarbeiten. Dabei wird auf den Standort sowie bauplanerische, bautechnische und energetische Aspekte eingegangen. Neben der Auswertung von statistischen Rahmendaten werden die Erkenntnisse auf Basis leitfadengestützter Experteninterviews erweitert. Damit gibt die Studie einen guten Überblick zum aktuellen Stand von Umwandlungsprojekten, definiert jedoch keine gebäudespezifischen Kriterien und Standards, die zur vereinfachten Umsetzung zukünftiger Umwandlungen beitragen können. Die wirtschaftliche Beurteilung der untersuchten Fallstudien erfolgt auf Basis qualitativer Aussagen der Projektentwickler. Es wird kein Modell zur wirtschaftlichen Bewertung von Umwandlungsprojekten entwickelt.

MENSINGER ET AL.[23] beschäftigen sich im Forschungsvorhaben P 881 der industriellen Gemeinschaftsforschung (IGF) mit der Flexibilität von Büro- und Verwaltungsgebäuden. Die Untersuchungen werden unter Berücksichtigung der Stahl- und Verbundbauweise durchgeführt. Ziel des Forschungsvorhabens ist es, Leitlinien für die ökologische, ökonomische und soziale Nachhaltigkeit zu entwickeln. Im Vordergrund steht die Anpassungsfähigkeit der Gebäudestruktur an sich verändernde Büroorganisationsformen. Aufbauend darauf wird durch STROETMANN ET AL.[24] im Forschungsvorhaben P 1118 der IGF die multifunktionale Nutzung von Büro- und Geschäftsgebäuden in Stahl- und Verbundbauweise untersucht. Hier steht der Aspekt der Nutzungsvariabilität über den Lebenszyklus im Vordergrund. Das heißt, dass ausgehend von Bürogebäuden die Umnutzungsmöglichkeiten in andere Nutzungsarten (z. B. Wohn-, Hotel- oder Mischnutzung[25]) untersucht werden. Im Ergebnis werden Planungsleitlinien aus funktionaler, konstruktiver, ökologischer und ökonomischer Perspektive zur Verfügung gestellt und ein Wirtschaftlichkeitsmodell zur monetären Bewertung von Variabilitätskriterien entwickelt. Da sich die Ergebnisse auf Bürogebäude und innerstädtische Nutzungsarten beziehen, können die Planungsleitlinien nicht für die Bewertung der Anpassungs- und Umnutzungsfähigkeit von Produktionshallen herangezogen werden. Allerdings kann die methodische Vorgehensweise zur Entwicklung eines Wirtschaftlichkeitsmodells partiell adaptiert werden.

Die Dissertation von MERGL[26] zielt darauf ab, flexible und modulare Baustrukturen am Beispiel industrieller Produktionsstätten des Automobilbaus zu entwickeln. Die kurzfristigen Produktionszyklen erfordern dazu flexible Konzepte. MERGL konzentriert sich auf die spezifischen Gebäudetypen und Nutzungsarten des Automobilbaus[27]. Grundlage der Untersuchungen bildet die Analyse der Nutzeranforderungen sowie der baulichen und strukturellen Randbedingungen. Mithilfe einer Nutzwertanalyse werden die ausschlaggebenden Hauptkriterien für die unterschiedlichen Nutzungs- und Gebäudearten bestimmt und bewertet. Darauf aufbauend wird ein Lösungsansatz für flexible und modulare Baustrukturen entwickelt. Die Bewertung der Wirtschaftlichkeit wird

---

[22] In einer früheren Studie wurde die Umwandlung von Nichtwohngebäuden in Studentenwohnungen untersucht. Dabei wurden ebenfalls Erfolgsfaktoren und Hemmnisse für Umwandlungen anhand ausgewählter Fallstudien analysiert (vgl. KRINGS-HECKEMEIER ET AL. (2013)).

[23] Vgl. MENSINGER ET AL. (2016).

[24] Vgl. STROETMANN ET AL. (2018).

[25] Der Begriff „Mischnutzung" bezeichnet Gebäude, in denen verschiedene Nutzungsarten untergebracht sind (vgl. WIELAND (2014), S. 41 f.).

[26] Vgl. MERGL (2007).

[27] Zu den spezifischen Gebäudetypen und Nutzungsarten gehören die Bereiche von Logistik, Montage, Lackiererei, Karosseriebau und Presswerk (vgl. MERGL (2007), S. 5).

anhand vereinfachter Annahmen durchgeführt. Eine separate monetäre Bewertung einzelner Fle-
xibilitätskriterien erfolgt nicht.

Das im Jahr 2011 geförderte Forschungsvorhaben „Planungsleitfaden Zukunft Industriebau" der
FORSCHUNGSINITIATIVE „ZUKUNFT BAU"[28] beschäftigt sich mit der Erarbeitung eines integrier-
ten und ganzheitlichen Konzepts zur Planung und Realisierung von zukunftsfähigen Industriebauten. Ziel ist es, notwendige Prozesse umfassend zu strukturieren und zu optimieren. Basierend
auf einer umfassenden Marktanalyse werden unterschiedliche Szenarien erstellt. Anschließend
werden zukunftsfähige Gebäudestrukturen entwickelt und die bautechnologische Umsetzung mithilfe neuer Fertigungstechnologien und verfahrenstechnischer Maßnahmen untersucht. Aufbauend darauf wird eine Planungssystematik entworfen und in einem qualitativen Planungsleitfaden
zusammengefasst. Aussagen zur Wirtschaftlichkeit werden auf Basis qualitativer Aspekte getroffen. Eine monetäre Bewertung einzelner Kriterien wird nicht durchgeführt.

Die Dissertation von GROENMEYER[29] behandelt die Möglichkeiten der Standardisierung von Lo-
gistik- und Warehouseimmobilien[30]. Mithilfe einer fragebogenbasierten Primärdatenerhebung
werden die baulichen und nutzungsspezifischen Anforderungen analysiert und ausgewertet. Aufbauend auf den Ergebnissen werden standardisierte Gebäudeparameter entwickelt und in ein Ge-
bäudeentwurfsmodell übertragen. Außerdem erfolgt eine umfassende Ermittlung der Realisierungskosten. Eine monetäre Bewertung der Vorteilhaftigkeit ausgewählter Gebäudeparameter
über den Lebenszyklus wird nicht durchgeführt. Außerdem erfolgt keine detaillierte Analyse der
Anpassungs- und Umnutzungsfähigkeit des Gebäudeentwurfsmodells.

Die Zertifizierungssysteme des BUNDESMINISTERIUMS FÜR VERKEHR, BAU UND STADTENT-
WICKLUNG (BMVBS) und der DEUTSCHEN GESELLSCHAFT FÜR NACHHALTIGES BAUEN (DGNB)
beurteilen die Nachhaltigkeit von Gebäuden anhand ökologischer, ökonomischer, soziokulturel-
ler, funktionaler, technischer, prozessbezogener und standortbezogener Kriterien.[31] Die Bewertung der Anpassungsfähigkeit[32] sowie Flexibilität und Umnutzungsfähigkeit[33] wird im Bereich
der ökonomischen Qualität vorgenommen und erfolgt überwiegend anhand qualitativer Beurtei-
lungskataloge.[34] Die Verknüpfung mit den gebäudebezogenen Lebenszykluskosten erfolgt nur
bedingt. Daher ist ein Rückschluss auf die monetäre Vorteilhaftigkeit einzelner Kriterien nicht
möglich.

---

[28] Vgl. DOMBROWSKI ET AL. (2011).
[29] Vgl. GROENMEYER (2012).
[30] Der Begriff „Warehouseimmobilien" entspricht dem deutschen Begriff „Lagerimmobilien" (siehe Abschnitt 2.4.2).
[31] In kooperativer Zusammenarbeit des BMVBS und des DGNB wurde das „Deutsche Gütesiegel Nachhaltiges Bauen" entwickelt. Mit Beendigung der ersten Pilotphase wurden jedoch zwei eigenständige
Bewertungssysteme etabliert (vgl. DRAEGER (2010), S. 21). Das Bewertungssystem des BMVBS
(BNB – Bewertungssystem Nachhaltiges Bauen) findet bei der Zertifizierung von Bundesbauten Anwendung. Das Zertifizierungssystem der DGNB (DGNB-System) wird bei Gebäuden der Privatwirt-
schaft genutzt.
[32] Das BNB-System beurteilt die Anpassungsfähigkeit unter dem Stammkriterium BNB 2.2.2.
[33] Das DGNB-System beurteilt die Flexibilität und Umnutzungsfähigkeit unter dem Stammkriterium
ECO 2.1.
[34] Das aktuelle Handbuch des DGNB-Systems (vgl. LEMAITRE (2018)) stellt nutzungsspezifische Kriterien zur Verfügung. Neben Anforderungen für Büro-, Wohn- und Geschäftshäuser werden unter ande-
rem auch Kriterien für Logistik- und Produktionsgebäude definiert.

Die vorgestellten Forschungsprojekte und Studien zeigen, dass die anpassungs- und umnutzungsfähige Gestaltung von Gebäuden in der aktuellen Forschungslandschaft einen hohen Stellenwert
einnimmt. Die Ergebnisse beziehen sich jedoch zumeist auf Büro- und Wohngebäude. Untersuchungen zu industriell genutzten Gebäuden und insbesondere Hallen finden eher weniger Beachtung. Zudem basieren viele Ergebnisse auf qualitativen Auswertungen und empirischen Studien.[35]
Die monetäre Bewertung erfolgt nur vereinzelt und anhand vereinfachter Annahmen. An dieser
Stelle setzt die vorliegende Arbeit an und erarbeitet auf Basis relevanter Bewertungskriterien ein
geeignetes Bewertungsmodell. Ziel ist es, eine objektivierende und quantifizierende Bewertungsmethode für den Variantenvergleich unterschiedlicher Gebäudeentwürfe zu entwickeln. Dadurch
soll der monetäre Mehrwert von Maßnahmen zur Realisierung einer geringen, mittleren und hohen Anpassungs- und Umnutzungsfähigkeit von Produktionshallen über den Lebenszyklus nachgewiesen und die Akzeptanz in die Praxis[36] gesteigert werden.

2.3   Anpassungs- und Umnutzungsfähigkeit

2.3.1   Begriffseinordnung und -definition

In der Literatur wird häufig der Begriff Drittverwendungsfähigkeit verwendet. Dieser bezeichnet
die Eigenschaft von Immobilien, nach Ausfall eines Mieters ohne umfängliche Umbaumaßnahmen durch andere Mieter genutzt werden zu können.[37, 38] Das heißt, je spezifischer Immobilien
auf die Anforderungen und Bedürfnisse eines Nutzers ausgerichtet sind, desto geringer ist regelmäßig die Drittverwendungsfähigkeit.[39] Dabei ist es unerheblich, ob das Gebäude innerhalb der
ursprünglich geplanten Nutzungsart folgegenutzt oder alternativen Nutzungsarten zugeführt wird.
Einzige Voraussetzung ist die Existenz eines hinreichend großen Nachfragemarktes und relevanter Standortbedingungen.[40]

Im Rahmen einer vertiefenden Literaturanalyse kann festgestellt werden, dass sich die Begriffsdefinitionen zum Teil unterscheiden. Außerdem werden häufig weitere Begriffe (z. B. Fungibili-
tät, Flexibilität oder Variabilität) definiert. Diese uneinheitliche Begriffsverwendung zeigt sich
beispielsweise in der Beurteilung der Drittverwendungsfähigkeit von Lagerhallen. GLATTE[41] bewertet die Drittverwendungsfähigkeit von Lagerhallen hoch. ROTTKE[42] hingegen kommt zu dem
Schluss, dass Lagerhallen aufgrund ihrer Monofunktionalität eine geringe Drittverwendungsfähigkeit besitzen. Diese gegensätzlichen Aussagen lassen auf ein differenziertes

---

35   Dieser Sachverhalt wird auch durch KÜPFER bestätigt (vgl. KÜPFER (2012), S. 3).
36   Um die Umsetzung nachhaltiger Zielkriterien in der Praxis zu erhöhen, ist es von großer Bedeutung,
      die wirtschaftliche Vorteilhaftigkeit der geplanten Maßnahmen darzustellen (vgl. DONATH/FI-
      SCHER/HAUKE (2011), S. 9 und ROTTKE/LANDGRAF (2010), S. 262).
37   Vgl. SAILER ET AL. (2013), S. 262.
38   Der Nachweis der Drittverwendungsfähigkeit ist insbesondere bei der Finanzierung von Immobilien
      von Bedeutung und stellt einen ausschlaggebenden Faktor für den Beleihungswert dar (vgl. KELLER
      (2013), S. 209).
39   Vgl. SCHÄFERS ET AL. (2016), S. 507 und SAILER ET AL. (2013), S. 262.
40   Vgl. GUDAT/VOß (2011), S. 38 f.
41   Vgl. GLATTE (2017b), S. 18.
42   Vgl. ROTTKE (2017a), S. 163.

Begriffsverständnis schließen. GLATTE bezieht sich bei der Beurteilung der Drittverwendungsfähigkeit auf die Marktgängigkeit der zu bewertenden Immobilie. Ausschlaggebende Kriterien sind der Standort, die markttaugliche Konstruktion sowie die einfache Umrüstbarkeit. Eine Unterscheidung zwischen ursprünglich geplanter oder alternativer Folgenutzung wird nicht vorgenommen. ROTTKE geht allerdings davon aus, dass eine Drittverwendungsfähigkeit nur dann gegeben ist, wenn eine Immobilie auch für andere Funktionen als die ursprünglich geplante Funktion genutzt werden kann. Die Marktgängigkeit und die Größe des Nachfragemarktes fließen offenbar nicht in die Beurteilung ein. Aufgrund dieser Definition kommt ROTTKE zu der Einschätzung, dass Lagerhallen nur gering drittverwendungsfähig sind.

In Tabelle 2-1 sind die unterschiedlichen Begriffe und Definitionen der einzelnen Autoren zusammengestellt. Dabei wird prinzipiell unterschieden, ob das Gebäude innerhalb der geplanten Nutzungsart folgegenutzt oder alternativen Folgenutzungen zugeführt wird.

Tabelle 2-1: Begriffsdefinitionen der Drittverwendungsfähigkeit

Autor	Gleiche Folgenutzung	Alternative Folgenutzung
SAILER ET AL.[43] & GLATTE[44]	Drittverwendungsfähigkeit	
ALDA/HIRSCHNER[45]	Fungibilität (Drittverwendungsmöglichkeit)	
BALLING ET AL.[46]	Subjektive Drittverwendungsfähigkeit	Objektive Drittverwendungsfähigkeit
KELLER[47]	Nutzbarkeit durch Dritte	Drittverwendungsfähigkeit
ROTTKE[48]	-	Drittverwendungsmöglichkeit
BMUB[49]	Anpassungsfähigkeit	
	Flexibilität	Umnutzung
ROTH[50]	Umbau	Umnutzung
P 881[51] & P 1118[52]	Flexibilität	Variabilität
LEMAITRE[53]	Flexibilität	Umnutzungsfähigkeit

Neben der Unterscheidung nach der Nutzungsart werden in der Literatur darüber hinaus Begriffe auf Basis weiterer Unterscheidungsmerkmale definiert. KRIMMLING[54] unterscheidet beispielsweise die innere und die völlige Umnutzung eines Gebäudes. Die innere Umnutzung basiert auf einer veränderten Ablauforganisation von Unternehmen und bezieht sich auf eine geänderte Raumaufteilung und -anordnung. Die völlige Umnutzung resultiert aus dem Verkauf eines Unternehmens und bezieht sich auf neue Nutzungsanforderungen. DOMBROWSKI ET AL.[55] definieren die Wandlungsfähigkeit. Dabei wird zwischen der Variabilität und Flexibilität unterschieden. Die

---

[43] Vgl. SAILER ET AL. (2013), S. 262.
[44] Vgl. GLATTE (2017b), S. 15.
[45] Vgl. ALDA/HIRSCHNER (2016), S. 99.
[46] Vgl. BALLING ET AL. (2013), S. 67.
[47] Vgl. KELLER (2013), S. 209.
[48] Vgl. ROTTKE (2017a), S. 145.
[49] Vgl. BUNDESMINISTERIUM FÜR UMWELT, NATURSCHUTZ, BAU UND REAKTORSICHERHEIT (2016), S. 80.
[50] Vgl. ROTH (2011), S. 94 f.
[51] Vgl. MENSINGER ET AL. (2016), S. 193 f.
[52] Vgl. STROETMANN ET AL. (2018), S. XXXVIII ff.
[53] Vgl. LEMAITRE (2018), S. 244.
[54] Vgl. KRIMMLING (2013), S. 178 f.
[55] Vgl. DOMBROWSKI ET AL. (2011), S. E27.

Variabilität definiert die Variationsfähigkeit innerhalb eines Gebäudes. Die Flexibilität beschreibt die Veränderlichkeit des Gebäudes selbst.

Die Darstellungen zeigen, dass kein einheitliches Begriffsverständnis vorherrscht. Für die vorliegende Arbeit erscheint der Begriff „Drittverwendungsfähigkeit" aufgrund der finanzwirtschaftlichen Prägung sowie der unzureichenden Unterscheidung zwischen gleicher oder alternativer Folgenutzung ungeeignet. Zur klaren Abgrenzung zu anderen Untersuchungen werden daher die Begriffe „Anpassungsfähigkeit" und „Umnutzungsfähigkeit" eingeführt. Die Begriffsdefinitionen stimmen dabei weitestgehend mit den in den Forschungsprojekten P 881 und P 1118 (siehe Abschnitt 2.2) verwendeten Begriffen „Flexibilität" und „Variabilität" überein. Damit bezeichnet die Anpassungsfähigkeit (Flexibilität) die Fähigkeit, Gebäude an neue Anforderungen von Nutzern oder technische Veränderungen bei gleicher Nutzung anzupassen. Die Umnutzungsfähigkeit (Variabilität) beschreibt die Fähigkeit, Gebäude nach der ursprünglich geplanten Nutzung in eine neue Nutzung umzunutzen.

2.3.2   Bedeutung in der Nachhaltigkeitsbewertung

Die Nachhaltigkeitsbewertung ist interdisziplinär geprägt und beruht auf mehrdimensionalen Zusammenhängen zwischen Umwelt, Gesellschaft und Wirtschaft.[56] In der Bau- und Immobilienbranche findet die Beurteilung auf Basis des Drei-Säulen-Modells statt. Dabei werden allgemeine Schutzgüter und -ziele aus den Dimensionen Ökologie, Soziales/Funktionales und Ökonomie abgeleitet. Zusätzlich werden die technische Qualität und die Prozessqualität bewertet sowie Informationen zu Standortmerkmalen betrachtet (siehe Abbildung 2-1).[57]

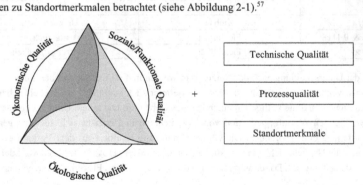

Abbildung 2-1: Dimensionen der Nachhaltigkeitsbewertung nach DGNB und BNB[58]

Zur Beurteilung der genannten Nachhaltigkeitsaspekte existieren verschiedene Bewertungssysteme mit unterschiedlichen Ausprägungsgraden. Die international bekanntesten

---

[56] Vgl. LÖSER (2017), S. 57 f.
[57] Vgl. BUNDESMINISTERIUM FÜR UMWELT, NATURSCHUTZ, BAU UND REAKTORSICHERHEIT (2016), S. 15 ff.
[58] In Anlehnung an LEMAITRE (2018), S. 24 und BUNDESMINISTERIUM FÜR UMWELT, NATURSCHUTZ, BAU UND REAKTORSICHERHEIT (2016), S. 15 ff.

Zertifizierungssysteme BREEAM[59] und LEED[60] können als Zertifikate der ersten Generation bezeichnet werden.[61] Diese berücksichtigen vorwiegend ökologische und energetische Gesichtspunkte. Das deutsche DGNB-System[62] zeichnet sich hingegen durch seine Ausgewogenheit in der Bewertungssystematik aus und beurteilt gleichermaßen ökologische, soziale/funktionale und ökonomische Faktoren. Zusätzlich werden, wie in Abbildung 2-1 dargestellt, die Technische Qualität sowie die Prozess- und Standortqualität betrachtet. Aus diesem Grund wird das DGNB-System auch als Bewertungsmethode der zweiten Generation bezeichnet.[63, 64]

Bei vertiefender Analyse der einzelnen Nachhaltigkeitsdimensionen des DGNB-Systems[65] kann festgestellt werden, dass die Anpassungs- und Umnutzungsfähigkeit[66] Teilaspekte der ökonomischen Qualität darstellen und stark mit ökologischen sowie sozialen Zielkriterien verknüpft sind. Es wird das Ziel formuliert, Gebäude möglichst flexibel und umnutzungsfähig zu gestalten, um das Risiko eines Leerstandes zu verringern, die Nutzerakzeptanz zu erhöhen, die Lebensdauer zu verlängern, die Lebenszykluskosten zu reduzieren und den langfristigen wirtschaftlichen Erfolg abzusichern.[67] Allerdings werden mithilfe dieses Kriteriums nur die sieben Indikatoren Flächeneffizienz, Raumhöhe, Gebäudetiefe, Vertikale Erschließung, Grundrissaufteilung, Konstruktion und Technische Gebäudeausrüstung bewertet. Diese bilden eine gute Grundlage, sind jedoch für eine umfängliche Beurteilung der Anpassungs- und Umnutzungsfähigkeit von Produktionshallen nicht ausreichend. Zudem werden die Kriterien nicht direkt mit den gebäudebezogenen Kosten im Lebenszyklus verknüpft und lassen daher keine Aussagen zur monetären Vorteilhaftigkeit ausgewählter Maßnahmen zu.

Die Darstellungen zeigen, dass die Anpassungs- und Umnutzungsfähigkeit von Gebäuden in der Nachhaltigkeitsbewertung einen hohen Stellenwert einnehmen. Vor dem Hintergrund des gesellschaftlichen Wandels werden die Aspekte weiter an Bedeutung gewinnen und für bestimmte Gebäudenutzungsarten möglicherweise zukünftige Kernthemen darstellen.[68]

[59] Das britische BREEAM-System (Building Research Establishment Environmental Assessment Method) ist das älteste Zertifikat und seit 1990 am Markt verfügbar.
[60] Das amerikanische LEED-System (Leadership in Energy and Environmental Design) wird seit 1998 angewendet.
[61] Vgl. HAUSER/EßIG/EBERT (2010), S. 25.
[62] Das deutsche DGNB-System wurde 2009 in den Markt eingeführt.
[63] Vgl. HAUSER/EßIG/EBERT (2010), S. 48.
[64] Neben den genannten Zertifizierungssystemen existiert eine Vielzahl weiterer Nachhaltigkeitslabel, z. B. das französische HQE (Haute Qualité Environnementale), das japanische CASBEE (Comprehensive Assessment System für Building Environmental Efficiency) oder das australische Green Star (vgl. ALDA/HIRSCHNER (2016), S. 32; BAUER/MÖSLE/SCHWARZ (2013), S. 15 und HAUSER/EßIG/EBERT (2010), S. 24 ff.).
[65] Die folgenden Ausführungen beziehen sich lediglich auf das DGNB-System. Ziel der Darstellungen ist es, die Bedeutung der Anpassungs- und Umnutzungsfähigkeit hervorzuheben.
[66] Wie schon in Abschnitt 2.3.1 dargestellt, werden im Rahmen des DGNB-Systems die Begriffe „Flexibilität" und „Umnutzungsfähigkeit" verwendet.
[67] Vgl. LEMAITRE (2018), S. 232.
[68] Vgl. LEMAITRE (2018), S. 233.

2.3.3 Bedeutung im Lebenszyklus

Grundsätzlich bezeichnet der Lebenszyklus von Immobilien die zeitliche Folge der ablaufenden Prozesse von der Entstehung, über die Nutzung, bis hin zur Verwertung.[69] Dabei kann zwischen einem gerichteten und unendlichen Lebenszyklus unterschieden werden.[70] Der gerichtete Lebenszyklus basiert auf der spezifischen Lebensdauer[71] eines konkreten Gebäudes und endet mit dem Abriss oder Rückbau.[72] Der unendliche Lebenszyklus stellt die Phasen in einem Kreislauf dar.[73] Diese Betrachtungsweise trifft grundlegend auf Grundstücke zu.[74] Außerdem können mit diesem Ansatz kurzfristig aufeinander folgende Gebäudezyklen, beispielsweise von Nutzungsarten[75] und Eigentümern[76], abgebildet werden (siehe Tabelle 2-2).[77]

Tabelle 2-2: Ansätze zur Lebenszyklusbetrachtung von Immobilien[78]

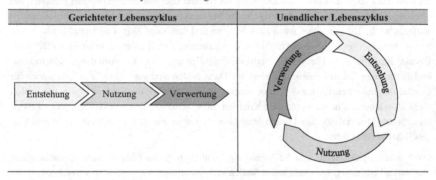

Die Anpassungs- und Umnutzungsfähigkeit ist in Abhängigkeit der dargestellten Definitionen des Lebenszyklusbegriffs entweder in die Nutzungsphase (gerichteter Lebenszyklus) oder die Verwertungsphase (unendlicher Lebenszyklus) einzuordnen. Die Voraussetzungen werden jedoch schon in der Entstehungsphase, insbesondere im Rahmen der Konzeption und Planung, geschaffen. Daher ist neben der Nutzungs- und Verwertungsphase die Entstehungsphase bedeutsam. Im Rahmen der vorliegenden Arbeit wird ein gerichteter Lebenszyklus zugrunde gelegt.

In Tabelle 2-3 sind mögliche Detaillierungsgrade der einzelnen Lebenszyklusphasen zusammengestellt. Die Gliederungstiefe ist von den spezifischen Anforderungen und der jeweiligen

---

[69] Vgl. KURZROCK (2017), S. 423; GLATTE (2014a), S. 21 und GONDRING (2013), S. 555.
[70] Vgl. GONDRING (2013), S. 550 f.
[71] Nach KURZROCK kann in die tatsächliche, technische und wirtschaftliche Lebensdauer unterschieden werden. Auf eine Definition der genannten Begriffe wird an dieser Stelle verzichtet, da diese im Rahmen der vorliegenden Arbeit nicht von signifikanter Bedeutung sind (vgl. KURZROCK (2017), S. 425).
[72] Der Begriff „gerichteter Lebenszyklus" ist nur bedingt zutreffend, da es sich bei diesem Ansatz weniger um einen Zyklus im eigentlichen Sinn handelt. Zutreffender sind hier die Begriffe „Lebensdauer" oder „Lebensspanne" (vgl. PELZETER (2006), S. 37).
[73] Vgl. GONDRING (2013), S. 550 f.
[74] Vgl. PREUß/SCHÖNE (2016), S. 12.
[75] Die Betrachtung von Nutzungsarten beschreibt kurzfristige Zyklen beispielsweise durch Umnutzungen.
[76] Die Betrachtung von Eigentümern beschreibt kurzfristige Zyklen beispielsweise durch den An- und Verkauf von Immobilien.
[77] Vgl. KURZROCK (2017), S. 424.
[78] In Anlehnung an GONDRING (2013), S. 551.

Zielstellung abhängig. Es ist zu erkennen, dass PREUß/SCHÖNE die Nutzungsänderung und ALDA/HIRSCHNER die Umnutzung als separate Lebenszyklusphase ansehen. Die Richtlinie GE-FMA 100-1:2004-07 und die Norm ISO 15686-5:2017-07 definieren hierfür keine separate Lebenszyklusphase.

Tabelle 2-3: Übersicht verschiedener Gliederungstiefen der Lebenszyklusphasen

Übergeordnete Unterteilung	ISO 15686-5: 2017-07[79]	PREUß/SCHÖNE[80]	ALDA/HIRSCH- NER[81]	GEFMA 100-1: 2004-07[82]
1. Entstehung	1. Planung	1. Planung	1. Initiierung	1. Konzeption
2. Nutzung	2. Realisierung	2. Realisierung	2. Konzeption	2. Planung
3. Verwertung	3. Betrieb	3. Nutzung	3. Realisierung	3. Errichtung
	4. Instand- haltung	4. Nutzungs- änderung,	4. Nutzung	4. Vermarktung
	5. Verwertung	Sanierung	5. Umnutzung, Modernisierung	5. Beschaffung
		5. Verwertung, Abriss	6. Rückbau, Verwertung	6. Betrieb, Nutzung
				7. Umbau, Sanierung
				8. Leerstand
				9. Verwertung

Da die dargestellten Gliederungsmöglichkeiten nur bedingt geeignete Einzelphasen zur Berücksichtigung der Anpassungs- und Umnutzungsfähigkeit enthalten, ist ein angepasstes Lebenszyklusphasenmodell aufzustellen. Auf Basis der übergeordneten Phaseneinteilung ist in Abbildung 2-2 ein modifiziertes Lebenszyklusphasenmodell dargestellt. Dieses berücksichtigt neben der Entstehungs-, Nutzungs- und Verwertungsphase die Möglichkeiten mehrerer Folgenutzungen.

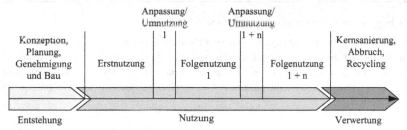

Abbildung 2-2: Lebenszyklusphasen unter Berücksichtigung der Anpassung und Umnutzung

Die Darstellungen zeigen, dass die Anpassungs- und Umnutzungsfähigkeit von Gebäuden über den gesamten Lebenszyklus berücksichtigt werden müssen, um eine gesamtheitliche Aussage zur funktionalen und ökonomischen Vorteilhaftigkeit treffen zu können. Eine alleinige Betrachtung in der Entstehungs- oder Nutzungsphase wird voraussichtlich dazu führen, dass wichtige Maßnahmen aufgrund des fehlenden ökonomischen Nutzens über den vergleichsweise kurzen Betrachtungszeitraum nicht oder nur unzureichend umgesetzt werden. Daher muss das zukünftige

[79] Vgl. ISO 15686-5:2017-07, S. 10.
[80] Vgl. PREUß/SCHÖNE (2016), S. 81.
[81] Vgl. ALDA/HIRSCHNER (2016), S. 23.
[82] Vgl. GEFMA 100-1:2004-07, S. 5 ff.

Ziel darin bestehen, Mehrkosten in der Entstehungsphase durch Vorteile über den Lebenszyklus auszugleichen und damit die Akzeptanz zur Umsetzung der genannten Maßnahmen in der Praxis zu erhöhen.

2.3.4   Zusammenhänge mit weiteren Bewertungsparametern

In Abbildung 2-3 sind die Zusammenhänge zwischen der Anpassungs- und Umnutzungsfähigkeit und den Parametern Realisierungskosten, Anfangsrendite, Vermarktungsfähigkeit und allgemeinem Risiko dargestellt. Je niedriger sich die Anpassungs- und Umnutzungsfähigkeit darstellt, desto geringer sind die Realisierungskosten und umso höher berechnet sich die Anfangsrendite. Kommt es jedoch zum Ausfall der geplanten Erstnutzung, sinkt die Vermarktungsfähigkeit in Bezug auf eine alternative Folgenutzung und das Vermarktungs- und Leerstandsrisiko steigt. Bei einem hohen Grad der Anpassungs- und Umnutzungsfähigkeit verhalten sich die genannten Parameter reziprok. Das heißt, dass eine hohe Anpassungs- und Umnutzungsfähigkeit mit hohen Realisierungskosten verbunden ist, sich daraus jedoch eine hohe Vermarktungsfähigkeit und ein geringeres Vermarktungs- und Leerstandsrisiko über den Lebenszyklus ergeben.

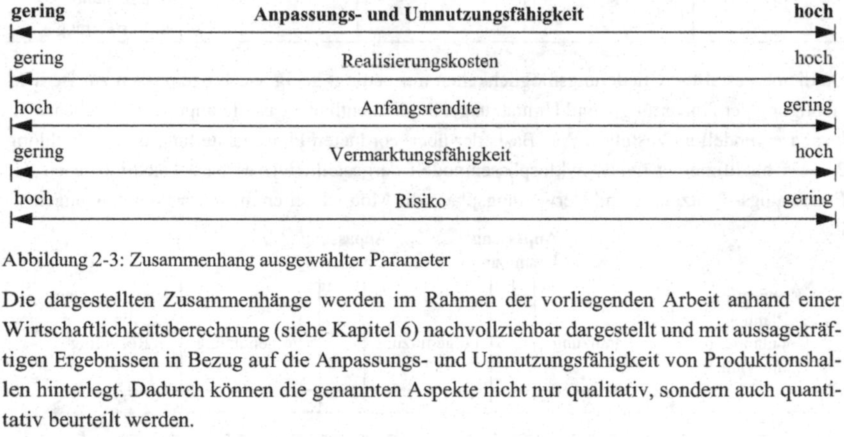

gering	**Anpassungs- und Umnutzungsfähigkeit**	hoch
gering	Realisierungskosten	hoch
hoch	Anfangsrendite	gering
gering	Vermarktungsfähigkeit	hoch
hoch	Risiko	gering

Abbildung 2-3: Zusammenhang ausgewählter Parameter

Die dargestellten Zusammenhänge werden im Rahmen der vorliegenden Arbeit anhand einer Wirtschaftlichkeitsberechnung (siehe Kapitel 6) nachvollziehbar dargestellt und mit aussagekräftigen Ergebnissen in Bezug auf die Anpassungs- und Umnutzungsfähigkeit von Produktionshallen hinterlegt. Dadurch können die genannten Aspekte nicht nur qualitativ, sondern auch quantitativ beurteilt werden.

2.4   Produktionshallen und mögliche Folgenutzungen

2.4.1   Begriffseinordnung und -definition

Industrieunternehmen benötigen für die betriebliche Leistungserstellung und für die Erfüllung des Kerngeschäfts Immobilien. Neben Immobilien für Verwaltungs-, Forschungs- und Logistiktätigkeiten werden für die industrielle und gewerbliche Fertigung und Lagerung von Gütern und Waren Produktionsgebäude benötigt.[83] Diese unterliegen den Anforderungen des

---

[83]   Vgl. GLATTE (2017b), S. 10.

Produktionsprozesses der jeweiligen Branche[84] und den individuellen Einflüssen aus der Unternehmensstrategie des Nutzers. Aufgrund kontinuierlicher Rationalisierungsprozesse haben sich insgesamt erdgeschossige und stützenfreie Hallenbauwerke[85] als gebräuchlichste Form von Produktionsgebäuden herausgebildet.[86] In Bezug auf die Grundgesamtheit aller Immobilien können Produktionsgebäude den Nichtwohn- und Gewerbeimmobilien[87] zugeordnet werden (siehe Tabelle 2-4).

Tabelle 2-4: Gebäudeklassifizierung nach Immobilienarten

Autor	Immobilienart	
ROTTKE[88]	Wohnimmobilien	Nichtwohnimmobilien
GONDRING[89] & HELLERFORTH[90]	Wohnimmobilien	Gewerbeimmobilien

Die Nichtwohn- und Gewerbeimmobilien unterteilen sich wiederum in Büro-, Handel-, Industrie- und Sonderimmobilien. Produktionsgebäude können den Industrieimmobilien zugeordnet werden. Tabelle 2-5 zeigt neben den Produktionsimmobilien weitere Gebäudetypen, die den Industrieimmobilien zugeordnet werden können.

Tabelle 2-5: Zuordnung Gebäudetypen zu Industrieimmobilien

Autor	Begriffszuordnung der Gebäudetypen	
ROTTKE[91], GONDRING[92] & HELLERFORTH[93]	Industrieimmobilien	Produktionsgebäude
		Werkstätten
		Lagerhallen
		Distributionszentren
		Industrieparks[94]
		Technologieparks[95]

---

[84] Die Brancheneinteilung kann nach verschiedenen Klassifikationssystemen erfolgen. Auf Basis der International Standard Industrial Classification (ISIC) können für den Industriesektor folgende maßgebliche Zweige zusammengefasst werden: Montan-/Schwerindustrie, Metallindustrie, Chemische Industrie, Recycling-/Abfallindustrie, Holzindustrie und Konsumgüterindustrie (vgl. FISCHER-APPELT ET AL. (2014), S. 11 f.).

[85] Hallenbauwerke stellen größere Gebäude dar, die zumeist durch einen einzigen hohen und weiten Raum gekennzeichnet werden (vgl. NEUFERT/KISTER (2016), S. 512; HESTERMANN ET AL. (2015), S. 244; KACZMARCZYK ET AL. (2010), S. 779 und BIBLIOGRAPHISCHES INSTITUT & F. A. BROCKHAUS AG (2006), S. 452).

[86] Vgl. FISCHER-APPELT ET AL. (2014), S. 11 ff.

[87] JUST ET AL. verwenden den Begriff „Wirtschaftsimmobilien" (vgl. JUST ET AL. (2017), S. 35).

[88] Vgl. ROTTKE (2017a), S. 148 ff.

[89] Vgl. GONDRING (2013), S. 15.

[90] Vgl. HELLERFORTH (2012b), S. 6.

[91] Vgl. ROTTKE (2017a), S. 163.

[92] Vgl. GONDRING (2013), S. 15.

[93] Vgl. HELLERFORTH (2012b), S. 6.

[94] Industrieparks werden nur von GONDRING und HELLERFORTH zu den Industrieimmobilien gezählt.

[95] Technologieparks werden nur durch HELLERFORTH zu den Industrieimmobilien gezählt.

Neben dem Begriff Produktionsgebäude werden in der Literatur weitere Bezeichnungen genutzt. Zu nennen sind beispielsweise Fertigungsgebäude[96], Fabriken[97] und Werkshallen[98]. Die differenzierte Begriffsverwendung kann darauf zurückgeführt werden, dass sich die Mehrzahl der Produktionsgebäude im Besitz von Konzernen und Unternehmen befinden. Die daraus resultierende fehlende Markttransparenz führt dazu, dass diese häufig als Sondergruppe wahrgenommen und somit unterschiedlich definiert werden.[99] Außerdem wird ersichtlich, dass keiner der genannten Autoren den Gebäudetyp Produktionshalle verwendet. Eine mögliche Begründung liegt in der Definition der Gebäudeformen im Industriebau. Hierbei werden die Gebäude in Flach-, Hallen- und Geschossbauten unterschieden.[100] Somit erübrigt sich die direkte Definition des Gebäudetyps Produktionshalle.

Neben der dargestellten klassischen Begriffseinordnung, haben sich in einschlägigen Fachmedien weitere Begriffsklassen für industriell und gewerblich genutzte Immobilien herausgebildet. Dieser Umstand ist darauf zurückzuführen, dass innerhalb des Investmentmarktes zunehmend Investitionsalternativen an Bedeutung gewinnen, da die etablierten Immobilienklassen (z. B. Büro- und Wohnimmobilien) vermehrt sinkende Renditen ausweisen. Insbesondere Immobilien von Unternehmen werden als attraktive Investitionsalternative beurteilt.[101] Die sogenannten Betriebsimmobilien bilden den definitorischen Rahmen und bezeichnen alle Immobilienformen, die Unternehmen für ihr Kerngeschäft benötigen. Der Gebäudetyp ist beliebig, solange die Nutzung dem Geschäftszweck dient.[102, 103] Diese weitreichende Definition ist für eine eindeutige Begriffsabgrenzung jedoch ungeeignet. Daher sind ausgewählte Teilmengen zu definieren. In Tabelle 2-6 sind die gängigsten Varianten der Klassifizierung im industriellen und gewerblichen Bereich dargestellt. Sowohl Unternehmensimmobilien, als auch produktionsnahe Immobilien beziehen Produktionsgebäude bzw. -immobilien ein und definieren diese als einzelne Hallenobjekte mit moderatem Büroflächenanteil. Das Segment Light-Industrial Immobilien[104] bezieht hingegen keine Produktionsgebäude ein und umfasst nur Lager-/Logistikimmobilien, Gewerbeparks und Transformationsimmobilien.[105, 106]

---

[96] Vgl. HELLERFORTH (2012b), S. 6.
[97] Vgl. DIETRICH (2005), S. 17.
[98] Vgl. ALDA/HIRSCHNER (2016), S. 21.
[99] Vgl. ARENS (2016), S. 103.
[100] Vgl. GRUNDIG (2015), S. 283; WIENDAHL/REICHARDT/NYHUIS (2014), S. 389; DOMBROWSKI ET AL. (2011), S. E71; MERGL (2007), S. 31; DANGELMAIER (2001), S. 266 ff. und LORENZ (1993), S. 21 ff.
[101] Vgl. INITIATIVE UNTERNEHMENSIMMOBILIEN (2017), S. 3.
[102] Vgl. GLATTE (2017b), S. 11.
[103] PFNÜR erweitert die Definition der Betriebsimmobilien um Gebäude der öffentlichen Hand (vgl. PFNÜR (2014), S. 11).
[104] Der Begriff „Light-Industrial Immobilien" wird vorwiegend im angloamerikanischen Raum verwendet.
[105] Vgl. GLATTE (2017b), S. 11.
[106] Die genannten Gebäudetypen werden in Abschnitt 2.4.2 näher definiert.

Tabelle 2-6: Ausgewählte Teilmengen der Betriebsimmobilien und zugehörige Gebäudetypen

| Unternehmens-immobilien[107, 108, 109] | Betriebsimmobilien | |
	Produktionsnahe Immobilien[110]	Light-Industrial Immobilien[111]
Produktionsimmobilien	Produktionsimmobilien	-
Lager-/Logistikimmobilien	Lager-/Logistikimmobilien	Lager-/Logistikimmobilien
Gewerbeparks	Gewerbeparks	Gewerbeparks
Transformationsimmobilien	-	Transformationsimmobilien

Ein weiteres Kriterium für den Investmentmarkt ist die Marktgängigkeit des jeweiligen Gebäudetyps. Diese kann durch Standardisierung der Gebäude erreicht werden. Je geringer das Standardisierungspotenzial und die damit einhergehende Marktfähigkeit ausfallen, desto höher ist das Risiko eines Leerstandes und Investmentverlustes. Beispielsweise besitzen Spezialimmobilien, die nur auf ganz bestimmte Produkte und Prozesse zugeschnitten sind, eine geringe Marktgängigkeit.[112] Um diese Spezialimmobilien aus Marktsicht weitestgehend ausschließen zu können, werden die in Tabelle 2-6 vorgestellten Gebäudetypen zusätzlich in Gebäude der Schwerindustrie (Heavy Manufacturing/Heavy Industrial) und Leichtindustrie (Light Manufacturing/Light Industrial) unterschieden. Die Schwerindustrie wird dabei als jener Teil der industriellen Produktion verstanden, der durch investitions-, rohstoff- und energieintensive Prozesse geprägt und damit an die Nähe zu wichtigen Handelswegen gebunden ist. Die Leichtindustrie bezeichnet hingegen den Industriezweig, der stärker durch arbeits- und wissensintensive Prozesse geprägt und damit standortunabhängiger ist.[113] Aufgrund der genannten Rahmenbedingungen stellen Gebäude der Schwerindustrie regelmäßig Spezialimmobilien dar. Gebäude der Leichtindustrie hingegen besitzen ein hohes Marktgängigkeitspotenzial. Dies bestätigt eine von JUST/PFNÜR/BRAUN durchgeführte Befragung zur Spezifität von produktionsnahen Immobilien im Bereich der Leichtindustrie.[114]

Insgesamt kann festgehalten werden, dass Produktionshallen im Rahmen der vorliegenden Arbeit Hallenbaukörper darstellen, die für die Fertigung von industriellen Gütern und Waren in der Leichtindustrie genutzt werden und deren Produktionsprozess nur bedingt Auswirkungen auf die Konstruktion hat.

---

[107] Vgl. FELD ET AL. (2017), S. 127.
[108] Der Begriff „Unternehmensimmobilie" wird maßgeblich durch die „Initiative Unternehmensimmobilien" geprägt. Diese wurde durch das Analyseunternehmen BULWIENGESA ins Leben gerufen und besteht aus einer Kooperation von zwölf Unternehmen die sich zum Ziel gesetzt haben, die Markttransparenz in diesem Segment zu erhöhen (vgl. BULWIENGESA (2018), Stand 16.08.2018). Weitere Informationen unter www.bulwiengesa.de abrufbar.
[109] Im Gegensatz dazu definiert PFNÜR unter dem Begriff „Unternehmensimmobilie" alle Immobilien, die Unternehmen als Betriebsmittel bzw. Ressource zur Leistungserstellung benötigen (vgl. PFNÜR (2014), S. 11).
[110] Vgl. PFNÜR/SEGER (2017), S. 8.
[111] Vgl. GLATTE (2017b), S. 11.
[112] Vgl. GLATTE (2017b), S. 15 ff.
[113] Vgl. JUST/PFNÜR/BRAUN (2016), S. 6; ARENS (2016), S. 103 und GRUNDIG (2015), S. 282.
[114] Vgl. JUST/PFNÜR/BRAUN (2016), S. 13.

2.4.2   Industrielle und gewerbliche Folgenutzungen

Da die vorliegende Arbeit Produktionshallen in Bezug auf die Anpassungs- und Umnutzungsfähigkeit behandelt, sind neben der Begriffseinordnung und -definition von Produktionshallen
selbst, auch mögliche Folgenutzungen darzustellen. Der Fokus liegt dabei auf industriellen und
gewerblichen Folgenutzungen.[115] In Tabelle 2-7 sind die Gebäudetypen der Industrieimmobilien
dargestellt und den Kategorien der Betriebsimmobilien zugeordnet.[116] Diese werden zunächst genauer definiert und anschließend hinsichtlich ihrer Eignung für die Folgenutzung von Produktionshallen beurteilt. Generell ist zu bemerken, dass im Rahmen der vorliegenden Arbeit nur Folgenutzungen berücksichtigt werden, die Hallenbauwerke erfordern.

Tabelle 2-7: Begriffszuordnung Industrie- und Betriebsimmobilien

Industrieimmobilien	Betriebsimmobilien		
	Unternehmens-immobilien	Produktionsnahe Immobilien	Light-Industrial Immobilien
Produktionsgebäude	Produktions-immobilien	Produktions-immobilien	-
Werkstätten			
Lagerhallen	Lager-/Logistik-immobilien	Lager-/Logistik-immobilien	Lager-/Logistik-immobilien
Distributionszentren			
Industrieparks	Gewerbeparks	Gewerbeparks	Gewerbeparks
Technologieparks			
-	Transformations-immobilien	-	Transformations-immobilien

Produktionsimmobilien

Produktionsimmobilien bzw. -gebäude dienen der Fertigung von Gütern und Waren und unterliegen den Anforderungen der branchenbezogenen Produktionsprozesse sowie den individuellen
Einflüssen aus der Unternehmensstrategie des Nutzers. Als gebräuchlichste Form haben sich Hallenbauwerke herausgebildet (siehe Abschnitt 2.4.1). Auch Werkstätten können im weiteren Sinne
den Produktionsimmobilien zugeordnet werden. Diese dienen entweder der Instandhaltung und
Reparatur von Produktionsanlagen oder als Arbeitsraum für Handwerksbetriebe.[117]

Produktionsimmobilien und im Speziellen Produktionshallen bilden die Grundlage der vorliegenden Arbeit. Diese sind zusätzlich im Rahmen einer möglichen Folgenutzung relevant. Zum einen
besteht die Möglichkeit, Produktionshallen auf Grundlage geänderter Nutzerbedürfnisse anzupassen oder im Rahmen eines Wechsels der Produktionsart umzunutzen.

Lager-/Logistikimmobilien

Logistikimmobilien dienen dazu, Güter und Waren umzuschlagen, zu lagern, zu kommissionie-
ren, zu veredeln und zu verpacken.[118] Grundsätzlich kann zwischen vier verschiedenen Immobilienklassen unterschieden werden:

---

[115] Weitere Folgenutzungsmöglichkeiten, wie z. B. Sporthallen, Fachmarkthallen oder landwirtschaftlich
genutzte Hallen, werden im Rahmen der vorliegenden Arbeit nicht vertiefend untersucht.
[116] Vergleiche dazu auch Abschnitt 2.4.1, Tabelle 2-5 und Tabelle 2-6.
[117] Vgl. DUDEN (2018), Stand 22.08.2018 und GLATTE (2017b), S. 10.
[118] Vgl. BALLING ET AL. (2013), S. 14.

- Umschlagsimmobilien (Cross Dock),
- Lagerimmobilien (Warehouse),
- Distributionsimmobilien und
- sonstige Logistikimmobilien (z. B. Hochregallager, Kühllager, Gefahrgutlager).[119]

Umschlagimmobilien beschreiben Gebäude, deren Hauptfunktion der Warenumschlag darstellt. Angesichts der hohen Umschlaggeschwindigkeiten bestehen kaum Bestandslager und die Hallenhöhe liegt oftmals unter 8,00 m Unterkante Binder (UKB). Zudem werden die Immobilien von mindestens zwei Seiten angedient und besitzen eine vergleichsweise hohe Anzahl an Verladetoren. Die Hallentiefe ist eher gering.[120]

Lagerimmobilien orientieren sich stark an der Produktion und dienen primär der Ver- und Entsorgung. Zum einen werden Güterkapazitäten zur Verarbeitung in der Produktion vorgehalten, zum anderen werden die Fertigwaren der Produktion zwischengelagert. In der Regel sind diese Gebäude in der Nähe des Werksgeländes der Produktionsbetriebe zu finden.[121] Außerdem werden unter Lagerimmobilien auch Flächen mit vergleichsweise einfachem Lagermöglichkeiten verstanden.[122]

Distributionsimmobilien dienen verschiedenen logistischen Aufgaben und können als Lagerimmobilien mit zusätzlicher Kommissionierungsfunktion angesehen werden. Allerdings verfügen diese über eine höhere Anzahl an Verladetoren als herkömmliche Lagerhallen. Die Waren unterschiedlicher Hersteller werden in diesen Immobilien gesammelt und auftragsspezifisch zusammengestellt. Abhängig vom Einzugsgebiet liegen die Nutzflächen deutlich über 10.000 m².[123]

Zu den sonstigen Logistikimmobilien können sowohl Hochregallager als auch Spezialnutzungen wie beispielsweise Kühl- oder Gefahrgutlager gezählt werden. Bei Hochregallagern handelt es sich um hochautomatisierte Lager in Silobauweise. Das Regalsystem übernimmt häufig tragende Funktionen des Dachs und der Fassade. Kühl- und Gefahrgutlager unterliegen erhöhten gesetzlichen und bautechnischen Anforderungen.[124]

Für die Folgenutzung von Produktionshallen sind mit hoher Wahrscheinlichkeit Lagerimmobilien relevant. Distributionsimmobilien sind aufgrund der deutlich über 10.000 m² liegenden Nutzflächen nur in eingeschränktem Maß von Bedeutung. Umschlagimmobilien sowie Hochregal-, Kühl- und Gefahrgutlager werden aufgrund der spezifischen Anforderungen für eine Folgenutzung von Produktionshallen ausgeschlossen.

Gewerbeparks

Gewerbeparks werden vorwiegend zur Vermietung entwickelt und gebaut. Sie bestehen aus einem Ensemble einzelner Gebäude oder zusammenhängenden Mietabschnitten und verfügen über ein zentrales Management sowie eine gemeinsame Infrastruktur. Aufgrund der zeitlichen

---

[119] Vgl. VERES-HOMM ET AL. (2015), S. 27 ff.; BALLING ET AL. (2013), S. 15 und GROENMEYER (2012), S. 43 ff.
[120] Vgl. VERES-HOMM ET AL. (2015), S. 29.
[121] Vgl. VERES-HOMM ET AL. (2015), S. 29.
[122] Vgl. FELD ET AL. (2017), S. 128.
[123] Vgl. VERES-HOMM ET AL. (2015), S. 30 und BALLING ET AL. (2013), S. 98.
[124] Vgl. VERES-HOMM ET AL. (2015), S. 30 und BALLING ET AL. (2013), S. 54.

Entwicklung von Gewerbeparks werden insgesamt vier Typen (Typ 1 bis 4)[125] definiert. Diese unterscheiden sich primär hinsichtlich des Büro- und Lagerflächenanteils. Der Anteil der Mietergruppen setzt sich größtenteils aus Nutzern des verarbeitenden Gewerbes und des Lager-/Logistikbereiches zusammen. In Abhängigkeit der jeweiligen Zielgruppe werden Gewerbeparks auch als Industrieparks (für Industrieunternehmen) oder Technologieparks (für Hightechunternehmen) realisiert.[126]

Die Bedeutung der Gewerbeparks für die Folgenutzung von Produktionshallen ist abhängig von der Ausgangssituation. Besteht die Produktionshalle aus mehreren Teilhallen oder ist eine vergleichsweise einfache Unterteilung in mehrere separate Einheiten möglich, so ist eine Folgenutzung im Sinne eines Gewerbeparks denkbar. Können diese Voraussetzungen nicht vorgefunden werden, sind Gewerbeparks für die Folgenutzung von Produktionshallen eher ungeeignet. Bei einzelnen Hallen mit geringeren Nutzflächen (< 10.000 m²) und gewerblicher Folgenutzung ist eher die Bezeichnung Gewerbehalle treffend.

Transformationsimmobilien

Transformationsimmobilien bezeichnen umgenutzte und revitalisierte ehemalige Produktionsanlagen und Industrieareale. Diese befinden sich durch den historischen Hintergrund häufig in innerstädtischen Lagen und richten sich an eine breit ausgelegte Zielgruppenstruktur.[127]

Aufgrund der spezifischen Definition von Transformationsimmobilien sind diese im Rahmen der Anpassung und Umnutzung von Produktionshallen nicht relevant und werden als mögliche Folgenutzung nicht weiter betrachtet.

2.5   Perspektiven und aktuelle Marktzahlen

2.5.1   Institutionelle und betriebliche Perspektive

Die Beurteilung der Anpassungs- und Umnutzungsfähigkeit von Produktionshallen kann aus unterschiedlichen Perspektiven erfolgen. Dabei kann primär zwischen der institutionellen und engeren betrieblichen Sichtweise unterschieden werden.

Die institutionelle Perspektive bezieht sich auf Investoren, deren Kerngeschäft sich auf die Beschaffung, Bewirtschaftung und den Verkauf von Immobilien bezieht. Hierbei werden Immobilien als reines Investitions- und Wertschöpfungsobjekt betrachtet. Ziel ist es, eine angemessene Rendite zu erzielen und damit einhergehende Risiken zu optimieren.[128] Dies kann im Bereich der industriell genutzten Hallen nur dann erreicht werden, wenn sich die betreffenden Immobilien durch eine hohe Nutzungsreversibilität und Drittverwendungsfähigkeit auszeichnen.[129] Das heißt,

---

[125] Die spezifische Definition der verschiedenen Gewerbeparktypen kann beispielsweise ARENS entnommen werden (vgl. ARENS (2016), S. 99 f.).
[126] Vgl. FELD ET AL. (2017), S. 127; ARENS (2016), S. 99 ff. und BIENERT (2005), S. 736.
[127] Vgl. FELD ET AL. (2017), S. 127.
[128] Vgl. GLATTE (2017b), S. 8.
[129] Vgl. FELD ET AL. (2017), S. 127.

dass die jeweiligen Immobilien vorrangig aus Sicht einer möglichen Folgenutzung und der damit zusammenhängenden Marktgängigkeit betrachtet werden.

Im Gegensatz dazu beschäftigt sich die betriebliche Perspektive primär mit unternehmensinternen und nutzerbezogenen Bedürfnissen, die beispielsweise aus der Produktion von Gütern resultieren. Immobilien stellen hierbei nicht das Kerngeschäft dar, sondern fungieren als Betriebsmittel zur Erfüllung des eigentlichen Kerngeschäfts. Dies führt zu einem differenzierten Umgang im Vergleich mit der institutionellen Perspektive, da die Immobilie lediglich als „Mittel zum Zweck" angesehen wird und die Betrachtung primär aus Sicht der festgelegten Erstnutzung erfolgt.[130]

Die vorliegende Arbeit soll einen Beitrag dazu leisten, die engere betriebliche Perspektive und die institutionelle Perspektive abzugleichen und ein Bewertungssystem zur Relativierung vermuteter Widersprüche mit qualitativen (z. B. verbesserte Anpassungs- und Umnutzungsfähigkeit) und quantitativen Kenngrößen (z. B. erzielbare Rendite) zu entwickeln. Dadurch soll eine bessere Einschätzung von Konsequenzen und Risiken in Bezug auf anpassungs- und umnutzungsfähige Produktionshallen ermöglicht werden. In Abbildung 2-4 sind die vorab beschriebenen Perspektiven dargestellt. Es ist zu erkennen, dass die erweiterte betriebliche Perspektive sowohl die engere betriebliche als auch die institutionelle Perspektive berücksichtigt. Auf dieser Grundlage soll die erweiterte betriebliche Perspektive dazu genutzt werden, die Anpassungs- und Umnutzungsfähigkeit von Produktionshallen zu optimieren und mögliche Lösungsansätze zu formulieren.

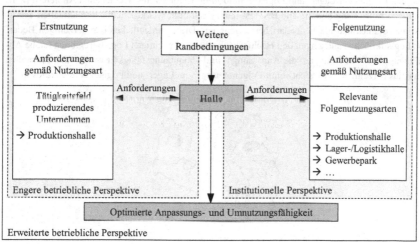

Abbildung 2-4: Unterschiedliche Perspektiven auf die Anforderungen an Produktionshallen

2.5.2 Aktuelle Marktzahlen

Die INITIATIVE UNTERNEHMENSIMMOBILIEN veröffentlicht im halbjährlichen Rhythmus einen Marktbericht zu Unternehmensimmobilien in Deutschland.[131] Diese werden insgesamt mit einem

---

[130] Vgl. GLATTE (2017b), S. 8 f.; GLATTE (2014a), S. 7 f. und DIETRICH (2005), S. 23 f.
[131] Marktberichte unter www.unternehmensimmobilien.net abrufbar.

Marktwert von rund 560 Mrd. € beziffert und aufgeteilt in: 299,7 Mrd. € Produktionsimmobilien (Leichtindustrie), 203,7 Mrd. € Lager-/Logistikimmobilien, 13,9 Mrd. € Gewerbeparks und 42,8 Mrd. € Transformationsimmobilien (siehe Abbildung 2-5).[132, 133] Die Produktionsimmobilien dominieren dabei mit einem Marktwertanteil von über 53 %. Allerdings werden nur 40 % als investmentfähig angesehen. Im Vergleich dazu erreichen Logistikimmobilien eine Quote von 60 % und Gewerbeparks von 90 %. Die vergleichsweise geringe Quote von investmentfähigen Produktionsimmobilien wird mit der speziellen Auslegung der Gebäude an den Produktionsvorgang und die damit einhergehende fehlende Nutzungsreversibilität und Drittverwendungsfähigkeit begründet.[134] Aus dieser Aussage kann abgeleitet werden, dass durchaus ein erhöhter Bedarf an optimierten Gebäudestrukturen im Segment der Produktionsimmobilien zu verzeichnen ist.

Abbildung 2-5: Marktwerte deutscher Unternehmensimmobilien in Mrd. €[135]

Für den Bereich der Lager- und Logistikimmobilien werden von verschiedenen Anbietern (z. B. Colliers, Jones Lang LaSalle und BNP Paribas) detaillierte Marktberichte zum aktuellen Transaktionsvolumen und Flächenbedarf herausgegeben. Diese verdeutlichen den derzeitigen Bedarf an Logistikflächen und zeigen den Nachfrageüberhang in wichtigen Logistikregionen (siehe Abbildung 2-6).[136] In Bezug auf die Anpassungs- und Umnutzungsfähigkeit von Produktionshallen sind aus derzeitiger Marktsicht somit Folgenutzungen im Lager- und Logistikbereich relevant.

Abbildung 2-6: Bedeutende Logistikregionen in Deutschland[137]

---

[132] Vgl. INITIATIVE UNTERNEHMENSIMMOBILIEN (2017), S. 44 f.
[133] JUST ET AL. orientieren sich an der Definition der produktionsnahen Immobilien (siehe Abschnitt 2.4.1, Tabelle 2-6) und schätzen den Marktwert sogar auf 600 Mrd. € (vgl. JUST/PFNÜR/BRAUN (2016), S. 8).
[134] Vgl. INITIATIVE UNTERNEHMENSIMMOBILIEN (2017), S. 45.
[135] In Anlehnung an INITIATIVE UNTERNEHMENSIMMOBILIEN (2017), S. 44.
[136] Vgl. COLLIERS (2018), S. 9.
[137] In Anlehnung an JONES LANG LASALLE (2018), S. 12.

Insgesamt zeigen die Darstellungen, dass die Anpassungs- und Umnutzungsfähigkeit von Produktionshallen immer von den aktuellen Marktbedingungen abhängig sind. Die Herausforderung besteht darin, wichtige bautechnische und konstruktive Parameter zu ermitteln, zu standardisieren und in Handlungsempfehlungen für schnellere Entscheidungen von Investoren und Betreibern zusammenzustellen.

2.6   Zusammenfassung zu Kapitel 2

In diesem Kapitel wurde dargestellt, dass die Anpassungs- und Umnutzungsfähigkeit von Gebäuden einen wichtigen Stellenwert in der Forschungslandschaft einnehmen. Allerdings konnte aufgezeigt werden, dass es an umfassenden Konzepten zur monetären Bewertung über den Lebenszyklus fehlt. Weiterhin wurden die wichtigsten Begriffe definiert und eingeordnet. Außerdem wurden die verschiedenen Perspektiven auf die Anpassungs- und Umnutzungsfähigkeit analysiert und die aktuelle Marktlage aufgearbeitet. Die hierbei generierten Erkenntnisse bilden die Grundlage für die weiteren Kapitel der vorliegenden Arbeit.

3 Analyse der Rahmenbedingungen und Anforderungen an Hallen

3.1 Überblick

Um anpassungs- und umnutzungsfähige Produktionshallen planen und realisieren zu können, ist es unabdingbar, die Rahmenbedingungen und Anforderungen in Hinblick auf die zu betrachtenden Hallenbauwerke einzugrenzen. Dabei ist es erforderlich, die wichtigen baulichen Parameter zu spezifizieren und umzusetzen. Nur dann kann die langfristige Marktgängigkeit sowie Minimierung des Leerstands- und Vermarktungsrisikos sichergestellt werden.

In diesem Kapitel werden zunächst die gesetzlichen und planerischen Rahmenbedingungen beschrieben und mögliche Strukturierungssysteme zur zweckmäßigen Gruppierung der Anforderungen vorgestellt. Anschließend werden die bautechnischen und konstruktiven Parameter analysiert und dargestellt. Diese bilden die Grundlage, um in Kapitel 4 mithilfe geeigneter Datenerhebungsmethoden nutzungsspezifische Hallenprofile zu erstellen.

3.2 Gesetzliche Rahmenbedingungen

3.2.1 Grundlagen

Im Rahmen der Planung und Realisierung von anpassungs- und umnutzungsfähigen Produktionshallen sind zahlreiche gesetzliche Vorgaben des Baurechts zu berücksichtigen. Dabei kann grundsätzlich zwischen dem privaten und öffentlichen Baurecht unterschieden werden. Das private Baurecht regelt die Rechtsbeziehungen zwischen den am Bau Beteiligten. Das öffentliche Baurecht dient der Ordnung und Steuerung der baulichen Nutzung von Grund und Boden im öffentlichen Interesse und lässt sich nach Bauplanungs-, Bauordnungs- und Baunebenrecht unterscheiden.[138] Zur Einordnung der Begrifflichkeiten sind die relevanten Bereiche und zugehörigen Gesetze sowie wichtige Verordnungen, Technischen Regeln und Richtlinien in Tabelle 3-1 dargestellt.

Tabelle 3-1: Bereiche des Baurechts[139]

Privates Baurecht	Öffentliches Baurecht		
	Bauplanungsrecht	Bauordnungsrecht	Baunebenrecht
z. B.	z. B.	z. B.	z. B.
- BGB	- BauGB	- LBO	- ArbStättV
- HOAI	- BauNVO	- IndBauRL	- EnEV
- VOB			- WHG

Im Rahmen dieses Abschnitts werden die wichtigsten baurechtlichen Rahmenbedingungen vorgestellt. Schwerpunkte bilden die öffentlich-rechtlichen Vorschriften des Bundes und der Länder

---

[138] Vgl. MUCKEL/OGOREK (2018), S. 1 ff.; STOLLMANN/BEAUCAMP (2017), S. 1 ff.; HANDSCHUMACHER (2014), S. 189 und DAMMERT (2013), S. 122.

[139] Unterteilung der Baurechtsbereiche in Anlehnung an HARLFINGER (2006), S. 82.

© Der/die Herausgeber bzw. der/die Autor(en), exklusiv lizenziert durch Springer Fachmedien Wiesbaden GmbH, ein Teil von Springer Nature 2020
A. Harzdorf, *Anpassungs- und Umnutzungsfähigkeit von Produktionshallen*, Baubetriebswesen und Bauverfahrenstechnik,
https://doi.org/10.1007/978-3-658-31658-7_3

sowie weitere Regelungen des Baunebenrechts. Eine detaillierte Beschreibung des privaten Baurechts erfolgt nicht.

3.2.2 Bauplanungsrecht

Das Bauplanungsrecht regelt die bodenrechtlichen Nutzungsmöglichkeiten von Grundstücken und stellt die geordnete städtebauliche Entwicklung sicher.[140] Die wichtigsten gesetzlichen Grundlagen ergeben sich aus dem Baugesetzbuch (BauGB)[141] und der Baunutzungsverordnung (BauNVO)[142].

Das BauGB enthält Vorgaben zur Zulässigkeit von Bauvorhaben und regelt den Inhalt sowie den Ablauf der gemeindlichen Bauleitplanung.[143] Damit nimmt dieses Gesetz wesentlichen Einfluss auf die Gestalt, Struktur und Entwicklung des besiedelten Raumes. Der erste Abschnitt des BauGB behandelt das allgemeine Städtebaurecht. Dieses befasst sich mit dem Recht der Bodennutzung und den wesentlichen Instrumentarien der Bauleitplanung. Im zweiten Abschnitt wird das besondere Städtebaurecht geregelt. Dieses beschäftigt sich mit städtebaulichen Sanierungs- und Entwicklungsmaßnahmen. Der dritte und vierte Abschnitt enthalten Sonstige Vorschriften sowie Überleitungs- und Schlussvorschriften.

Die BauNVO basiert auf dem BauGB und enthält Regelungen zur Festsetzung von Art und Umfang der baulichen Nutzung auf Grundstücken und der zulässigen Bauweise.[144] Der erste Abschnitt der BauNVO umfasst Vorschriften für Bauflächen und Baugebiete. Die Einteilung der Bauflächen im Rahmen eines Flächennutzungsplans kann nach § 1 Abs. 1 BauNVO in Wohnbauflächen (W), Gemischte Bauflächen (M), Gewerbliche Bauflächen (G) und Sonderbauflächen (S) erfolgen. Diese können wiederrum nach § 1 Abs. 2 BauNVO in die folgenden Baugebietstypen unterschieden werden:

- Kleinsiedlungsgebiete (WS) – § 2 BauNVO,
- Reine Wohngebiete (WR) – § 3 BauNVO,
- Allgemeine Wohngebiete (WA) – § 4 BauNVO,
- Besondere Wohngebiete (WB) – § 4a BauNVO,
- Dorfgebiete (MD) – § 5 BauNVO,
- Mischgebiete (MI) – § 6 BauNVO,
- Urbane Gebiete (MU) – § 6a BauNVO,
- Kerngebiete (MK) – § 7 BauNVO,
- Gewerbegebiete (GE) – § 8 BauNVO,
- Industriegebiete (GI) – § 9 BauNVO und
- Sondergebiete (SO) – §§ 10 f. BauNVO.

---

[140] Vgl. HANDSCHUMACHER (2014), S. 189 f.
[141] Vgl. Baugesetzbuch (BauGB), in der Fassung vom 23.06.1960, zuletzt geändert am 03.11.2017.
[142] Vgl. Baunutzungsverordnung (BauNVO), in der Fassung vom 26.06.1962, zuletzt geändert am 21.11.2017.
[143] Vgl. DAMMERT (2013), S. 124.
[144] Vgl. HANDSCHUMACHER (2014), S. 190.

In den einzelnen Absätzen der dargestellten Paragraphen wird geregelt, wozu das jeweilige Baugebiet dient, welche Gebäudetypen zulässig und welche Gebäudetypen ausnahmsweise zulässig sind. Im zweiten Abschnitt der BauNVO wird das Maß der baulichen Nutzung festgelegt. Dabei werden in § 17 Abs. 1 BauNVO Obergrenzen für Grundflächenzahl (GRZ)[145], Geschossflächenzahl (GFZ)[146] und Baumassenzahl (BMZ)[147] in Bezug auf die jeweiligen Baugebiete festgesetzt (siehe Tabelle 3-2).

Tabelle 3-2: Obergrenzen der baulichen Nutzung gemäß § 17 Abs. 1 BauNVO

Baugebietstyp	GRZ	GFZ	BMZ
WS	0,2	0,4	-
WR, WA	0,4	1,2	-
WB	0,6	1,6	-
MD, MI	0,6	1,2	-
MU	0,8	3,0	-
MK	1,0	3,0	-
GE, GI und SO	0,8	2,4	10,0

3.2.3 Bauordnungsrecht

Im Unterschied zum Bauplanungsrecht regelt das Bauordnungsrecht formelle sowie materiell-rechtliche Belange der Bauausführung.[148] Somit fällt das Bauordnungsrecht in die Gesetzgebungskompetenz der Länder und wird in den 16 geltenden Landesbauordnungen (LBO)[149] geregelt. Diese basieren auf der Musterbauordnung (MBO)[150], enthalten jedoch zum Teil deutliche Unterschiede.[151] Im Folgenden werden wichtige bauordnungsrechtliche Anforderungen auf Basis der MBO vorgestellt. Auf eine detaillierte Beschreibung der länderspezifischen Regelungen wird verzichtet.

Gebäude mit gewerblich-industrieller Nutzung sind entsprechend § 2 Abs. 4 MBO als Sonderbauten anzusehen. An diese Gebäude können nach § 51 Abs. 1 MBO besondere Anforderungen gestellt oder Erleichterungen an materielle Vorschriften gestattet werden. Dies betrifft beispielsweise Anforderungen an den Brand-, Schall- und Wärmeschutz[152] sowie notwendige Abstands- und Stellplatzflächen. Um die nach § 3 Abs. 1 und § 14 Abs. 1 MBO gestellten Schutzziele zu erreichen, ist der Brandschutz von besonderer Bedeutung. Die jeweiligen Mindestanforderungen

---

[145] Die Kennzahl GRZ gibt an, welcher Anteil der Grundstücksfläche überbaut werden darf (vgl. GEYER (2014), S. 85 f.).

[146] Die Kennzahl GFZ gibt das Verhältnis der Geschossfläche aller Vollgeschosse zur Grundstücksfläche an (vgl. GEYER (2014), S. 84 f.).

[147] Die Kennzahl BMZ ist speziell für den Gewerbe- und Industriebau von Bedeutung und gibt das Verhältnis der Baumasse zur Grundstücksfläche an (vgl. GEYER (2014), S. 86 f.).

[148] Vgl. HARLFINGER (2006), S. 92.

[149] Z. B. BayBO für Bayern, HBO für Hessen und SächsBO für Sachsen.

[150] Vgl. Musterbauordnung (MBO), in der Fassung vom 01.11.2002, zuletzt geändert am 21.09.2012.

[151] Vgl. HANDSCHUMACHER (2014), S. 189 f. und DAMMERT (2013), S. 125.

[152] Detaillierte Ausführungen zum Brand-, Schall- und Wärmeschutz werden in Abschnitt 3.5.1 vorgenommen.

werden in Ergänzung zu den LBO auf Basis der Musterindustriebaurichtlinie (MIndBauRL)[153] in den bauordnungsrechtlich eingeführten Industriebaurichtlinien (IndBauRL) der Länder geregelt. Im Folgenden werden wichtige brandschutzrechtliche Anforderungen auf Basis der MIndBauRL dargestellt. Auf eine detaillierte Beschreibung der länderspezifischen IndBauRL wird verzichtet.

Die MIndBauRL gilt für Gebäude, die der Produktion oder Lagerung von Produkten oder Gütern dienen und regelt die Mindestanforderungen an den vorbeugenden Brandschutz. Dies betrifft speziell die Feuerwiderstandsfähigkeit der Bauteile, die Brennbarkeit der Baustoffe, die Länge und Lage der Rettungswege sowie die Größe der Brand- und Brandbekämpfungsabschnitte[154]. Während nach den Vorgaben des § 30 Abs. 2 MBO Brandwände mit einer maximalen Ausdehnung von 40 m zulässig sind (rechnerisch ergibt sich daraus eine maximal zulässige Fläche von $40 \text{ m} \cdot 40 \text{ m} = 1.600 \text{ m}^2$), können nach MIndBauRL Brandbekämpfungsabschnitte von bis zu 30.000 m² ohne zusätzliche Anforderungen an die Feuerwiderstandsfähigkeit von tragenden und aussteifenden Bauteilen realisiert werden. Zur Beurteilung der maximal zulässigen Brand- und Brandbekämpfungsabschnitte werden vier Sicherheitskategorien definiert. Diese unterscheiden sich nach den infrastrukturellen Maßnahmen zur Brandbekämpfung (siehe Tabelle 3-3).

Tabelle 3-3: Sicherheitskategorien für Brand- und Brandbekämpfungsabschnitte

Sicherheitskategorie (SK)	Infrastrukturelle Maßnahmen
K1	ohne besondere Maßnahmen
K2	mit automatischer Brandmeldeanlage
K3[155]	mit automatischer Brandmeldeanlage und Werksfeuerwehr
K4	mit selbsttätiger Feuerlöschanlage

Auf Basis dieser Sicherheitskategorien werden nach MIndBauRL insgesamt drei brandschutztechnische Nachweisverfahren definiert:

-   Vereinfachtes Nachweisverfahren,
-   Vollinhaltliches Nachweisverfahren nach DIN 18230-1:2010-09 und
-   Nachweisverfahren mit Methoden des Brandschutzingenieurwesens.

Das vereinfachte Nachweisverfahren wird auf Grundlage von vorgegebenen Tabellenwerten für erdgeschossige Industriebauten durchgeführt (siehe Tabelle 3-4). In Abhängigkeit der Feuerwiderstandsklasse der statisch relevanten Bauteile und den definierten Sicherheitskategorien kann die zulässige Brandabschnittsfläche bestimmt werden. Zusätzlich wird jedoch definiert, dass Gebäude mit Lagerbereichen und Lagerguthöhen von mehr als 7,50 m (OK Lagergut) mit selbsttätigen Feuerlöschanlagen ausgerüstet sein müssen.

---

[153] Vgl. Musterindustriebaurichtlinie (MIndBauRL), in der Fassung vom 01.07.2014, zuletzt geändert am 01.07.2014.

[154] Die MIndBauRL unterscheidet zwischen Brand- und Brandbekämpfungsabschnitten. Während sich ein Brandabschnitt nur über ein Geschoss erstreckt, kann sich ein Brandbekämpfungsabschnitt über mehrere Geschosse erstrecken.

[155] Je nach Staffel-/Gruppenstärke der Werksfeuerwehr wird die Sicherheitskategorie K3 in K3.1, K3.2, K3.3 und K3.4 unterteilt.

Tabelle 3-4: Zulässige Brandabschnittsfläche für erdgeschossige Industriebauten

SK	Feuerwiderstandsfähigkeit der tragenden und aussteifenden Bauteile	
	ohne Anforderung[156]	feuerhemmend (F 30)
K1	1.800 m²	3.000 m²
K2	2.700 m²	4.500 m²
K3	3.200 bis 4.500 m²	5.400 bis 7.500 m²
K4	10.000 m²	10.000 m²

Das vollinhaltliche Nachweisverfahren basiert auf dem Rechenverfahren zur Brandlastermittlung nach DIN 18230-1:2010-09. Hierbei wird aus den spezifischen Brandlasten eine äquivalente Branddauer $t_ä$ ermittelt. Anhand der nachfolgend dargestellten Tabelle 3-5 können die zulässigen Brandbekämpfungsabschnittsflächen erdgeschossiger Industriebauten ohne Anforderungen an die Feuerwiderstandsfähigkeit tragender und aussteifender Bauteile abgelesen werden.

Tabelle 3-5: Zulässige Brandbekämpfungsabschnitte für erdgeschossige Industriebauten

SK	Äquivalente Branddauer $t_ä$			
	15 min	30 min	60 min	90 min
K1	9.000 m²	5.500 m²	2.700 m²	1.800 m²
K2	13.500 m²	8.000 m²	4.000 m²	2.700 m²
K3	16.000 bis 22.500 m²	10.000 bis 13.500 m²	5.000 bis 6.800 m²	3.200 bis 4.500 m²
K4	30.000 m²	20.000 m²	10.000 m²	10.000 m²

Das Nachweisverfahren mithilfe von ingenieurtechnischen Methoden basiert auf wissenschaftlich anerkannten Berechnungsverfahren (z. B. Wärmebilanzrechnungen). Hierbei muss nachgewiesen werden, dass für die sicherheitstechnisch erforderlichen Zeiträume die Standsicherheit der Bauteile gewährleistet wird, eine wirksame Brandbekämpfung möglich ist und die vorhandenen Rettungswege benutzt werden können.

3.2.4 Baunebenrecht

3.2.4.1 Allgemein

Zum Baunebenrecht gehören alle öffentlich-rechtlichen Vorschriften, die über die Regelungen des BauGB und der LBO hinausgehen, sich jedoch unmittelbar auf die Zulässigkeit und Rechtsmäßigkeit zur Errichtung, Änderung oder Nutzung baulicher Anlagen auswirken. Hierunter zählen neben den Gesetzen ebenfalls die zugehörigen Verordnungen, Technischen Regeln, Vorschriften und Richtlinien.[157]

---

[156] Für die Sicherheitskategorien K1 bis K3 wird vorgegeben, dass die Gebäudebreite ≤ 40 m und die Wärmeabzugsfläche ≥ 5 % betragen muss.

[157] Vgl. MUCKEL/OGOREK (2018), S. 7 und HARLFINGER (2006), S. 100.

3.2.4.2 Arbeitsstättenverordnung

Die Arbeitsstättenverordnung (ArbStättV)[158] basiert auf dem Arbeitsschutzgesetz (ArbSchG)[159] und konkretisiert die allgemeinen Aussagen bezüglich des Sicherheits- und Gesundheitsschutzes der Beschäftigten am Arbeitsplatz. Die einzelnen Arbeitsstättenrichtlinien (ASR) dienen wiederrum dazu, die in § 3a Abs. 1 ArbStättV geforderten Ziele hinsichtlich der technischen Umsetzung vorzugeben. Für die bauliche Umsetzung von Hallenbauwerken sind insbesondere folgende ASR von Bedeutung:

- ASR A2.1 „Schutz vor Absturz und herabfallenden Gegenständen, Betreten von Gefahrenbereichen",
- ASR A3.4 „Beleuchtung" und
- ASR A3.5 „Raumtemperatur".

Die ASR A2.1 ist für Hallenbauwerke in Bezug auf sicherheitstechnische Maßnahmen zum Schutz vor Absturz auf Dachflächen relevant. Dies betrifft sowohl die äußeren Absturzkanten, als auch den möglichen Durchsturz durch Dachoberlichter. Die bautechnischen Erfordernisse zur Vermeidung eines Absturzes an den äußeren Absturzkanten werden in Abschnitt 3.5.7 und des Durchsturzes durch Dachoberlichter in Abschnitt 3.5.8 genauer beschrieben.

Die ASR A3.4 konkretisiert die Anforderungen an das Einrichten und Betreiben der Beleuchtung von Arbeitsstätten. Für Hallenbauwerke sind die notwendigen Fensterflächen für eine ausreichende Tageslichtversorgung[160] sowie die künstliche Beleuchtung von Bedeutung. Für die Tageslichtversorgung wird bei Räumen mit Dachoberlichtern ein Tageslichtquotient[161] von > 4 % gefordert. Um diese Vorgabe bei großflächigen Hallenbauwerken erfüllen zu können, sind regelmäßig mindestens 8 % der Dachfläche für Lichtkuppeln oder -bänder vorzusehen. Je nach den gestellten Sehanforderungen an die durchgeführten Tätigkeiten kann dieser Flächenanteil bis auf 15 % bis 20 % anwachsen.[162] Kann die Anforderung nach ausreichend Tageslicht aufgrund spezifischer betriebstechnischer Anforderungen nicht erfüllt werden, ist die Einrichtung und Nutzung von Pausenräumen mit hohem Tageslichteinfall zu gewährleisten. Zusätzlich fordert die ASR A3.4 eine ausreichende Beleuchtung durch künstliche Leuchtmittel und definiert hierfür in Anhang 1 tätigkeitsbezogene Beleuchtungsstärken. Die bautechnischen Ausführungsvarianten zur Tageslichtversorgung werden in Abschnitt 3.5.8 und zur künstlichen Beleuchtung in Abschnitt 3.5.9 näher vorgestellt.

Die ASR A3.5 trifft Festlegungen zu den Anforderungen an Raumtemperaturen. In Abhängigkeit der Schwere der Arbeit werden Mindestlufttemperaturen definiert (siehe Tabelle 3-6). Hinsichtlich der bautechnischen Erfordernisse ist die Raumtemperatur insbesondere für den baurechtlich geforderten Wärmeschutz sowie die Ausstattung mit Heiztechnik von Bedeutung. Die möglichen

---

[158] Vgl. Arbeitsstättenverordnung (ArbStättV), in der Fassung vom 12.08.2004, zuletzt geändert am 18.10.2017.
[159] Vgl. Arbeitsschutzgesetz (ArbSchG), in der Fassung vom 07.08.1996, zuletzt geändert am 31.08.2015.
[160] Zusätzlich zur Tageslichtversorgung wird nach ArbStättV und ASR A3.4 auch die Sichtverbindung nach Außen gefordert. Davon kann abgewichen werden, wenn betriebs-, produktions- oder bautechnische Gründe entgegenstehen.
[161] Der Tageslichtquotient D beschreibt das Verhältnis der Beleuchtungsstärke an einem Punkt im Innenraum E_p zur Beleuchtungsstärke im Freien bei bedecktem Himmel E_a in Prozent.
[162] Vgl. ALTMANNSHOFER (2015), S. 60.

Ausführungsvarianten der Fassade und des Dachs werden in Abschnitt 3.5.7 und der Heiztechnik in Abschnitt 3.5.9 beschrieben.

Tabelle 3-6: Mindestlufttemperaturen in Arbeitsräumen nach ASR A3.5

Überwiegende Körperhaltung	Arbeitsschwere		
	leicht	mittel	schwer
Sitzen	+20 °C	+19 °C	-
Stehen, Gehen	+19 °C	+17 °C	+12 °C

3.2.4.3 Energieeinsparverordnung

Die Energieeinsparverordnung (EnEV)[163] legt bautechnische Anforderungen zur Umsetzung von energieeffizienten Gebäuden auf Grundlage des Energieeinsparungsgesetzes (EnEG)[164] fest. Die Verordnung soll dazu beitragen, dass die energiepolitischen Ziele der Bundesregierung erreicht werden.[165] In diesem Zusammenhang müssen für Gebäude seit 2009 Anforderungen des Erneuerbare-Energien-Wärmegesetz (EEWärmeG)[166] umgesetzt werden. Die jeweiligen Maßnahmen haben dabei wiederum Einfluss auf den nach EnEV zu berechnenden Primärenergiebedarf. Die genannten drei Regelwerke sollen im Jahr 2019 im Gebäudeenergiegesetz (GEG) zusammengeführt werden.[167]

Für gewerblich und industriell genutzte Hallenbauwerke sind die Regelungen der EnEV nur dann relevant, wenn eine Innentemperatur von mindestens 12 °C notwendig ist oder die Gebäude jährlich länger als vier Monate geheizt bzw. länger als zwei Monate gekühlt werden (vgl. § 1 Abs. 3 EnEV). Der nach EnEV maximal zulässige Primärenergiebedarf für Heizung, Warmwasser, Lüftung und Kühlung wird unter Zuhilfenahme eines vorgegebenen Referenzgebäudes ermittelt und bestimmt sich aus bauphysikalischen und anlagentechnischen Rahmenbedingungen. Das Referenzgebäude muss dabei mit dem nachzuweisenden Gebäude in Bezug auf Geometrie, Grundfläche, Ausrichtung und Nutzung übereinstimmen. Zudem gibt die EnEV für Neubauten Höchstwerte der Wärmedurchgangskoeffizienten wärmeübertragender Umfassungsflächen vor. Die maßgebenden Werte für neu zu errichtende Nichtwohngebäude (NWG) können Tabelle 3-7 entnommen werden und müssen bei der bautechnischen und konstruktiven Umsetzung der Bodenplatte (siehe Abschnitt 3.5.6), der Fassade und des Dachs (siehe Abschnitt 3.5.7) sowie der Fenster, Tore und Türen (siehe Abschnitt 3.5.8) eingehalten werden.

---

[163] Vgl. Energieeinsparverordnung (EnEV), in der Fassung vom 24.07.2007, zuletzt geändert am 24.10.2015.

[164] Vgl. Energieeinspargesetz (EnEG), in der Fassung vom 22.07.1976, zuletzt geändert am 04.07.2013.

[165] Beispielsweise wird bis zum Jahr 2050 ein nahezu klimaneutraler Gebäudebestand angestrebt (vgl. BUNDESMINISTERIUM FÜR UMWELT, NATURSCHUTZ UND NUKLEARE SICHERHEIT (2019), S. 42).

[166] Vgl. Erneuerbare-Energien-Wärmegesetz (EEWärmeG), in der Fassung vom 07.08.2008, zuletzt geändert am 20.10.2015.

[167] Vgl. SEIFERT ET AL. (2018), S. 32.

Tabelle 3-7: Wärmedurchgangskoeffizienten NWG nach Anlage 2, Tabelle 2 der EnEV

Bauteil	Höchstwerte der Wärmedurchgangskoeffizienten [W/m²K][168]	
	≥ 12 °C bis < 19 °C	≥ 19 °C
Opake Außenbauteile	0,50	0,28
Transparente Außenbauteile	2,80	1,50
Vorhangfassade	3,00	1,50
Glasdächer, Lichtbänder, Lichtkuppeln	3,10	2,50

3.2.4.4 Wasserhaushaltsgesetz

Das Wasserhaushaltsgesetz (WHG)[169] bildet den Hauptteil des deutschen Wasserrechts und enthält Bestimmungen zum Schutz und zur Nutzung des Grundwassers und der Oberflächengewässer. Für Hallenbauwerke ist dieses Gesetz insbesondere in Bezug auf den Umgang mit wassergefährdenden Stoffen von Bedeutung. Flächen, die dem Lagern, Abfüllen, Herstellen und Verwenden von wassergefährdenden Stoffen dienen, müssen gemäß § 62 WHG so bemessen und konstruiert werden, dass eine Gewässerverunreinigung nicht zu befürchten ist. Diese Forderung wird über die „Verordnung über Anlagen zum Umgang mit wassergefährdenden Stoffen" (AwSV)[170, 171] umgesetzt. Die möglichen Ausführungsvarianten sind in der Technischen Regel wassergefährdender Stoffe (TRwS) – Arbeitsblatt DWA-A 786[172] beschrieben.[173] In Abschnitt 3.5.6 werden die bautechnischen Ausführungsvarianten für Bodenplatten näher spezifiziert.

3.2.4.5 Bundesnaturschutzgesetz

Das Bundesnaturschutzgesetz (BNatSchG)[174] ergänzt die naturschutzrechtlichen Regelungen nach §§ 1a, 135a-135c BauGB und bildet die Grundlage für den Schutz, die Pflege, die Entwicklung und die Wiederherstellung von Natur und Landschaft.[175] Aufgrund des hohen Grundstücks- und Bodenbedarfs von Hallenbauwerken betrifft dieses Gesetz auch jede Baumaßnahme. In § 13 BNatSchG wird der allgemeine Grundsatz festgelegt, dass erhebliche Beeinträchtigungen der Natur und Landschaft, insofern diese nicht zu vermeiden sind, durch Ausgleichs- oder Ersatzmaßnahmen vom jeweiligen Verursacher zu kompensieren sind. Zur Durchsetzung der genannten Interessen können die Eingriffsregelungen nach §§ 14 f. BNatSchG angewendet werden. Das Verfahren zur Anwendung der Eingriffsregelungen wird in § 17 BNatSchG festgelegt. Für Hallenbauwerke werden demnach Ausgleichs- und Ersatzmaßnahmen erforderlich. Diese werden

---

[168] Die dargestellten Werte gelten für Neubauvorhaben ab dem 01.01.2016.
[169] Vgl. Wasserhaushaltsgesetz (WHG), in der Fassung vom 31.07.2009, zuletzt geändert am 18.07.2017.
[170] Vgl. Verordnung über Anlagen zum Umgang mit wassergefährdenen Stoffen (AwSV), in der Fassung vom 18.04.2017, zuletzt geändert am 18.04.2017.
[171] Die AwSV trat am 01.08.2017 in Kraft und löste damit die landesspezifischen Verordnungen (VAwS) zum Umgang mit wassergefährdenden Stoffen ab.
[172] Vgl. DEUTSCHE VEREINIGUNG FÜR WASSERWIRTSCHAFT, ABWASSER UND ABFALL (2005).
[173] Vgl. LOHMEYER/EBELING (2012), S. 229.
[174] Vgl. Bundesnaturschutzgesetz (BNatSchG), in der Fassung vom 29.07.2009, zuletzt geändert am 15.09.2017.
[175] Vgl. DAMMERT (2013), S. 125.

regelmäßig auf weiter entfernten Flächen umgesetzt. Allerdings besteht auch die Möglichkeit, die geforderten Maßnahmen mithilfe einer Dachbegrünung[176] herzustellen.

3.2.4.6 Bundesimmissionsschutzgesetz

Das Bundesimmissionsschutzgesetz (BImSchG)[177] regelt die Anforderungen an zulässige Immissionen und Emissionen und verfolgt die Ziele, den Menschen und seine Umwelt vor schädigenden Einwirkungen und Gefahren zu schützen und dem Entstehen von Umweltschäden vorzubeugen. Die jeweils erforderlichen technischen Einzelheiten werden in zahlreichen Durchführungsverordnungen (BImSchV) festgelegt. In § 4 Abs. 1 BImSchG wird beispielsweise festgelegt, dass die Errichtung und der Betrieb von Anlagen, die mit schädlichen Umwelteinwirkungen verbunden sind, einer Genehmigung bedürfen. Die betreffenden Anlagen sind dabei nicht im Gesetz selbst, sondern in der 4. BImSchV aufgeführt. Werden in den BImSchV keine Grenzwerte für Emissionen oder Immissionen festgelegt, sind die Werte der bundeseinheitlichen Verwaltungsvorschriften anzuwenden. Dazu gehören beispielsweise die Technische Anleitung zum Schutz gegen Lärm (TA Lärm)[178] oder die Technische Anleitung zur Reinhaltung der Luft (TA Luft)[179]. In Tabelle 3-8 sind beispielhaft die einzuhaltenden Immissionsrichtwerte (IRW) für den Beurteilungspegel außerhalb von Gebäuden nach TA Lärm dargestellt.

Tabelle 3-8: IRW außerhalb von Gebäuden nach TA Lärm

Baugebietstyp	IRW tags (06:00 bis 22:00 Uhr)	IRW nachts (22:00 bis 06:00 Uhr)
WR	50 dB(A)	35 dB(A)
WA, WS	55 dB(A)	40 dB(A)
MK, MD, MI	60 dB(A)	45 dB(A)
MU	63 dB(A)	45 dB(A)
GE	65 dB(A)	50 dB(A)
GI	70 dB(A)	

Grundsätzlich kann festgestellt werden, dass für die industrielle Gebäudeplanung Umwelteinwirkungen aus Luftverunreinigung, Geräuschen, Erschütterungen, Licht, Wärme, Strahlen sowie ähnlichen Erscheinungen bei der bautechnischen Umsetzung berücksichtigt werden müssen. Diese Anforderungen sind jedoch stark von den produktionstechnischen Anlagen innerhalb der Hallenbauwerke abhängig und können im Rahmen der vorliegenden Arbeit nicht näher spezifiziert werden. Daher wird auf eine detaillierte bautechnische und konstruktive Anforderungsbeschreibung verzichtet.

---

[176] Die Dachbegrünungsrichtlinie der FORSCHUNGSGESELLSCHAFT LANDSCHAFTSENTWICKLUNG LANDSCHAFTSBAU (FLL) unterteilt in einfache Intensivbegrünung, Intensivbegrünung und Extensivbegrünung (vgl. KOLB (2016)).

[177] Vgl. Bundes-Immissionsschutzgesetz (BImSchG), in der Fassung vom 15.03.1974, zuletzt geändert am 18.07.2017.

[178] Vgl. Technische Anleitung zum Schutz gegen Lärm (TA Lärm), in der Fassung vom 16.07.1968, zuletzt geändert am 01.06.2017.

[179] Vgl. Technische Anleitung zur Reinhaltung der Luft (TA Luft), in der Fassung vom 08.09.1964, zuletzt geändert am 01.10.2002.

3.2.5   Bestandsschutz und Nutzungsänderung

Der Bestandsschutz[180] von Gebäuden garantiert die ursprünglich genehmigte Nutzung unabhängig davon, ob die Gebäude aufgrund von Gesetzesänderungen nicht mehr dem aktuellen Baurecht entsprechen. Damit wird verhindert, dass Bauwerke bei späteren Änderungen des Baurechts als rechtswidrig eingestuft werden.[181] Wesentliche bauliche Änderungen des Bestands, Nutzungsänderungen oder längere Nutzungsunterbrechungen werden allerdings nicht durch den Bestandsschutz gedeckt. Dann muss geprüft werden, ob sich auf Basis des öffentlichen Baurechts eine abweichende Beurteilung der Nutzung ergibt und sich daraus erhöhte, andere oder weiterführende Anforderungen des Bauplanungs-, Bauordnungs- und Baunebenrechts ergeben.[182] Diese Anforderungen beziehen sich zumeist auf den Brand-, Schall- oder Wärmeschutz.[183] In Bezug auf die Anpassungs- und Umnutzungsfähigkeit von Produktionshallen sind die entscheidenden Rahmenbedingungen und Anforderungen hinsichtlich einer geänderten zukünftigen Nutzung schon zum Planungsbeginn abzuschätzen und angemessen zu berücksichtigen.

3.3   Planerische Rahmenbedingungen

Die Planung von Produktionshallen erfordert die konsequente Einhaltung festgelegter Arbeitsschritte. Dabei kann in zwei übergeordnete Vorgehensweisen unterschieden werden. In der Fachliteratur werden diese als analytische und synthetische Vorgehensweise bezeichnet.[184]

Die analytische Vorgehensweise (Top-down-Ansatz) ist durch einen Gesamtplanungsvorgang von „Außen" nach „Innen" gekennzeichnet. Dabei wird zunächst das zu erstellende Gebäude geplant. Erst im Nachgang und auf Basis der räumlichen Gebäudeparameter erfolgt die Ausplanung der Produktions- und Anlagentechnik. Diese Vorgehensweise sichert die systematische Zerlegung und Einhaltung des festgelegten Gesamtansatzes.[185]

Die synthetische Vorgehensweise (Bottom-up-Ansatz) stellt die produktionstechnischen Anforderungen in den Vordergrund und charakterisiert den Gesamtplanungsvorgang von „Innen" nach „Außen". Dabei wird ausgehend von der Produktions- und Anlagentechnik eine Gesamtkonzeption für das Gebäude entwickelt. Im Extremfall stellt das Gebäude nur die Hülle der produktionstechnischen Prozesse dar. Mit dieser Vorgehensweise tritt der Gebäudeplanungsprozess gegenüber dem Produktionsprozess deutlich in den Hintergrund.[186]

Um sowohl die produktions- als auch gebäudebezogenen Anforderungen an Produktionshallen erfüllen zu können, ist eine kombinierte Vorgehensweise anzustreben. Voraussetzung bildet die klare Zieldefinition der jeweiligen Anforderungen aus produktions- und gebäudetechnischer Sicht. Die vorliegende Arbeit soll einen Beitrag dazu leisten, die gebäudespezifischen

---

[180] Der Bestandsschutz ist eine verfassungsrechtlich gesicherte Rechtsposition und leitet sich aus Art. 14 Abs. 1 GG ab.
[181] Vgl. STOLLMANN/BEAUCAMP (2017), S. 12 und BAHNSEN (2011), S. 22 f.
[182] Vgl. STOLLMANN/BEAUCAMP (2017), S. 13 und HARLFINGER (2006), S. 83.
[183] Vgl. HARLFINGER (2006), S. 85.
[184] Vgl. GRUNDIG (2015), S. 24 und MERGL (2007), S. 20 f.
[185] Vgl. GRUNDIG (2015), S. 24 und MERGL (2007), S. 20.
[186] Vgl. GRUNDIG (2015), S. 24 und MERGL (2007), S. 21.

Anforderungen an anpassungs- und umnutzungsfähige Produktionshallen besser beurteilen und zielführend in das Planungsvorgehen einfließen lassen zu können.

3.4 Strukturierung der Anforderungen

Bevor die bautechnischen und konstruktiven Eigenschaften von Hallen detailliert analysiert werden können, ist ein geeignete Strukturierung und Kategorisierung der Anforderungen festzulegen. Dazu sind in der Literatur verschiedene Möglichkeiten vorzufinden. Diese werden im Folgenden kurz dargestellt und hinsichtlich der Anwendbarkeit für die vorliegende Arbeit beurteilt.

Besonders häufig werden die Anforderungen an Gebäude mithilfe festgelegter Strukturebenen beurteilt. Diese Gliederungsmöglichkeit kann als Konzept der strategischen Bauteile bezeichnet werden.[187] Dabei wird zwischen Primär-, Sekundär und Tertiärstruktur unterschieden. Zusätzlich kann die Quartärstruktur ergänzt werden. In Tabelle 3-9 sind die genannten Gebäudestrukturebenen nach den jeweiligen Autoren spezifiziert dargestellt. Es ist anzumerken, dass BONE-WINKEL ET AL.[188], HARLFINGER[189] und DOMBROWSKI ET AL.[190] die Gebäudestrukturebenen aus Sicht der Nutzungsflexibilität unterteilen. KRIMMLING[191] und HELLERFORTH[192] orientieren sich an den Aufgabenbereichen des Facility Managements. Daher unterscheiden sich die jeweiligen Komponenten zum Teil voneinander.

Tabelle 3-9: Verschiedene Gebäudestrukturebenen

Struktur	BONE-WINKEL ET AL. & HARLFINGER	DOMBROWSKI ET AL.	KRIMMLING & HELLERFORTH
Primärstruktur	Rohbau	Tragstruktur, Erschießung, Gebäudehülle	Tragwerk, Rohbau, Treppen, Aufzüge, Installationsschächte
Sekundärstruktur	Ausbau	Innenwände, Decken, Böden	Gebäudetechnik, Innenausbau, Leitsysteme, Gebäudeautomation
Tertiärstruktur	Haustechnik	Anlagen, Einbauten, Mobiliar	Zonierung der Räume, Innenausbau, Möblierung, Kopierer
Quartärstruktur	-	-	Hard- und Software, virtuelle Projektbüros

Darüber hinaus gibt es weitere Möglichkeiten der Anforderungsstrukturierung. WIENDAHL/REICHARDT/NYHUIS[193] unterteilen die Anforderungen beispielsweise anhand der Baustruktur. Es wird zwischen Tragwerk, Hülle, haustechnischer Ausrüstung und Ausbau unterschieden. Damit ähnelt diese Unterteilung der in Tabelle 3-9 dargestellten Gebäudestrukturebenen.

[187] Vgl. HELLERFORTH (2006a), S. 37.
[188] Vgl. BONE-WINKEL ET AL. (2016), S. 197.
[189] Vgl. HARLFINGER (2006), S. 145.
[190] Vgl. DOMBROWSKI ET AL. (2011), S. D72.
[191] Vgl. KRIMMLING (2013), S. 179.
[192] Vgl. HELLERFORTH (2006a), S. 37.
[193] Vgl. WIENDAHL/REICHARDT/NYHUIS (2014), S. 326.

BONE-WINKEL/FOCKE/SCHULTE[194] unterteilen die Anforderungen nach Funktionen. Es wird zwischen Hüllen-, Schutz-, Trag-, Ordnungs-, Ver- und Entsorgungsfunktion sowie architektonischer und physiologischer Funktion unterschieden.

GROENMEYER[195] orientiert sich an den Hauptbestandteilen einer Halle und unterteilt in Gründung, Hallensohle, Stützen, Stützenraster, Dachtragwerk, Dachform/-aufbau, Fassadenelemente, Ladetore, Überladebrücken, Brandschutz und Einbauten.

Im Rahmen der vorliegenden Arbeit wird die Anforderungsstrukturierung nach GROENMEYER favorisiert, da sich diese auf die spezifischen Merkmale von Hallenbauwerken bezieht. Um jedoch das Ziel einer verbesserten Anpassungs- und Umnutzungsfähigkeit von Produktionshallen zu erreichen, werden die einzelnen Kategorien zusammengefasst und ergänzt. Dabei ergibt sich folgende Anforderungsstrukturierung, die den weiteren Untersuchungen zugrunde gelegt wird:

- Brand-, Schall- und Wärmeschutz (siehe Abschnitt 3.5.1),
- Grundstück und Flächen (siehe Abschnitt 3.5.2),
- Gebäudegeometrie und -struktur (siehe Abschnitt 3.5.3),
- Tragwerk (siehe Abschnitt 3.5.4),
- Andienung (siehe Abschnitt 3.5.5),
- Bodenplatte (siehe Abschnitt 3.5.6),
- Fassade und Dach (siehe Abschnitt 3.5.7),
- Fenster, Tore und Türen (siehe Abschnitt 3.5.8),
- Technische Gebäudeausrüstung (siehe Abschnitt 3.5.9) und
- Ausbau sowie weitere Anforderungen (siehe Abschnitt 3.5.10).

3.5 Bautechnische und konstruktive Anforderungen

3.5.1 Brand-, Schall- und Wärmeschutz

3.5.1.1 Allgemein

Die gesetzlichen Vorgaben zur Erfüllung des Brand-, Schall- und Wärmeschutzes wirken sich auf die bautechnischen und konstruktiven Anforderungen von Hallenbauwerken aus. Die rechtliche Einordnung sowie die gesetzlichen Grundlagen wurden schon in Abschnitt 3.2 beschrieben. Im Folgenden wird der Zusammenhang zwischen den gesetzlichen Grundlagen und den bautechnischen sowie konstruktiven Bauteilanforderungen vorgestellt.

3.5.1.2 Brandschutz

Die Anforderungen an den Brandschutz ergeben sich auf Basis § 14 MBO. Es wird das Schutzziel definiert, dass bauliche Anlagen so hergestellt werden müssen, dass der Entstehung und

---

[194] Vgl. BONE-WINKEL/FOCKE/SCHULTE (2016), S. 12.
[195] Vgl. GROENMEYER (2012), S. 89 ff.

Ausbreitung eines Brandes vorgebeugt wird und im Brandfall die Rettung von Menschen und Tieren sowie Löscharbeiten möglich sind. Da Produktionshallen gemäß den jeweiligen LBO als sogenannte Sonderbauten eingruppiert werden, ist hinsichtlich brandschutztechnischer Belange die landesspezifische IndBauRL anzuwenden (siehe Abschnitt 3.2.3). In dieser Richtlinie werden die Mindestanforderungen an den Brandschutz für Industriebauten festgeschrieben. Dabei werden neben den Anforderungen an Baustoffe und Bauteile sowie die Größe der Brand- und Brandbekämpfungsabschnitte in Abhängigkeit des gewählten Nachweisverfahrens auch allgemeine Anforderungen festgelegt. Diese beinhalten für erdgeschossige Industriebauten Festlegungen zu folgenden Kriterien:

- Löschwasserbedarf,
- Lage und Zugänglichkeit der Industriebauten für die Feuerwehr,
- Maximale Größe von Einbauten,
- Rettungswege,
- Rauchableitung,
- Feuerlöschanlagen,
- Brandmeldeanlagen,
- Brandwände,
- Feuerüberschlagsweg,
- Außenwände und Außenwandbekleidungen,
- Dächer und
- sonstige Brandschutzmaßnahmen.

Diese Kriterien nehmen wiederrum Einfluss auf die bautechnischen und konstruktiven Anforderungen von Hallen. Für freistehende Industriebauten über 5.000 m² Grundfläche wird beispielsweise festgelegt, dass eine Feuerwehrumfahrung vorzusehen ist. Die maximale Größe einzelner Einbauten wird in Abhängigkeit der Sicherheitskategorie (siehe Abschnitt 3.2.3, Tabelle 3.3) bestimmt und liegt zwischen 400 m² und 1.400 m². Die Rauchableitung muss über das Dach oder das obere Raumdrittel erfolgen. Zusammenhängende Flächen bis 10.000 m² können mit automatischem Sprinklerschutz realisiert werden. Bei größeren Hallenflächen sind Brand- und Brandbekämpfungsabschnitte durch geeignete Brandwände herzustellen. Bei erdgeschossigen Industriebauten können die nichttragenden Außenwände aus schwerentflammbaren Baustoffen hergestellt werden. Für weitere Ausführungen zu bautechnischen und konstruktiven Anforderungen wird auf die länderspezifisch geltende IndBauRL verwiesen.

3.5.1.3 Schall- und Wärmeschutz

Die Anforderungen an den Schall- und Wärmeschutz ergeben sich auf Basis des § 15 MBO.

Für den Schallschutz wird definiert, dass Gebäude einen von der Nutzung abhängigen Schallschutz aufweisen müssen und Geräusche, die von Einrichtungen in baulichen Anlagen ausgehen so zu dämmen sind, dass keine Gefahren oder unzumutbare Belästigungen entstehen. Dies betrifft sowohl den innerbetrieblichen Schallschutz am Arbeitsplatz, als auch den Schallschutz außerhalb des Gebäudes. Hinsichtlich des Schallschutzes am Arbeitsplatz sind die Festlegungen nach der ArbStättV (siehe Abschnitt 3.2.4.2) zu berücksichtigen. Für den Schallschutz außerhalb des

Gebäudes sind die Vorgaben des BImSchG und die festgelegten Immissionsrichtwerte nach TA Lärm (siehe Abschnitt 3.2.4.6) zu beachten.

Für den Wärmeschutz von Gebäuden wird definiert, dass dieser abhängig von der Nutzung und den klimatischen Verhältnissen herzustellen ist. Dabei sind die Vorgaben der ArbStättV (Abschnitt 3.2.4.2) in Hinblick auf die Raumtemperaturen in Arbeitsräumen zu berücksichtigten. Zudem sind die Vorgaben der EnEV (siehe Abschnitt 3.2.4.3) einzuhalten. Insgesamt hängen die Schall- und Wärmeschutzanforderungen von den äußeren Rahmenbedingungen und der konkreten Produktions- und Anlagentechnik ab und können daher nur projektspezifisch beurteilt werden.

3.5.2   Grundstück und Flächen

Die BauNVO begrenzt die bauliche Flächennutzung von Grundstücken anhand der in Abschnitt 3.2, Tabelle 3-2 vorgestellten Obergrenzen. Für Hallenbauwerke sind regelmäßig die Grenzwerte von Gewerbe-, Industrie- und Sondergebieten (GE, GI und SO) ausschlaggebend. Für diese Baugebietsarten darf nach § 17 Abs. 1 BauNVO maximal 80 % der gesamten Grundstücksfläche durch bauliche Anlagen überbaut werden. Dies betrifft neben der Hallenfläche selbst, sämtliche Nebenanlagen und befestigte Flächen. Auch die benötigten Verkehrsflächen auf dem Grundstück zählen zu den befestigten Flächen. Diese werden häufig als Verbundpflaster- oder Asphaltbelag ausgebildet. Für hochbelastete Bereiche (z. B. Verladerampen, Schrankenanlagen und enge Kurvenradien) kann ein spezieller Straßenbeton verwendet werden.[196] Die jeweiligen Grundstücks- und Flächengrößen sind stark nutzungsabhängig und können an dieser Stelle nicht spezifiziert werden.

3.5.3   Gebäudegeometrie und -struktur

Hallenbauwerke überbrücken große Flächen überwiegend stützenfrei und zeichnen sich aufgrund der Tragstruktur oftmals durch eine Längsorientierung aus.[197] In Abhängigkeit der geforderten Hallengröße und notwendigen Tragstruktur kann entweder eine ein- oder mehrschiffige Bauweise umgesetzt werden. Dabei ist für den Nutzer insbesondere das innere Stützenraster von Interesse. Wirtschaftlich sinnvolle Rastermaße liegen in der Regel bei 22,50 m bis 25,00 m in Dachbinderrichtung und bei 12,00 m bis 18,00 m in Abfangbinderrichtung. Je nach Lasteintrag (z. B. durch Kranbetrieb) kann auch eine geringe Stützweite sinnvoll sein.[198] Das äußere Stützenraster liegt häufig bei 5,00 m bis 8,00 m und orientiert sich an den Anforderungen der Fassadenkonstruktion und Andienöffnungen.[199]

---

[196] Vgl. BRACKMANN (2012), S. 280 f.
[197] Vgl. HESTERMANN ET AL. (2015), S. 244; DOMBROWSKI ET AL. (2011), S. E 69; KACZMARCZYK ET AL. (2010), S. 779 und KOETHER/KURZ/SEIDEL (2010), S. 56.
[198] Vgl. BRACKMANN (2012), S. 282.
[199] Vgl. GRUNDIG (2015), S. 283 und GROENMEYER (2012), S. 162.

3.5.4 Tragwerk

Die statisch-konstruktive Durchbildung von einschiffigen Hallentragwerken kann unter Berücksichtigung der spezifischen Anforderungen mit den in Tabelle 3-10 dargestellten Tragsystemen der primären Tragelemente realisiert werden. Für mehrschiffige Hallen werden die Tragsysteme entweder aneinander gereiht oder gemäß den Anforderungen in unterschiedlichen Kombinationen zusammengeführt.[200] Das Tragwerk wird aufgrund der großen Hallenhöhe und Spannweite sowie den kurzen Montagezeiten zumeist mit vorgefertigten Elementen aus Stahl, Stahlbeton und Holz ausgeführt.[201] Alle dargestellten Tragsysteme, ausgenommen das Raumtragwerk, sind gerichtete Tragstrukturen. Das heißt, dass die jeweiligen Tragelemente in Längs- und Querrichtung unterschiedlich beansprucht werden. Abhängig von der Strukturform des Tragsystems sind zusätzliche Aussteifungsmaßnahmen im Wand- und Dachbereich vorzusehen.[202]

Tabelle 3-10: Grundformen der Tragsysteme von Hallen

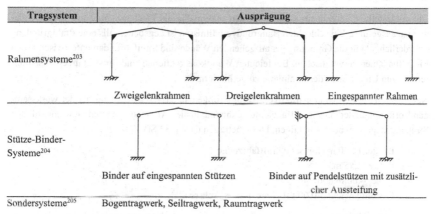

Tragsystem	Ausprägung		
Rahmensysteme[203]	Zweigelenkrahmen	Dreigelenkrahmen	Eingespannter Rahmen
Stütze-Binder-Systeme[204]	Binder auf eingespannten Stützen	Binder auf Pendelstützen mit zusätzlicher Aussteifung	
Sondersysteme[205]	Bogentragwerk, Seiltragwerk, Raumtragwerk		

Rahmensysteme zeichnen sich dadurch aus, dass Stützen und Binder biegefest verbunden sind. Diese werden regelmäßig als Vollwandsysteme[206] oder Fachwerkrahmen in Holz oder Stahlbauweise ausgebildet.[207] Zweigelenkrahmen werden am häufigsten ausgeführt, da diese unter Berücksichtigung der Gründungsmaßnahmen in den meisten Anwendungsfällen die wirtschaftlichste Lösung darstellen.[208] Dreigelenkrahmen werden typischerweise im Ingenieurholzbau in Brettschichtholzbauweise (BSH) ausgeführt, da biegesteife Montagestöße am Firstpunkt bei dieser Konstruktionsart nur schwer umzusetzen sind. Rahmen mit eingespannten Stielfüßen werden

---

[200] Vgl. KINDMANN/KRAHWINKEL (2012), S. 78 f. und GRIMM/KOCKER (2011), S. 18.
[201] Vgl. GROENMEYER (2012), S. 150 und KACZMARCZYK ET AL. (2010), S. 779 f.
[202] Vgl. GRIMM/KOCKER (2011), S. 8 f.
[203] Vgl. LEICHER (2014), S. 159; HESS ET AL. (2012), S. 123 ff.; MAIER/SAMBERG/STÖFFLER (2011), S. 64; GRIMM/KOCKER (2011), S. 8 f.; SCHILLING (2004), S. 16 und HENN (1955), S. 162.
[204] Vgl. GRIMM/KOCKER (2011), S. 8 f. und SCHILLING (2004), S. 16.
[205] Vgl. GRIMM/KOCKER (2011), S. 8 f. und SCHILLING (2004), S. 16.
[206] Vollwandsysteme weisen einen erhöhten Materialaufwand auf. Dieser Nachteil wird im Stahlbau regelmäßig durch Stegunterbrechungen oder Vouten ausgeglichen (vgl. SCHILLING (2004), S. 16)
[207] Vgl. KACZMARCZYK ET AL. (2010), S. 804.
[208] Vgl. KINDMANN/KRAHWINKEL (2012), S. 78 und SCHILLING (2004), S. 17.

häufig in Stahlbauweise bei Hallen mit Kranbetrieb ausgeführt, da mithilfe dieses Tragsystems eine Minimierung der Kopfpunktverschiebungen erreicht werden kann. Bei mehrschiffigen Hallen werden die genannten Rahmensysteme häufig kombiniert.[209]

Bei Stütze-Binder-Systemen können die Stützen entweder als eingespannte Stützen oder Pendelstützen in Stahl- oder Stahlbetonbauweise ausgeführt werden. Eingespannte Stützen sind insbesondere für die Montage von Vorteil, da Horizontalkräfte ohne zusätzliche Montageverbände aufgenommen werden können. Pendelstützen müssen hingegen durch Montageverbände stabilisiert werden.[210] Die Vorteile der Stahlbetonstützen liegen im Bereich des Brandschutzes und der Aufnahme von Anprallasten aus dem Gabelstaplerbetrieb. Stahlstützen hingegen ermöglichen die Herstellung dünnwandiger und profilierter Stützenquerschnitte.[211] Die zugehörigen Binder können entweder als Vollwand- (Holz, Stahl oder Stahlbeton) oder als Fachwerkbinder (Holz oder Stahl) ausgeführt werden. Je nach System, Bauart und Binderabstand können unterschiedliche Spannweiten erreicht werden.[212]

Die vorgestellten Tragkonstruktionen werden regelmäßig als Flachgründung mit Einzelfundamenten ausgeführt. Bei schlechten Baugrundverhältnissen ist gegebenenfalls eine Pfahlgründung erforderlich.[213] Für die Gründung der aufgehenden Wände sind Streifenfundamente zwischen den Einzelfundamenten vorzusehen. Bei leichten Wandkonstruktionen sind Frostschürzen auszuführen, um ein Unterfrieren der Sohlplatte zu verhindern.[214]

Neben den dargestellten konstruktiven Anforderungen an das Tragwerk sind bei der werksseitigen Vorfertigung der einzelnen Bauelemente die maximalen Abmessungen und Gewichte für den Straßentransport zu berücksichtigen. Diese betragen nach § 32 StVZO[215] maximal:

- Länge: 15,50 m (für Sattelkraftfahrzeuge),
- Breite: 2,55 m,
- Höhe: 4,00 m und
- Gesamtgewicht: 40,00 t (bei mehr als 4 Achsen).[216]

Bei größeren Abmessungen und Gesamtgewichten ist eine Ausnahmegenehmigung als Daueroder Einzelgenehmigung nach § 29 StVO[217] einzuholen.

---

[209] Vgl. KINDMANN/KRAHWINKEL (2012), S. 78 f.
[210] Vgl. KACZMARCZYK ET AL. (2010), S. 804.
[211] Vgl. GROENMEYER (2012), S. 151 f. und BRACKMANN (2012), S. 285.
[212] Vgl. KACZMARCZYK ET AL. (2010), S. 804.
[213] Vgl. BRACKMANN (2012), S. 285.
[214] Vgl. KACZMARCZYK ET AL. (2010), S. 805.
[215] Vgl. Straßenverkehrs-Zulassungs-Ordnung (StVZO), in der Fassung vom 26.03.2012, zuletzt geändert am 20.10.2017.
[216] Vgl. BAUMANN (2016), S. 436 f.; GROENMEYER (2012), S. 154; KACZMARCZYK ET AL. (2010), S. 782 und HIERLEIN ET AL. (2009), S. 18.
[217] Vgl. Straßenverkehrs-Ordnung (StVO), in der Fassung vom 06.03.2013, zuletzt geändert am 06.10.2017.

3.5.5 Andienung

Die technische Ausgestaltung des Andienungsbereiches von Hallen wird durch folgende Randbedingungen beeinflusst:

- Art des Verkehrsmittels (z. B. Lkw, Bahnwagon, Container),
- Art und Eigenschaften der Güter (z. B. Palette, Kiste, Gewicht, Abmessungen),
- Art der Be- und Entladung (z. B. Heck-, Seiten-, Dachumschlag) und
- Art der An- und Ablieferungen (z. B. regelmäßig, unregelmäßig).[218]

Die Höhendifferenz zwischen Radaufstandsfläche und Ladefläche des jeweiligen Verkehrsmittels kann mithilfe von manuellen Umschlagmitteln (z. B. Stapler), automatisierten Umschlagmitteln (z. B. Rollenbahnen), bordeigenen Hilfsmitteln (z. B. Ladebordwand, Ladekran, mitgeführter Handgabelhubwagen) oder über Rampen (z. B. mobile Rampen, stationäre Rampen) realisiert werden.[219] Bei Hallenbauwerken kommen überwiegend stationäre Rampen zum Einsatz. In Tabelle 3-11 sind die verschiedenen Ausführungsformen schematisch dargestellt.

Tabelle 3-11: Ausführungsformen von stationären Rampen[220]

Seitenrampe	Kopframpe	Sägezahnrampe	Dockrampe

Stationäre Rampen bieten den Vorteil des direkten Warenumschlags.[221] Befindet sich die Hof- und Hallenfläche auf gleichem Niveau, ist eine Tieframpe mit Mulde und geneigter Zufahrt auszubilden (i. d. R. -1,20 m bezogen auf OK Hallensohle).[222] Zusätzlich werden verstellbare Überladebrücken mit Klapplippen oder stufenlosem Vorschub benötigt. Diese dienen zum Höhenniveauausgleich und zur Spaltüberbrückung.[223] Zur Realisierung eines geeigneten Witterungsschutzes werden Ladeluken mit Tor und Torabdichtung ausgeführt.[224] Diese garantieren einen wetterunabhängigen, zugluftarmen Warenumschlag bei geringen Energieverlusten.[225] Oftmals werden bei Ladeluken Sektional- oder Rolltore eingesetzt.[226, 227] Die Torabdichtung kann in Lamellen-, Planen-, Wulst- oder Luftkissenausführung umgesetzt werden.[228] Zur Vermeidung von Schäden an der Bausubstanz sind im Bereich der Ladeluken Anfahrpuffer sowie Einfahrhilfen (z. B. am

---

[218] Vgl. MARTIN (2016), S. 310 f.
[219] Vgl. MARTIN (2016), S. 311.
[220] In Anlehnung an MARTIN (2016), S. 313; GROENMEYER (2012), S. 148 und DANGELMAIER (2001), S. 253.
[221] Vgl. MARTIN (2016), S. 311.
[222] Vgl. MARTIN (2016), S. 312 und BRACKMANN (2012), S. 286.
[223] Vgl. MARTIN (2016), S. 314; BRACKMANN (2012), S. 286 und KLAUS/KRIEGER (2004), S. 549.
[224] Bei außenliegenden Rampen (z. B. Seitenrampen) wird ein Vordach vorgesehen.
[225] Vgl. MARTIN (2016), S. 312 ff.
[226] Vgl. MARTIN (2016), S. 314 und BRACKMANN (2012), S. 285.
[227] Die detaillierte Beschreibung verschiedener Ausführungsarten von Industrietoren kann Abschnitt 3.5.8 entnommen werden.
[228] Vgl. MARTIN (2016), S. 315.

Boden befestigte Rohre) vorzusehen.[229] Zudem ist es empfehlenswert, die Toreinfassung mittels Betonfertigteilen auszubilden.[230]

3.5.6 Bodenplatte

Die Konstruktion und Dimensionierung von Bodenplatten für industriell genutzte Hallen hängt von der Nutzung und der daraus resultierenden Beanspruchungen ab.[231] Dabei sind die folgenden Einflussgrößen zu berücksichtigen:

- Belastung (z. B. Punklasten aus Gabelstaplerbetrieb und Regalnutzung, Flächenlasten aus Paletten oder Schüttgütern),
- Physikalische Beanspruchung (z. B. Temperaturdifferenzen, Schwinden und Quellen des Betons, schleifende/rollende/stoßende Beanspruchung),
- Chemische Beanspruchung,
- Nutzungseigenschaften (z. B. Ebenheit, Rutschfestigkeit, Verschleißfestigkeit, Entwässerungsfähigkeit Reinigungsfähigkeit) und
- Besondere Eigenschaften (z. B. Wärmeleitwiderstand, Flüssigkeitsundurchlässigkeit, elektrische Ableitfähigkeit, Feuerwiderstand).[232]

Die Regelkonstruktion der Bodenplatte besteht im Wesentlichen aus Untergrund, Tragschicht und Betonplatte.[233] In Abhängigkeit der vorab beschriebenen Einflussgrößen variiert der jeweilige Schichtenaufbau (siehe Abbildung 3-1).

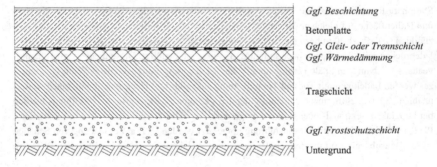

Ggf. Beschichtung

Betonplatte

Ggf. Gleit- oder Trennschicht
Ggf. Wärmedämmung

Tragschicht

Ggf. Frostschutzschicht

Untergrund

Abbildung 3-1: Schematischer Aufbau von Bodenplatten für Hallen- und Freiflächen[234]

Der Untergrund ist so herzustellen, dass ungleichmäßige Setzungen und daraus resultierende Beanspruchungen der Betonplatte vermieden werden.[235] Je nach Beschaffenheit können

---

[229] Vgl. MARTIN (2016), S. 316.
[230] Vgl. BRACKMANN (2012), S. 280 ff.
[231] Vgl. LOHMEYER/EBELING (2012), S. 22.
[232] Vgl. LOHMEYER/EBELING (2012), S. 52 und STENZEL (2006), S. 267.
[233] Vgl. LOHMEYER/EBELING (2012), S. 95 und KACZMARCZYK ET AL. (2010), S. 805.
[234] In Anlehnung an DEUTSCHER BETON- UND BAUTECHNIK-VEREIN (2017), S. 11; LOHMEYER/EBELING (2012), S. 95 f.; KACZMARCZYK ET AL. (2010), S. 805 und STENZEL (2006), S. 269.
[235] Vgl. DEUTSCHER BETON- UND BAUTECHNIK-VEREIN (2017), S. 18 f.

Bodenverbesserungen mit hydraulischen Bindemitteln notwendig werden. Bei schlechten Bodenverhältnissen kann sogar ein Bodenaustausch oder eine Pfahlgründung erforderlich sein.[236]

Eine Frostschutzschicht ist nur für Freiflächen vorzusehen und für allseitig umschlossene Hallen i. d. R. nicht relevant.[237]

Die Tragschicht dient der gleichmäßigen und homogenen Auflagerung der darüber liegenden Schichten.[238] In Abhängigkeit der Belastungsdauer und -größe kommen entweder gebundene oder ungebundene Tragschichten aus Kies, Schotter, Recyclingmaterial, Schlacken oder weiteren Materialien zum Einsatz.[239] Ausgehend von der maximalen Einzellast und der Art des Tragschichtmaterials ergibt sich die jeweils erforderliche Mindestdicke.[240]

Bei großflächigen Bodenplatten kann es zur Ausbildung einer Wärmelinse kommen, die gegebenenfalls schon den Mindestwärmeschutz sicherstellt. Um Wärmebrücken an den Randbereichen zu vermeiden, sind geeignete Maßnahmen zu ergreifen. Beispielsweise kann eine senkrechte Wärmeschürze eingebracht oder Randbereiche der Bodenplatte gedämmt werden. Bei der Anordnung einer Fußbodenheizung oder -kühlung ist eine vollständige Dämmung der Bodenplatte erforderlich. Die Steifigkeit der Dämmschicht ist in Abhängigkeit der Belastung festzulegen. Es kommen regelmäßig extrudierte Polystyrolhartschaumplatten (XPS), Schaumglasplatten oder verdichteter Schaumglasschotter zur Anwendung. Expandierte Polystyrolhartschaumplatten (EPS) werden für die unterseitige Bodenplattendämmung in der Regel nicht verwendet.[241]

Zur Trennung der Betonplatte von der Unterkonstruktion kann eine Gleit- oder Trennschicht eingebaut werden. Die Gleitschicht verringert die Reibung zwischen Betonplatte und Unterkonstruktion und kann beispielsweise aus zwei Lagen PE-Folie, einer Lage PTFE-Folie oder einer Bitumenschweißbahn hergestellt werden.[242] Eine Trennschicht wird insbesondere dann vorgesehen, wenn ein Eindringen des Zementleims der Betonplatte in die darunterliegenden Schichten verhindert und die Gefahr des Aufschüsselns[243] der Betonplatte infolge ungleichmäßigen Austrocknens verringert werden soll. Dies kann mit dem Einbau einer PE-Folie oder eines Geotextils realisiert werden. In einigen Anwendungsbereichen kann es zudem erforderlich sein, eine zusätzliche Sauberkeitsschicht vorzusehen.[244]

Betonplatten können je nach Anforderung aus unbewehrtem, betonstahlbewehrtem, stahlfaserbewehrtem oder vorgespanntem Beton hergestellt werden.[245] Unbewehrte Betonplatten kommen dann zur Ausführung, wenn nachgewiesen werden kann, dass die Dehnungen während der

---

[236] Vgl. DEUTSCHER BETON- UND BAUTECHNIK-VEREIN (2017), S. 19; BRACKMANN (2012), S. 285 und KACZMARCZYK ET AL. (2010), S. 806.
[237] Vgl. DEUTSCHER BETON- UND BAUTECHNIK-VEREIN (2017), S. 10.
[238] Vgl. STENZEL (2006), S. 269.
[239] Vgl. LOHMEYER/EBELING (2012), S. 106 f. und KACZMARCZYK ET AL. (2010), S. 806.
[240] Vgl. LOHMEYER/EBELING (2012), S. 106 ff.
[241] Vgl. DEUTSCHER BETON- UND BAUTECHNIK-VEREIN (2017), S. 11 ff.; OSCHATZ/ROSENKRANZ/WEBER (2015), S. 31; LOHMEYER/EBELING (2012), S. 167 ff. und STENZEL (2006), S. 267.
[242] Vgl. DEUTSCHER BETON- UND BAUTECHNIK-VEREIN (2017), S. 21 und LOHMEYER/EBELING (2012), S. 112.
[243] Der Begriff „Aufschüsseln" bezeichnet das seitliche Aufwölben der Betonplatte in den Randbereichen.
[244] Vgl. DEUTSCHER BETON- UND BAUTECHNIK-VEREIN (2017), S. 20 f. und LOHMEYER/EBELING (2012), S. 110 ff.
[245] Vgl. DEUTSCHER BETON- UND BAUTECHNIK-VEREIN (2017), S. 10 f.; LOHMEYER/EBELING (2012), S. 114 f. und STENZEL (2006), S. 273 ff.

Nutzung unterhalb der Dehnfähigkeit des Betons liegen.[246] Betonstahlbewehrte Betonplatten kommen regelmäßig für hochbeanspruchte Flächen zum Einsatz und werden häufig zweilagig bewehrt.[247] Stahlfaserbewehrte Betonplatten können dünner als herkömmlich bewehrte Betonplatten hergestellt werden. Die Zugfestigkeit wird gegenüber unbewehrtem Beton jedoch kaum erhöht. Da die Stahlfasern allerdings früher wirksam werden und nach der Rissentstehung teilweise wirksam bleiben, stellt sich das Rissverhalten günstiger dar.[248] Vorgespannte Betonplatten kommen immer dann zum Einsatz, wenn Flächen mit großen Fugenabständen, weitgehend rissfreie Flächen oder hoch beanspruchte Flächen gefordert werden.[249]

An die Oberfläche sowie die Nutz- und Verschleißschicht von Bodenplatten gibt es unterschiedliche Anforderungen. Diese ergeben sich aus den einzelnen Beanspruchungen der jeweiligen Nutzung.[250] Grundsätzlich kann zwischen Hartstoffeinstreuung, Hartstoffschicht, Imprägnierung, Versiegelung und Beschichtung unterschieden werden.[251] Hartstoffeinstreuungen verbessern den Abriebwiderstand und werden häufig bei nichttragenden Bodenplatten[252] eingebracht. Bei der Herstellung ist auf das rechtzeitige und gleichmäßige Einarbeiten zu achten. Dabei entsteht eine mit dem Oberflächengefüge der Betonplatte verbundene Hartstoffschicht (d = 2 mm bis 3 mm).[253] Ist eine Hartstoffeinstreuung nicht ausreichend, kann eine separate Hartstoffschicht (d = 4 mm bis 15 mm) aufgebracht werden. Diese kann nach den Vorgaben der DIN 18560-7:2004-04 entweder „frisch in frisch" oder auf die erstarrte Betonplatte mit entsprechender Haftbrücke aufgebracht werden.[254] Hydrophobierende Imprägnierungen werden verwendet, um den Widerstand gegen Verschleißbeanspruchung zu erhöhen und eine zeitlich begrenzte Verringerung der kapillaren Wasseraufnahme der Bodenplatte zu erreichen.[255] Versiegelungen dringen in das Kapillarporengefüge von Betonplatten ein und verfestigen die Oberfläche. Allerdings sind diese regelmäßig nur für Bodenplatten mit geringer Beanspruchung praktikabel, da aufgrund der geringen Schichtdicken die Gefahr der schnellen Abnutzung besteht.[256] Beschichtungen werden regelmäßig als Schutzschicht und zur Verbesserung der Reinigungseigenschaften eingesetzt. Allerdings ist diese Oberflächenschicht für starke mechanische Beanspruchungen (z. B. durch Gabelstapler) nicht geeignet [257]

Neben dem beschriebenen Schichtenaufbau sind die Fugen von Bodenplatten zur Vermeidung von Trennrissen in geeigneter Weise auszuführen. Es kann zwischen Schein-, Arbeits-, Press-, Bewegungs- und Randfugen unterschieden werden.[258] Scheinfugen dienen als Sollbruchstelle und

---

[246] Vgl. LOHMEYER/EBELING (2012), S. 114 f.
[247] Vgl. DEUTSCHER BETON- UND BAUTECHNIK-VEREIN (2017), S. 10 und STENZEL (2006), S. 279.
[248] Vgl. LOHMEYER/EBELING (2012), S. 115 und STENZEL (2006), S. 278.
[249] Vgl. LOHMEYER/EBELING (2012), S. 115 und STENZEL (2006), S. 280 f.
[250] Vgl. LOHMEYER/EBELING (2012), S. 208.
[251] Vgl. DEUTSCHER BETON- UND BAUTECHNIK-VEREIN (2017), S. 21; LOHMEYER/EBELING (2012), S. 208 ff. und STENZEL (2006), S. 281 ff.
[252] Nichttragende Bodenplatten übernehmen keine tragende oder aussteifende Funktion des aufgehenden Bauwerks (vgl. DEUTSCHER BETON- UND BAUTECHNIK-VEREIN (2017), S. 8 und STENZEL (2006), S. 279).
[253] Vgl. STENZEL (2006), S. 281.
[254] Vgl. DEUTSCHER BETON- UND BAUTECHNIK-VEREIN (2017), S. 22 f.
[255] Vgl. LOHMEYER/EBELING (2012), S. 212 und LOHMEYER (1999), S. 113.
[256] Vgl. LOHMEYER/EBELING (2012), S. 213.
[257] Vgl. DEUTSCHER BETON- UND BAUTECHNIK-VEREIN (2017), S. 23.
[258] Vgl. DEUTSCHER BETON- UND BAUTECHNIK-VEREIN (2017), S. 26 f.

werden nur im oberen Bereich der Betonplatte ausgebildet. Damit wird der Querschnitt geschwächt und eine klare Rissführung unterhalb des Kerbschnitts vorgegeben. Arbeits- und Pressfugen werden zur Abgrenzung von Betonierabschnitten ausgebildet und trennen die Betonplatte über den gesamten Querschnitt. Bewegungs- und Randfugen sind zur Trennung der Betonbodenplatte von anderen Bauteilen notwendig um die zwangsfreie Bewegung der Bauteile zu ermöglichen. Die Fugenausbildung und die Fugenkanten sind sorgfältig zu planen und auszuführen, da diese besonders schadensanfällig sind.[259]

Beim Einsatz von wassergefährdenden Stoffen müssen Bodenplatten zudem Anforderungen an die Dichtigkeit erfüllen (vgl. Abschnitt 3.2.4.3). In der Praxis haben sich für Neubauvorhaben zwei verschiedene technische Lösungen etabliert. Zum einen kann die Bodenplatte als sogenannter Flüssigkeitsdichter Beton (FD- und FDE-Beton) ausgeführt werden. Zum anderen kann eine dehnfähige Abdichtungsschicht unter oder auf der Betonplatte aufgebracht werden.[260] Bei der Ausführung einer Betonplatte mit FD-Beton oder einer oberhalb liegenden Abdichtungsschicht bilden insbesondere die Fugen Schwachstellen und sind möglichst zu vermeiden. Für große Flächen ist die Ausführung einer PEHD-Kunststoffdichtungsbahn unterhalb der Betonplatte zu bevorzugen.[261] Zudem sind im Zuge der Löschwasserrückhaltung Aufkantungen am Rand der betroffenen Flächen oder ein ausreichendes Gefälle vorzusehen.[262]

3.5.7 Fassade und Dach

3.5.7.1 Allgemein

Die Fassade und das Dach bilden die Gebäudehülle und schützen das Gebäudeinnere vor äußeren Einflüssen. Die Konstruktionen können gedämmt oder ungedämmt ausgeführt werden.

3.5.7.2 Fassade

Die Fassadenfläche von Hallenbauwerken kann mit den in Tabelle 3-12 dargestellten und im Folgenden aufgezählten Wandverkleidungen realisiert werden:

- Mauerwerk,
- Betonfertigteilelemente,
- Porenbetonelemente,
- Kassettenelemente und
- Sandwichelemente.[263]

---

[259] Vgl. DEUTSCHER BETON- UND BAUTECHNIK-VEREIN (2017), S. 26 ff. und LOHMEYER/EBELING (2012), S. 120 f.
[260] Vgl. HABEDANK (2014), S. 25 f. und STENZEL (2006), S. 281.
[261] Vgl. HABEDANK (2014), S. 26.
[262] Vgl. LOHMEYER/EBELING (2012), S. 231.
[263] Vgl. KINDMANN/KRAHWINKEL (2012), S. 143 und KACZMARCZYK ET AL. (2010), S. 785.

Tabelle 3-12: Ausgewählte Wandverkleidungsarten für Hallenbauwerke[264]

Betonfertigteilelemente	Porenbetonelemente	Kassettenelemente	Sandwichelemente

Die Ausführung in Mauerwerk kann als klassische Konstruktionsweise bezeichnet werden. Dabei werden die vertikalen Flächen zwischen den Stützenachsen ausgefacht. Die Kraftschlüssigkeit wird durch geeignete Verbindungen (z. B. Mauerwerksanker) hergestellt. Allerdings verursacht die Verarbeitung der kleinformatigen Mauersteine vergleichsweise hohe Lohnkosten und längere Bauzeiten.[265] Daher wird diese Fassadenkonstruktion oftmals nur für kleinere Hallenflächen genutzt.

Betonfertigteilelemente werden häufig als gedämmte Sandwichelemente in Bereichen hoher mechanischer Beanspruchung (z. B. im Bereich der Ladetore und Überladebrücken) ausgeführt und bestehen üblicherweise aus Vorsatzschale, Dämmschicht und Tragschale. Die erforderliche Wanddicke wird durch die Vorgaben des Brand-, Schall- und Wärmeschutzes bestimmt. Aufgrund der vergleichsweise hohen Kosten werden diese Fassadenelemente nur in ausgewählten Fassadenbereichen eingesetzt.[266]

Porenbetonelemente besitzen aufgrund ihrer geringen Rohdichte gute Wärmedämmeigenschaften und können ohne zusätzliche Dämmmaßnahmen ausgeführt werden. Die einzelnen Wandplatten können entweder in horizontaler oder vertikaler Lage angeordnet werden. Aufgrund der offenporigen Oberflächenstruktur sind die Wandplatten zusätzlich zu verkleiden oder mit einem geeigneten Beschichtungssystem zu versehen.[267]

Kassettenelemente werden als zweischaliges Fassadensystem ausgebildet. Die einzelnen Kassettenprofile werden horizontal von Stütze zu Stütze verlegt. Dadurch können Distanzprofile und Wandriegel entfallen. Die Dämmung wird zwischen die Stege der Kassettenprofile geschoben und die Außenschale an den Obergurten der Kassettenprofile befestigt.[268] Diese Konstruktionsart ermöglicht eine architektonisch anspruchsvolle und individuelle Gestaltung der Außenhaut.[269]

Sandwichelemente bestehen aus zwei Stahlblechschalen, die schubfest mit einer Kerndämmung verbunden sind. Durch diese Verbindung besitzen die montagefertigen Wandtafeln eine große

---

[264] Abbildungen entnommen aus OSCHATZ/ROSENKRANZ/WEBER (2015), S. 34.
[265] Vgl. KINDMANN/KRAHWINKEL (2012), S. 149 und KACZMARCZYK ET AL. (2010), S. 785 ff.
[266] Vgl. OSCHATZ/ROSENKRANZ/WEBER (2015), S. 33 f.; GROENMEYER (2012), S. 142 und BRACKMANN (2012), S. 285.
[267] Vgl. KINDMANN/KRAHWINKEL (2012), S. 150 und KACZMARCZYK ET AL. (2010), S. 794 ff.
[268] Vgl. KINDMANN/KRAHWINKEL (2012), S. 145 und KACZMARCZYK ET AL. (2010), S. 790.
[269] Vgl. GROENMEYER (2012), S. 143.

Steifigkeit, sodass die einzelnen Stahlblechschalen mit deutlich niedrigeren Profilhöhen als zweischalige Stahltrapezprofilwände ausgeführt werden können.[270]

Neben den beschriebenen Verkleidungsvarianten ist die Ausbildung des Sockels von Bedeutung. Dieser ist den Bedingungen der industriellen Nutzung von Hallenbauwerken anzupassen und dient als Frostschürze, Anprallschutz oder zur Absicherung des geforderten Löschwasserrückhaltevolumens. Der Sockel wird häufig als gedämmtes Betonfertigteil in den Standardhöhen von +0,30 m oder +0,90 m OK Bodenplatte ausgeführt.[271]

3.5.7.3 Dach

Das Dach von Hallenbauwerken wird aus konstruktiven und wirtschaftlichen Gesichtspunkten oftmals als Flachdach[272] ausgebildet.[273] Der Dachaufbau wird i. d. R. als einschaliges Trapezblechwarmdach realisiert und besteht aus Trapezblech, Dampfsperre, Wärmedämmung und Dachabdichtung (siehe Abbildung 3-2).[274, 275] Für die Dachfläche sollte mindestens ein Gefälle von 2 % vorgesehen werden, um anfallendes Regenwasser abzuleiten.[276] Zur Vermeidung von konstruktiv aufwändigen Mittelrinnen ist die Neigung der Dachfläche nach Möglichkeit zur Gebäudeaußenseite zu orientieren.[277]

Dachabdichtung

Wärmedämmung

Dampfsperre

Trapezblech

Abbildung 3-2: Schematischer Dachaufbau für einschalige gedämmte Flachdächer[278]

Für die Abtragung der Vertikallasten kann das Dach mit oder ohne Pfetten ausgeführt werden.[279] Bei Dächern mit Pfetten spannt die Dachhaut in Hallenquerrichtung. Dies entspricht der Gefällerichtung für die Entwässerung. Die Stützweite der Pfetten[280] liegt zwischen 5 m und 8 m. Bei

---

[270] Vgl. KINDMANN/KRAHWINKEL (2012), S. 148 und KACZMARCZYK ET AL. (2010), S. 793.

[271] Vgl. BRACKMANN (2012), S. 285.

[272] Für kleine Hallenbauwerke kommen auch Sattel- oder Pultdächer zur Anwendung (vgl. HESTERMANN ET AL. (2013), S. 2 und KACZMARCZYK ET AL. (2010), S. 475).

[273] Vgl. ZEBE (2015), S. 50 und GROENMEYER (2012), S. 159.

[274] Vgl. HESTERMANN ET AL. (2013), S. 234; BRACKMANN (2012), S. 284 und KINDMANN/KRAHWINKEL (2012), S. 51.

[275] Alternative Dachausführungen können je nach Anforderung aus Sandwich-, Porenbeton-, Vollbeton- oder Spannbetonelementen hergestellt werden (vgl. KINDMANN/KRAHWINKEL (2012), S. 61 ff. und KACZMARCZYK ET AL. (2010), S. 798 ff.). Allerdings weisen WIENDAHL/REICHARDT/NYHUIS darauf hin, dass für eine verbesserte Anpassungs- und Umnutzungsfähigkeit von Hallenbauwerken auf die massive Ausbildung des Daches verzichtet werden sollte (vgl. WIENDAHL/REICHARDT/NYHUIS (2014), S. 342).

[276] Vgl. ZEBE (2015), S. 50; HESTERMANN ET AL. (2013), S. 207 und GROENMEYER (2012), S. 159.

[277] Vgl. SCHILLING (2004), S. 19.

[278] In Anlehnung an HESTERMANN ET AL. (2013), S. 234; GROENMEYER (2012), S. 160; KINDMANN/KRAHWINKEL (2012), S. 51 und KACZMARCZYK ET AL. (2010), S. 800.

[279] Vgl. KINDMANN/KRAHWINKEL (2012), S. 33 und SCHILLING (2004), S. 21 f.

[280] Die Stützweite der Pfetten entspricht dem Binder- bzw. Rahmenabstand.

Dächern ohne Pfetten spannt die Dachhaut in Hallenlängsrichtung. Hierbei können überwiegend Binder- bzw. Rahmenabstände zwischen 5 m und 7 m realisiert werden.[281]

Bei Dachkonstruktionen mit umlaufender Attika sind Notüberläufe vorzusehen, um des Dachtragwerk vor einer Überlastung infolge von Starkregenereignissen zu schützen.[282]

Neben dem vorgestellten konstruktiven Aufbau von Flachdächern sind Maßnahmen zur Sicherung gegen Absturz von Bedeutung. Dies kann mithilfe eines geeigneten Seitenschutzes[283] oder durch Anschlagpunkte für persönliche Schutzausrüstungen (PSA)[284] umgesetzt werden.[285]

3.5.8   Fenster, Tore und Türen

Die natürliche Belichtung von Hallenbauwerken wird über Fensterflächen in der Fassade und im Dach sichergestellt. Fensterflächen in der Fassade reichen jedoch bei großen Hallenbauwerken oftmals nicht aus, um die Tageslichtversorgung über die gesamte Raumtiefe zu gewährleiten. Daher sind zusätzlich Dachoberlichter vorzusehen. Hierfür werden zumeist Lichtkuppeln aus Kunststoff verwendet und mithilfe eines Aufsetzkranzes in die Dachhaut eingebunden. Außerdem besteht die Möglichkeit, großflächige Lichtbänder vorzusehen. Die Querschnittsgeometrie muss dabei auf die Trapezprofile der übrigen Dachfläche abgestimmt werden. Die ASR A3.4 fordert an Arbeitsplätzen mit Dachoberlichtern ein Tageslichtquotient[286] größer 4 %. Um diese Vorgabe bei großflächigen Hallenbauwerken erfüllen zu können, ist mindestens ein Anteil von 8 % der Dachfläche für Lichtkuppeln oder -bänder vorzusehen. Dieser Anteil kann bei hohen Sehanforderungen im Innenraum auf 15 % bis 20 % anwachsen.[287] Zusätzlich sind die Anforderungen zur Sicherung gegen Absturz gemäß ASR A2.1 zu beachten. Es sind geeignete technische Maßnahmen zu ergreifen, um Lichtkuppeln und -bänder dauerhaft durchsturzsicher herzustellen. Dies kann beispielsweise durch Durchsturzgitter, Verstärkungen oder einen Seitenschutz realisiert werden (siehe Tabelle 3-13).[288]

---

[281] Vgl. KINDMANN/KRAHWINKEL (2012), S. 33 f.
[282] Vgl. KINDMANN/KRAHWINKEL (2012), S. 40.
[283] Nähere Informationen zur Planung eines geeigneten Seitenschutzes finden sich in der ASR A2.1
[284] Nähere Informationen zur Planung von Anschlagpunkten für PSA finden sich in der DGUV Information 201-056 (vgl. DEUTSCHE GESETZLICHE UNFALLVERSICHERUNG (2015)).
[285] Vgl. HEILAND (2017), S. 53.
[286] Der Tageslichtquotient D beschreibt das Verhältnis der Beleuchtungsstärke an einem Punkt im Innenraum E_p zur Beleuchtungsstärke im Freien bei bedecktem Himmel E_a in Prozent.
[287] Siehe dazu auch Ausführungen in Abschnitt 3.2.4.2.
[288] Vgl. HEILAND (2017), S. 54 f.

Tabelle 3-13: Bautechnische Maßnahmen zur Gewährleistung der Durchsturzsicherheit[289]

Durchsturzgitter	Verstärkung	Seitenschutz

Tore sind in Hinblick auf die Andienung von Hallenbauwerken von Interesse. Es ist zwischen Ladetoren in Rampenbereichen (siehe Abschnitt 3.5.5) und ebenerdigen Einfahrtoren zu unterscheiden.[290] Die Tore werden auf Grundlage der baulichen und betrieblichen Gegebenheiten, der Öffnungs- und Schließfrequenzen, der örtlichen Witterungsverhältnisse, der notwendigen Wärmedämmung und Schalldämpfung sowie der Öffnungs- und Schließsteuerung ausgewählt.[291] Insgesamt stehen Roll-, Sektional-, Falt-, Schnelllauf-, Hub-, Rundlauf-, Pendel-, Schwing- und Drehtore zur Auswahl.[292] Für Ladetore kommen überwiegend Sektional- oder Rolltore zum Einsatz.[293] Die Auswahl ebenerdiger Einfahrtore hängt von den individuellen Nutzungsanforderungen ab.

Die Türen sind gemäß den gesetzlichen und nutzungsspezifischen Anforderungen herzustellen. Auf eine detaillierte bautechnische Beschreibung wird an dieser Stelle verzichtet.

3.5.9 Technische Gebäudeausrüstung

3.5.9.1 Allgemein

Die technische Gebäudeausrüstung (TGA) von Hallenbauwerken ist stark von den nutzungsspezifischen Anforderungen und Produktionsprozessen abhängig. Daher wird an dieser Stelle lediglich ein Überblick über die wesentlichen Komponenten gegeben. Dazu gehören selbsttätige Löschanlagen, Rauch- und Wärmeabzugsanlagen, Heizung und Lüftung, Dachentwässerung und Beleuchtung.

3.5.9.2 Selbsttätige Löschanlagen

Selbsttätige Löschanlagen dienen der Bekämpfung von Entstehungsbränden und Verhinderung von Großbränden. Die Notwendigkeit zur Installation ergibt sich aus den Vorgaben der länderspezifischen IndBauRL (siehe Abschnitt 3.2.3) oder weiterführenden Anforderungen bezüglich

---

[289] Abbildungen entnommen aus HEILAND (2017), S. 54 f.
[290] Vgl. BRACKMANN (2012), S. 285.
[291] Vgl. MARTIN (2016), S. 314.
[292] Vgl. MARTIN (2016), S. 314 und GROENMEYER (2012), S. 314.
[293] Vgl. MARTIN (2016), S. 314 und BRACKMANN (2012), S. 285.

des Umgangs und der Lagerung bestimmter Stoffe. Standardmäßig kommen Wasserlöschanlagen zum Einsatz.[294] Hierfür muss eine ausreichende Löschwasserversorgung sichergestellt werden.[295] Dies kann beispielsweise mithilfe von ober- oder unterirdischen Wasservorratsbehältern realisiert werden.[296] Im Bereich von Gefahrstoffen oder sensibler Ausstattung kommen Löschanlagen mit weiteren Löschmitteln, wie beispielsweise Schaum, Pulver oder Gas zum Einsatz.[297]

3.5.9.3 Rauch- und Wärmeabzugsanlagen

Rauch- und Wärmeabzugsanlagen (RWA) dienen dazu, den Rauch und die Wärme der Brandprodukte abzuleiten und eine raucharme Schicht im Schutzbereich zu garantieren. Für einen natürlichen Rauchabzug wird der thermische Auftrieb von Rauchgasen genutzt.[298] Die Randbedingungen ergeben sich aus den länderspezifischen IndBauRL. Darin wird festgelegt, dass für die natürliche Rauchableitung eine Grundfläche von maximal 400 m² mit mindestens einem Rauchabzugsgerät und einer aerodynamisch wirksamen Fläche von 1,50 m² ausgestattet werden muss. Zudem sind im unteren Raumdrittel Zuluftflächen von mindestens 12 m² freiem Querschnitt vorzusehen. Die dazu notwendigen RWA können in die im Dach vorhandenen Lichtkuppeln oder Lichtbänder integriert werden.

3.5.9.4 Heizung und Lüftung

Die Beheizung von Hallen verlangt aufgrund der besonderen Anforderungen (z. B. große Raumvolumina und Raumhöhe) spezielle Systeme der Wärmeübergabe.[299] Hierfür stehen folgende Heizsysteme zur Auswahl:

- Warmluftheizung (z. B. direkte und indirekte Warmlufterzeuger),
- Strahlungsheizung (z. B. Hell-, Dunkelstrahler und Deckenstrahlplatten) und
- Flächenheizung (z. B. Fußbodenheizung).[300]

Die Warmluftheizung beruht auf dem Prinzip des konvektiven Wärmeaustauschs. Direkte Warmlufterzeuger erwärmen die Umgebungsluft unmittelbar an den Heizflächen. Indirekte Warmlufterzeuger produzieren die Wärme in Heizkesseln, führen diese über Trägermedien zu den entsprechenden Ausblasstellen und erwärmen dort die Luft.[301]

Bei Strahlungsheizungen erfolgt die Wärmeübertragung vorwiegend durch Wärmestrahlung. Hierbei werden die umliegenden Körper (z. B. Wände, Maschinen und Menschen) erwärmt, und ein Teil der Wärme zeitverzögert an die Umgebungsluft abgegeben. Hellstrahler zeichnen sich

---

[294] Vgl. BRACKMANN (2012), S. 288.
[295] Vgl. FENNEN (2016), S. 499.
[296] Vgl. BRACKMANN (2012), S. 289.
[297] Vgl. FRITSCH ET AL. (2011), S. 724.
[298] Vgl. VDS SCHADENVERHÜTUNG GMBH (2018), Stand 19.10.2018.
[299] Vgl. OSCHATZ/ROSENKRANZ/WEBER (2015), S. 39.
[300] Vgl. SEIFERT ET AL. (2018), S. 32; VERBUNDNETZ GAS AKTIENGESELLSCHAFT (2016), S. 11 und OSCHATZ/ROSENKRANZ/WEBER (2015), S. 41.
[301] Vgl. VERBUNDNETZ GAS AKTIENGESELLSCHAFT (2016), S. 11 und OSCHATZ/ROSENKRANZ/WEBER (2015), S. 42.

dadurch aus, dass die Infrarotstrahlen durch eine flammenlose Verbrennung eines gasförmigen Brennstoffes an einer temperaturbeständigen Brennerplatte erzeugt werden. Bei Dunkelstrahlern wird die Wärme durch Verbrennung des gasförmigen Brennstoffes in einem geschlossenen System erzeugt. Deckenstrahlplatten bestehen aus leitfähigen Strahlblechen, in die wasserführende Rohre eingelassen sind. Die Wärmeabgabe erfolgt im Wesentlichen durch Wärmestrahlung.[302]

Flächenheizungen zeichnen sich dadurch aus, dass in den jeweiligen Bauteilen (z. B. Boden, Wände und Decken) Heizrohre verlegt werden, die wiederum eine zeitverzögerte Wärmestrahlung an den Raum abgeben.[303]

Zur Belüftung von Hallenflächen sind standardmäßig keine zusätzlichen Maßnahmen zu ergreifen. I. d. R kann der geforderte Mindestluftwechsel ohne den Einsatz von mechanischen Lüftungsanlagen sichergestellt werden.[304]

3.5.9.5 Dachentwässerung

Die Entwässerung von Flachdächern kann entweder mithilfe einer Freispiegel- oder Unterdruckentwässerung realisiert werden (siehe Tabelle 3-14).[305]

Tabelle 3-14: Schematische Leitungsführung der Freispiegel- und Unterdruckentwässerung[306]

Freispiegelentwässerung	Unterdruckentwässerung
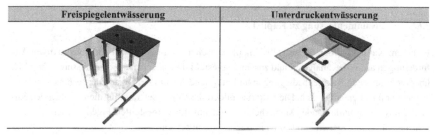	

Bei der Freispiegelentwässerung wird jeder Dachablauf über ein separates Fallrohr entwässert. Dieses darf laut den Vorgaben der DIN 1986-100:2012-12 einen maximalen Füllungsgrad von 0,33 aufweisen und muss entsprechend groß dimensioniert werden.

Bei der Unterdruckentwässerung muss nicht jeder Dachablauf über ein separates Fallrohr entwässert werden. Die damit verbundene drastische Reduktion der Fallleitungen bedingt jedoch ein

---

[302] Vgl. VERBUNDNETZ GAS AKTIENGESELLSCHAFT (2016), S. 13 ff. und OSCHATZ/ROSENKRANZ/WEBER (2015), S. 45.
[303] Vgl. VERBUNDNETZ GAS AKTIENGESELLSCHAFT (2016), S. 21 ff. und OSCHATZ/ROSENKRANZ/WEBER (2015), S. 43.
[304] Vgl. BRACKMANN (2012), S. 288.
[305] Vgl. BRACKMANN (2012), S. 287.
[306] Abbildungen entnommen aus GRIMM (2013), Stand 18.10.2018.

Notentwässerungssystem vorzuhalten. Dieses kann bei Hallenbauwerken durch Notüberläufe in der Attika sichergestellt werden.[307]

3.5.9.6 Beleuchtung

Für die künstliche Beleuchtung von Hallenflächen werden zunehmend lichtemittierende Dioden (LED) eingesetzt.[308] Diese werden in Lichtreihen angeordnet und die Beleuchtungsstärken nach den Vorgaben der ASR A3.4 ausgelegt.[309]

3.5.10 Ausbau und weitere Anforderungen

Der Ausbau von Hallenbauwerken hängt von den nutzerspezifischen Bedürfnissen ab. Die Büro- und Sozialflächen können entweder innerhalb der Halle (z. B. ebenerdige Einbauten oder Mezzanine) oder außerhalb der Halle (z. B. Anbauten, Kopfbauten oder separate Flächen) angeordnet werden.[310]

Weitere Anforderungen können sich beispielsweise daraus ergeben, dass Photovoltaikflächen auf dem Dach angeordnet oder bestimmte Nachhaltigkeitszertifizierungslabel erreicht werden sollen.

3.6   Zusammenfassung zu Kapitel 3

In diesem Kapitel wurden die gesetzlichen, planerischen, bautechnischen und konstruktiven Anforderungen an Hallen analysiert und zusammengestellt. Diese geben einen umfassend Überblick über die relevanten Rahmenbedingungen und mögliche Ausprägungsgrade der technischen Umsetzung von Hallenbauwerken. Die Kriterien bilden die Voraussetzung, für die im folgenden Kapitel dargestellte umfassende Datenerhebung und um die vorgestellten Eigenschaften mit verschiedenen Nutzungsarten von Hallen in Beziehung zu setzen.

---

[307] Vgl. BRACKMANN (2012), S. 287.
[308] Vgl. WRENGER (2015), S. 40 und OSCHATZ/ROSENKRANZ/WEBER (2015), S. 47.
[309] Vgl. OSCHATZ/ROSENKRANZ/WEBER (2015), S. 46 f. und BRACKMANN (2012), S. 290.
[310] Vgl. GROENMEYER (2012), S. 118 und BRACKMANN (2012), S. 286 f.

4 Datenerhebung zu nutzungsspezifischen Hallenprofilen

4.1 Überblick

Um die Anpassungs- und Umnutzungsfähigkeit von Produktionshallen bewerten zu können, ist zunächst zu analysieren, wie die einzelnen Marktteilnehmer die Relevanz des Themas in Hinblick auf das eigene Tätigkeitsfeld beurteilen. Zudem ist es notwendig, die Märkte in Bezug auf die nutzungsspezifischen Hallenprofile zu erkunden. Diese geben Aufschluss über wichtige bautechnische und konstruktive Gemeinsamkeiten und Unterschiede sowie ausschlaggebende Kriterien für eine verbesserte Anpassungs- und Umnutzungsfähigkeit von Hallen im Allgemeinen und Produktionshallen im Speziellen.

In diesem Kapitel werden zuerst die methodische Vorgehensweise und die zugrunde gelegte Datenbasis beschrieben. Anschließend werden die ausgewählten Datenerhebungen durchgeführt und die Ergebnisse umfassend ausgewertet und dargestellt.

4.2 Methodischer Ansatz und Datenbasis

Grundsätzlich können die Methoden der Datenerhebung danach unterschieden werden, ob vorhandene Daten neu ausgewertet oder neue Daten erhoben werden. Dies wird im wissenschaftlichen Kontext als Sekundär- oder Primärforschung bezeichnet. Es ist zu beachten, dass aus forschungsökonomischen Gesichtspunkten zunächst die Sekundärforschung und darauf aufbauend die Primärforschung betrieben werden sollte.[311]

Die Sekundärforschung oder Sekundärerhebung basiert auf bereits vorhandenem Datenmaterial. Dieses wird in Bezug auf die jeweilige Fragestellung neu aufbereitet und ausgewertet. Hierbei kann auf externe oder interne Daten zurückgegriffen werden. Externe Daten werden beispielsweise durch Auswertung von amtlichen Statistiken, Fachliteratur oder Veröffentlichungen aus durchgeführten Forschungsvorhaben generiert. Interne Daten werden direkt aus Unternehmen gewonnen.[312]

Die Primärforschung oder Primärerhebung umfasst die Erhebung von originären Daten. Hierfür können Befragungen, Beobachtungen oder Experimente durchgeführt werden. Auf diese Methode wird regelmäßig dann zurückgegriffen, wenn die ausgewerteten Daten der Sekundärforschung nicht ausreichend sind.[313]

Im Rahmen der vorliegenden Arbeit wird zunächst eine Sekundärerhebung durchgeführt. Da die Daten nicht ausreichend sind, wird aufbauend auf den Erkenntnissen der Sekundärerhebung eine Primärerhebung durchgeführt. Die Vorgehensweise sowie die Ergebnisse werden in den folgenden Abschnitten vorgestellt.

---

[311] Vgl. KOCH/GEBHARDT/RIEDMÜLLER (2016), S. 41 und KUß/WILDNER/KREIS (2014), S. 36 ff.
[312] Vgl. KOCH/GEBHARDT/RIEDMÜLLER (2016), S. 41 ff. und KUß/WILDNER/KREIS (2014), S. 36 ff.
[313] Vgl. KOCH/GEBHARDT/RIEDMÜLLER (2016), S. 46.

© Der/die Herausgeber bzw. der/die Autor(en), exklusiv lizenziert durch Springer Fachmedien Wiesbaden GmbH, ein Teil von Springer Nature 2020
A. Harzdorf, *Anpassungs- und Umnutzungsfähigkeit von Produktionshallen*, Baubetriebswesen und Bauverfahrenstechnik,
https://doi.org/10.1007/978-3-658-31658-7_4

4.3   Sekundärerhebung

4.3.1   Grundlagen

Die Sekundärerhebung wird auf Grundlage externer Daten durchgeführt. Diese basieren auf einer umfangreichen Auswertung von Fachliteratur und werden in Hinblick auf das vorliegende Forschungsfeld neu zusammengestellt und ausgewertet.

4.3.2   Auswertung der externen Daten

Die externe Datenauswertung orientiert sich an der in Kapitel 3 vorgestellten Strukturierung der bautechnischen und konstruktiven Anforderungen. Es kann festgestellt werden, dass für Industrieimmobilien im Allgemeinen sowie Produktionsgebäude und -hallen im Speziellen wenig einheitliche oder standardisierte Anforderungen vorzufinden sind. Mögliche Gründe hierfür können in den zahlreichen branchenspezifischen Anforderungen an Produktionshallen und der fehlenden Markttransparenz in diesem Segment liegen. Für Lager-/Logistikimmobilien im Allgemeinen und Umschlag-, Lager- und Distributionshallen im Speziellen existieren hingegen zahlreiche standardisierte Anforderungen. Dies kann damit begründet werden, dass sich aufgrund der weitestgehend einheitlichen Forderungen der Logistikdienstleister und durch sicherheitstechnische Vorgaben der global agierenden Sachversicherer ein gewisser Standard etabliert hat.[314]

In Tabelle 4-1 sind zunächst die Anforderungen an Produktionsgebäude zusammengestellt. Wie schon in Abschnitt 2.4.1 dargestellt, werden diese im Industriebau nach Flach-, Hallen- und Geschossbauten unterschieden. Nach Auswertung der Daten kann festgestellt werden, dass die definierten Anforderungen wenig konkret und nur mit geringem Detaillierungsgrad verfügbar sind. Diese eindimensionale und nutzungsunspezifische Darstellung ist nicht geeignet, um Anforderungen für eine verbesserte Anpassungs- und Umnutzungsfähigkeit von Produktionshallen abzuleiten. Die einzelnen Kriterien können jedoch als Grundlage für die Primärerhebung und die Erstellung eines geeigneten Fragebogens genutzt werden.

---

[314] Vgl. BRACKMANN (2012), S. 271.

Tabelle 4-1: Typische Anforderungen an Flach-, Hallen- und Geschossbauten

Kriterium	Flachbau	Hallenbau	Geschossbau
Grundstück und Flächen			
Baulandbedarf[315]	mittel	hoch	gering
Erweiterungsflächen[316]	Anbau in alle Richtungen	Anbau in Längsrichtung	Anbau oder Aufstockung
Gebäudegeometrie und -struktur			
Gebäudeform[317]	richtungslos	längsorientiert	längsorientiert
Raumhöhe[318]	4,5 m bis 7 m	5 m bis 15 m	3 m bis 5 m
Raumbreite[319]	10 m bis 20 m	20 m bis 100 m	12 m bis 20 m
Unterkellerung[320]	möglich	selten	ja
Tragwerk			
Krannutzlast[321]	≤ 3 t	≤ 100 t	≤ 11 t
Fenster, Tore und Türen			
Natürliche Belichtung[322]	Oberlichtbänder, -kuppeln	Seitliche Fenster, Oberlichtbänder, -kuppeln	Seitliche Fenster
Technische Gebäudeausrüstung			
Medienführung[322]	Bodenkanäle, Decke	Bodenkanäle, Wände	Fußboden, Decke
Heizung[322]	Luftheizung	Luftheizung	örtliche Heizkörper
Lüftung[322]	-	Dachentlüftung	Fensterlüftung

In einem weiteren Schritt werden die Anforderungen an Logistikimmobilien im Allgemeinen zusammengetragen (siehe Tabelle 4-2). Diese sind bei der Beurteilung der Umnutzungsfähigkeit von Produktionshallen relevant. Die Anforderungskriterien unterscheiden sich von den in Tabelle 4-1 vorgestellten Anforderungen an Produktionsgebäude des Industriebaus und werden in einem höheren Detaillierungsgrad dargestellt. Allerdings bleibt bei einem Großteil der Anforderungen offen, wie sich die Ausprägung im Einzelnen darstellt. Beispielsweise wird angegeben, dass Erweiterungsflächen vorhanden sein müssen und ausreichend Pkw- und Lkw-Stellplätze vorgesehen werden sollen. Allerdings stellt sich konkret die Frage nach der jeweiligen Größe der Erweiterungsflächen und der Anzahl an Pkw- und Lkw-Stellplätzen.

---

[315] Vgl. WIENDAHL/REICHARDT/NYHUIS (2014), S. 389; DOMBROWSKI ET AL. (2011), S. E71 und DANGELMAIER (2001), S. 268 f.

[316] Vgl. WIENDAHL/REICHARDT/NYHUIS (2014), S. 389 und DOMBROWSKI ET AL. (2011), S. E71.

[317] Vgl. WIENDAHL/REICHARDT/NYHUIS (2014), S. 389; DOMBROWSKI ET AL. (2011), S. E71 und DANGELMAIER (2001), S. 268 f.

[318] Vgl. GRUNDIG (2015), S. 283; WIENDAHL/REICHARDT/NYHUIS (2014), S. 389; DOMBROWSKI ET AL. (2011), S. E71 und DANGELMAIER (2001), S. 268 f.

[319] Vgl. DOMBROWSKI ET AL. (2011), S. E71.

[320] Vgl. WIENDAHL/REICHARDT/NYHUIS (2014), S. 389; DOMBROWSKI ET AL. (2011), S. E71 und DANGELMAIER (2001), S. 268 f.

[321] Vgl. WIENDAHL/REICHARDT/NYHUIS (2014), S. 389 und DOMBROWSKI ET AL. (2011), S. E71.

[322] Vgl. WIENDAHL/REICHARDT/NYHUIS (2014), S. 389; DOMBROWSKI ET AL. (2011), S. E71 und DANGELMAIER (2001), S. 268 f.

Tabelle 4-2: Typische Anforderungen an Logistikimmobilien im Allgemeinen

Kriterium	Logistikimmobilien
Grundstück und Flächen	
Geländebeschaffenheit[323]	eben
Grundstückszuschnitt[323]	rechtwinklig
Erweiterungsflächen[324]	ja
Pkw-/Lkw-Stellplätze[324]	ausreichend
Containerstellplätze[324]	ja
Umzäunung[325]	ja
Videoüberwachung[326]	ja
Gebäudegeometrie und -struktur	
Unterteilbarkeit[327]	ja
Geschossanzahl[328]	eingeschossig
Inneres Stützenraster[329]	12 m · 24 m bis 24 m · 24 m[330]
Tragwerk	
Ausbildung Stützen[331]	Stahlbeton
Rammschutz[332]	Stützen, Torzufahrten
Andienung	
Ausbildung Ladetore[333]	mit Wetterschürze
Überladebrücken[334]	6 t/m²
Bodenplatte	
Ausbildung Bodenplatte[334]	Beton
Beschaffenheit[335]	eben, fugenarm, abriebfest, rissfrei
Abdichtung nach WHG[336]	ja
Fassade und Dach	
Ausbildung Fassade[337]	Beton-, Metallsandwichelemente
Ausbildung Dach[338]	flachgeneigt

In Tabelle 4-3 werden aufbauend auf den Darstellungen aus Tabelle 4-2 detaillierte und nutzungsspezifische Anforderungen für Umschlag-, Lager- und Distributionshallen definiert. Mithilfe

---

[323] Vgl. BALLING ET AL. (2013), S. 108 und HOLLUNG (2012), S. 250.

[324] Vgl. JONES LANG LASALLE (2015), S. 7; BALLING ET AL. (2013), S. 108; MÜNCHOW (2012), S. 128 und HOLLUNG (2012), S. 250.

[325] Vgl. JONES LANG LASALLE (2015), S. 7; BALLING ET AL. (2013), S. 108 und HOLLUNG (2012), S. 250.

[326] Vgl. HOLLUNG (2012), S. 250.

[327] Vgl. JONES LANG LASALLE (2015), S. 7; MÜNCHOW (2012), S. 127 und HOLLUNG (2012), S. 250.

[328] Vgl. JONES LANG LASALLE (2015), S. 7 und BALLING ET AL. (2013), S. 109.

[329] Vgl. JONES LANG LASALLE (2015), S. 7 und MÜNCHOW (2012), S. 127 f.

[330] Bei den angegebenen Stützenabständen wird von einem 6 m Raster ausgegangen. Daraus ergeben sich die angegebenen Abmessungen für das innere Stützenraster. Aus konstruktiver und bautechnischer Sicht sind jedoch geringere Rastermaße (z. B. 8 m · 24 m bis 10 m · 24 m) zu wählen.

[331] Vgl. JONES LANG LASALLE (2015), S. 7.

[332] Vgl. BALLING ET AL. (2013), S. 109 und HOLLUNG (2012), S. 251.

[333] Vgl. BALLING ET AL. (2013), S. 109 und HOLLUNG (2012), S. 250.

[334] Vgl. JONES LANG LASALLE (2015), S. 7.

[335] Vgl. JONES LANG LASALLE (2015), S. 7; BALLING ET AL. (2013), S. 109 und HOLLUNG (2012), S. 251.

[336] Vgl. BALLING ET AL. (2013), S. 109.

[337] Vgl. JONES LANG LASALLE (2015), S. 7.

dieser Daten ist eine erste konkrete Beurteilung einzelner Kriterien für eine verbesserte Umnutzungsfähigkeit von Produktionshallen möglich.

Tabelle 4-3: Typische Anforderungen an Umschlag-, Lager- und Distributionshallen

Kriterium	Umschlagshalle	Lagerhalle	Distributionshalle
Grundstück und Flächen			
Grundstücksgröße[339]	15.000 bis 40.000 m²	> 10.000 m²	> 20.000 m²
Rangierfläche Andienungsbereich[340]	~ 35 m	~ 35 m	~ 35 m
Verhältnis Grundstück/Gebäudefläche[341]	3/1	2/1	2/1
Gebäudegeometrie und -struktur			
Hallenfläche (HF)[342]	< 10.000 m²	> 3.000 m²	> 10.000 m²
Büro-/Sozialflächenanteil[343]	< 15 %	5 bis 10 %	5 bis 10 %
Hallenhöhe[344]	< 8 m	≤ 10 m	> 10 ≤ 12 m
Andienung			
Andienbarkeit[345]	zweiseitig	-	-
Anzahl Verladetore[345]	> 1 pro 250 m²$_{HF}$	< 1 pro 1.000 m²$_{HF}$	> 1 pro 1.000 m²$_{HF}$
Bodenplatte			
Tragfähigkeit[345]	≥ 50 kN/m² (~ 5 t/m²)	≥ 50 kN/m² (~ 5 t/m²)	≥ 50 kN/m² (~ 5 t/m²)
Technische Gebäudeausrüstung			
Löschanlage[345]	Sprinkler	Sprinkler	Sprinkler
Beheizbarkeit[345]	-	ja	ja

4.3.3 Konsequenz und weiteres Vorgehen

Die durchgeführte Sekundärerhebung ermöglicht eine erste Einschätzung wichtiger nutzungsspezifischer Anforderungen an industriell genutzte Hallen und gibt einen Überblick über die Ausprägungsgrade verschiedener bautechnischer und konstruktiver Kriterien von Produktions- und Logistikimmobilien. Die ermittelten Daten sind jedoch für die Definition einer verbesserten Anpassungs- und Umnutzungsfähigkeit von Produktionshallen zu wenig konkret und weisen nicht den erforderlichen Detaillierungsgrad auf. Daraus resultiert die Notwendigkeit, neue Daten zu erheben. Daher wird aufbauend auf der Sekundäranalyse eine Primäranalyse durchgeführt. Hierdurch wird eine zielgerichtete Datengenerierung und -auswertung ermöglicht.

---

[338] Vgl. JONES LANG LASALLE (2015), S. 7 und BALLING ET AL. (2013), S. 109.
[339] Vgl. VERES-HOMM ET AL. (2015), S. 28 und BALLING ET AL. (2013), S. 88 ff.
[340] Vgl. BALLING ET AL. (2013), S. 88 ff.
[341] Vgl. VERES-HOMM ET AL. (2015), S. 28 und BALLING ET AL. (2013), S. 88 ff.
[342] Vgl. BALLING ET AL. (2013), S. 88 ff.
[343] Vgl. VERES-HOMM ET AL. (2015), S. 28.
[344] Vgl. BALLING ET AL. (2013), S. 88 ff.
[345] Vgl. VERES-HOMM ET AL. (2015), S. 28 und BALLING ET AL. (2013), S. 90.

4.4   Primärerhebung

4.4.1   Grundlagen

Die Methoden der Primärerhebung (Befragungen, Beobachtungen und Experimente)[346] werden häufig im Kontext der Sozialforschung angewendet und können nicht auf alle technischen Frage-stellungen übertragen werden. Für die Erstellung von nutzungsspezifischen Hallenanforderungs-profilen ist insbesondere die Durchführung von Befragungen relevant. Im Folgenden wird die methodische Vorgehensweise zur Entwicklung eines teilstandardisierten Fragebogens und zur Durchführung der Befragung vorgestellt. Darauf aufbauend werden die erhobenen Daten umfang-reich ausgewertet, interpretiert und für die weitere Verwendung im Rahmen der Wirtschaftlich-keitsuntersuchung aufbereitet.

4.4.2   Methodische Vorgehensweise

4.4.2.1   Allgemein

Die Befragung kann als wichtigste Erhebungsmethode der Primärforschung angesehen werden. Ein wesentliches Differenzierungsmerkmal liegt in der Erhebungsart. In Abhängigkeit des Unter-suchungsziels wird zwischen der quantitativen und qualitativen Datenerhebung unterschieden.[347] Die quantitative Datenerhebung basiert auf standardisierten Erhebungsinstrumenten und verfolgt das Ziel, statistisch auswertbare und verallgemeinerte Aussagen zu generieren.[348] Die qualitative Datenerhebung distanziert sich von den strengen theoriegeleiteten Vorgaben der quantitativen Datenerhebung und zeichnet sich durch eine eher offene Vorgehensweise aus. Dennoch sind auch hierfür klare Fragestellungen und Konzepte erforderlich.[349]

Weiterhin kann die Befragung nach der Kommunikationsweise in schriftliche und mündliche Be-fragungen[350] unterschieden werden. Die schriftlichen Befragungen eignen sich eher für quantita-tive Datenerhebungen und die mündlichen Befragungen für qualitative Datenerhebungen.[351] In-terviews stellen eine besondere Form der mündlichen Befragungen dar und werden in Hinblick auf den Strukturierungsgrad in folgende Formen unterschieden:

-    Standardisierte Interviews,
-    Strukturierte Interviews und
-    Offene Interviews.[352]

---

346   Vgl. KOCH/GEBHARDT/RIEDMÜLLER (2016), S. 46; MISOCH (2015), S. 1 und MAYER (2013), S. 28.
347   Vgl. KOCH/GEBHARDT/RIEDMÜLLER (2016), S. 47.
348   Vgl. MISOCH (2015), S. 1 f. und KAISER (2014), S. 1.
349   Vgl. MAYER (2013), S. 29.
350   Die mündliche Befragung kann entweder als persönliche oder telefonische Befragung durchgeführt werden. Die schriftliche Befragung kann entweder als postalische oder online basierte Befragung durch-geführt werden (vgl. KOCH/GEBHARDT/RIEDMÜLLER (2016), S. 46 f. und JACOB/HEINZ/DÉCIEUX (2013), S. 98)
351   Vgl. JACOB/HEINZ/DÉCIEUX (2013), S. 98.
352   Vgl. KOCH/GEBHARDT/RIEDMÜLLER (2016), S. 47 und MISOCH (2015), S. 13 f.

Standardisierte Interviews zeichnen sich durch vorgegebene Fragen und Antworten aus, die in einer festgelegten Reihenfolge durch den Interviewer abgearbeitet werden. Strukturierte Interviews orientieren sich an einem Leitfaden, der die relevanten Fragestellungen vorgibt, jedoch keine Einschränkungen in Bezug auf die Reihenfolge der Themenbereiche festlegt. Offene Interviews verzichten gänzlich auf vorgefertigte Fragebögen oder Leitfäden und der Interviewprozess wird stark vom Befragten gesteuert.[353]

Außerdem kann die Befragung zielgruppenspezifisch eingeteilt werden. Hierbei kann unterschieden werden, ob Einzelpersonen, Gruppen, Haushalte, Unternehmen oder Experten[354] befragt werden.[355]

Im Rahmen der vorliegenden Arbeit werden qualitative Experteninterviews mithilfe von teilstandardisierten Fragebögen durchgeführt.[356] Diese Befragungsart wird gewählt, um die bautechnischen und konstruktiven Anforderungen in Abhängigkeit nutzungsspezifischer Hallenanforderungsprofile zu konkretisieren, zu vertiefen und weitere Erkenntnisse über wichtige Anforderungen aus praktischer Sicht zu erlangen. Die teilstandardisierten Fragebögen sind dabei in Bezug auf die thematische Rahmung, die Abarbeitung relevanter Themenbereiche, die Vergleichbarkeit der erhobenen Daten sowie die Strukturierung des gesamten Kommunikationsprozesses von Bedeutung.[357]

4.4.2.2 Auswahlverfahren

Die Auswahlverfahren zur Generierung einer geeigneten Stichprobe unterscheiden sich danach, ob die Stichprobe zufällig oder nicht-zufällig zusammengestellt wird (siehe Abbildung 4-1).[358]

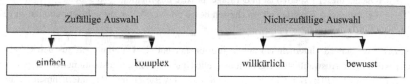

Abbildung 4-1: Auswahlverfahren der Primärerhebung[359]

Die zufällige Auswahl kann entweder einfach oder komplex erfolgen. Die einfache Zufallsauswahl kennzeichnet sich dadurch, dass jedes Element der festgelegten Grundgesamtheit die gleiche

---

[353] Vgl. MISOCH (2015), S. 13 f.
[354] Als Experte wird jemand bezeichnet, der auf einem begrenzten Gebiet über ein vertieftes, klares und abrufbares Wissen verfügt. Oftmals ist diese Personengruppe nicht in der ersten Ebene einer Organisation zu finden. Die Auswahl der Experten bedarf daher der Kenntnis der Organisationsstrukturen und Kompetenzverteilungen sowie den Entwicklungsprozessen im jeweiligen Handlungsfeld (vgl. MAYER (2013), S. 42).
[355] Vgl. KOCH/GEBHARDT/RIEDMÜLLER (2016), S. 46 f.
[356] Diese Vorgehensweise wird im technischen Kontext beispielsweise auch durch WACH angewendet (vgl. WACH (2017)).
[357] Vgl. MISOCH (2015), S. 66.
[358] Vgl. JACOB/HEINZ/DÉCIEUX (2013), S. 68 und MAYER (2013), S. 60.
[359] In Anlehnung an JACOB/HEINZ/DÉCIEUX (2013), S. 68 ff.

Chance hat, in die Stichprobe zu gelangen.[360] Bei der komplexen Zufallsauswahl hat jedes Element der Grundgesamtheit nur noch eine berechenbare Chance, in die Stichprobe aufgenommen zu werden. Hierbei kann nochmals in geschichtete Auswahlen, Klumpenauswahlen und mehrstufige Auswahlen unterschieden werden.[361] Kann eine Zufallsauswahl aus verschiedenen Gründen nicht durchgeführt werden, muss auf alternative Verfahren zurückgegriffen werden. Hierzu können die nicht-zufälligen Auswahlverfahren genutzt werden. Diese unterscheiden sich danach, ob eine willkürliche oder bewusste Auswahl erfolgt. Die willkürliche Auswahl zeichnet sich dadurch aus, dass weder eine Definition der Grundgesamtheit, noch ein Auswahlplan zugrunde gelegt wird. Daher ist dieses Verfahren für wissenschaftliche Untersuchungen nicht geeignet.[362] Bewusste Auswahlen basieren hingegen auf einer bekannten Grundgesamtheit und einem Auswahlplan. Die Auswahl der Zielpersonen wird bewusst durchgeführt und theoretisch begründet.[363]

Im Rahmen der vorliegenden Arbeit kann die Akquise von geeigneten Interviewpartnern (Experten) nur auf Basis einer bewussten Auswahl erfolgen. Dazu ist es notwendig, im Vorfeld die Grundgesamtheit zu definieren und einen Auswahlplan zu erstellen. Die Grundgesamtheit für das vorliegende Forschungsgebiet setzt sich aus Marktteilnehmern zusammen, die im Rahmen der Entwicklung, Nutzung oder Vermarktung von Produktionshallen oder industriell genutzten Hallen tätig sind. Hierbei kann in betriebliche und institutionelle Akteure unterschieden werden (vgl. Abschnitt 2.5.1). Für diese Gruppen werden zu Beginn der Befragung geeignete Auswahllisten erstellt. Hierzu wird ein Auswahlgremium mit insgesamt vier Mitgliedern aus Forschung und Wirtschaft zusammengestellt. Dieses wird eingesetzt, um die geeigneten Interviewpartner zusammenzustellen. Die Auswahl erfolgt nach folgenden Fragestellungen:

- Welcher Experte verfügt über die relevanten Informationen?
- Welcher dieser Experten ist in der Lage, präzise Informationen zu geben?
- Welcher dieser Experten ist am ehesten bereit und verfügbar, diese Informationen zu geben?[364]

Insgesamt werden 18 Unternehmen aus institutioneller und 23 Unternehmen aus betrieblicher Perspektive in die Auswahlliste aufgenommen. Die Unternehmen aus institutioneller Perspektive werden aus industriellen Beratern und Maklern sowie Investoren und Bauunternehmen zusammengestellt. Die Unternehmen aus betrieblicher Perspektive werden so ausgewählt, dass möglichst viele Branchen abgedeckt werden. Ein besonderer Fokus liegt auf Unternehmen der chemischen Industrie, um die besonderen Anforderungen des § 62 WHG (vgl. Abschnitt 3.2.4.4) zu spezifizieren. Dadurch wird es möglich, zusätzliche bautechnischen und konstruktiven Gebäudeparameter zu bestimmen.

---

[360] Vgl. JACOB/HEINZ/DÉCIEUX (2013), S. 69 f.
[361] Vgl. JACOB/HEINZ/DÉCIEUX (2013), S. 71.
[362] Vgl. JACOB/HEINZ/DÉCIEUX (2013), S. 79 f.
[363] Vgl. JACOB/HEINZ/DÉCIEUX (2013), S. 80.
[364] Vgl. KAISER (2014), S. 72.

4.4.2.3 Repräsentativität

Zur Absicherung der Repräsentativität ist die Datenerhebung so durchzuführen, dass ein verkleinertes, aber wirklichkeitsgetreues Abbild der Grundgesamtheit hergestellt wird. Dadurch können die Ergebnisse der Stichprobe auf die Grundgesamtheit übertragen werden.[365] Die in Abschnitt 4.4.2.2 definierte Grundgesamtheit und das beschriebene Auswahlverfahren lässt einen Repräsentationsschluss der Datenerhebung zu. Durch die vorab erstellte Auswahlliste und das eingesetzte Auswahlgremium wird die Qualität der erhobenen Daten abgesichert. Eine statistische Repräsentativität kann allerdings nicht nachgewiesen werden, da die durchgeführte Expertenbefragung auf den Grundsätzen der qualitativen Datenerhebung beruht.[366]

4.4.2.4 Entwicklung eines teilstandardisierten Fragebogens

Zunächst ist für die Erstellung des teilstandardisierten Fragebogens (siehe Abschnitt 4.4.2.1) der grundsätzliche Aufbau festzulegen. Dieser wird in die folgenden Phasen unterteilt:

- Informationsphase,
- Einstiegsphase,
- Hauptphase,
- Abschlussphase.[367]

Die Informationsphase dient dazu, den Interviewpartner über die Ziele der Befragung und die vertrauliche Behandlung der Daten in Kenntnis zu setzen. Die Einstiegsphase hat zum Ziel, den Beginn der Interviewsituation zu erleichtern und die damit verbundenen Hemmungen der ungewohnten Kommunikationssituation abzubauen. In der Hauptphase werden die eigentlich relevanten Themen abgearbeitet. Die Abschlussphase dient dazu, dem Befragten die Möglichkeit zu geben, bislang unerwähnte aber relevante Informationen hinzuzufügen und das Interview zu beenden.

In Abhängigkeit der jeweiligen Zielstellung sind die Fragen anhand spezifischer methodischer Kenntnisse zu entwickeln. Dies bildet die Grundlage, um präzise Ergebnisse zu erzielen. Generell sind die Grundsätze der Einfachheit, Eindeutigkeit und Neutralität zu berücksichtigen.[368] Die Wahl der Frageart hängt vom spezifischen Untersuchungszweck ab und kann nach Fragemethodik oder Befragungssteuerung unterschieden werden. Liegt der Fokus auf der Fragemethodik kann zwischen offenen und geschlossenen Fragen, direkten und indirekten Fragen sowie projektiven und assoziativen Fragen unterschieden werden. Steht die Befragungssteuerung im Vordergrund, kann zwischen Einleitungs-, Sach-, Übergangs-, Puffer-, Motivations-, Kontroll- oder

---

[365] Vgl. KOCH/GEBHARDT/RIEDMÜLLER (2016), S. 20 f. und BEREKOVEN/ECKERT/ELLENRIEDER (2009), S. 43.

[366] Ziel der Datenerhebung ist die inhaltliche Konkretisierung der bautechnischen und konstruktiven Anforderungen an verschiedene Nutzungsarten von Hallenbauwerken. Insofern kann die fehlende statistische Repräsentativität akzeptiert werden und hat keinerlei Einfluss auf die Qualität der erhobenen Daten.

[367] Vgl. MISOCH (2015), S. 68 und JACOB/HEINZ/DÉCIEUX (2013), S. 175 ff.

[368] Vgl. KOCH/GEBHARDT/RIEDMÜLLER (2016), S. 63.

Filterfragen unterschieden werden.[369] Neben der inhaltlichen Ausgestaltung der Fragen sind auch formale Aspekte zu berücksichtigen. Hierbei ist das Messniveau des mit einer Frage zu messenden Merkmals von Bedeutung. Dieses dient der systematischen Erfassung der Merkmalsausprägungen und kann nach nominalen[370], ordinalen und metrischen[371] Skalen unterschieden werden. Nominale Skalen zeichnen sich dadurch aus, dass die Daten lediglich nach Gleichheit und Ungleichheit unterschieden werden. Bei ordinalen Skalen wird zusätzlich eine Rangordnung der zu erhebenden Daten vorgenommen. Bei metrischen Skalen können die Reihenfolge sowie die Abstände zwischen den Daten quantifiziert werden.[372] Zusätzlich können die jeweiligen Skalen nach formalen Gesichtspunkten in numerische, verbale und graphische Skalen unterschieden werden.[373]

Um empirischen Standards zu genügen, ist nach der Erstellung des Fragebogens und vor Durchführung der Befragung ein sogenannter Pretest durchzuführen.[374] Dabei sind die Fragen auf Verständlichkeit zu prüfen, die Eindeutigkeit und Vollständigkeit der Antwortvorgaben zu kontrollieren und die tatsächliche Befragungsdauer zu ermitteln.[375]

Die Befragung im Rahmen der vorliegenden Arbeit soll sowohl die betriebliche als auch institutionelle Perspektive abdecken (vgl. Abschnitt 4.4.2.2). Daher werden insgesamt zwei verschiedene teilstandardisierte Fragebögen entwickelt. Diese werden zur vereinfachten Darstellung mit den Begriffen „Unternehmen" (betriebliche Perspektive) und „Markt" (institutionelle Perspektive) deklariert. Die Struktur orientiert sich an dem zuvor beschriebenen Aufbau. Allerdings wird die Informationsphase aus dem Fragebogenkontext herausgelöst und mithilfe einer separaten Präsentation vor Beginn des Interviews durchgeführt. Die Befragungsdauer wird auf 90 Minuten begrenzt. Um die Vergleichbarkeit der Daten zwischen den Befragten zu garantieren, wird die Anzahl der unterschiedlichen Fragen minimiert. In Abbildung 4-2 ist die Systematik der Fragebögen dargestellt. Hierbei ist zu erkennen, dass sich die Fragen der unterschiedlichen Gruppen „Unternehmen" und „Markt" lediglich in Frageteil B unterscheiden. Der Inhalt der teilstandardisierten Fragebögen orientiert sich an den Untersuchungen der Anforderungsanalyse (vgl. Abschnitt 3.5) sowie den Erkenntnissen der Sekundärerhebung (vgl. Abschnitt 4.3). In Anlage 1 ist der Fragebogen für die Gruppe „Unternehmen" dokumentiert. Anlage 2 enthält den Fragebogenteil B für die Gruppe „Markt".

---

[369] Vgl. KOCH/GEBHARDT/RIEDMÜLLER (2016), S. 59 f. und JACOB/HEINZ/DÉCIEUX (2013), S. 134 ff.
[370] Nominale Skalen können auch als kategoriale Skalen bezeichnet werden (vgl. JACOB/HEINZ/DÉCIEUX (2013), S. 158).
[371] Metrische Skalen werden häufig auch als Kardinalskalen bezeichnet und können nochmals nach Intervall- und Ratioskalen unterschieden werden (vgl. JACOB/HEINZ/DÉCIEUX (2013), S. 161 und MAYER (2013), S. 71).
[372] Vgl. BROSIUS (2017), S. 98; MAYER (2013), S. 71; JACOB/HEINZ/DÉCIEUX (2013), S. 158 ff. und HÄDER (2010), S. 97 ff.
[373] Vgl. JACOB/HEINZ/DÉCIEUX (2013), S. 162.
[374] Vgl. KAISER (2014), S. 69; JACOB/HEINZ/DÉCIEUX (2013), S. 185 und MAYER (2013), S. 99.
[375] Vgl. MAYER (2013), S. 99.

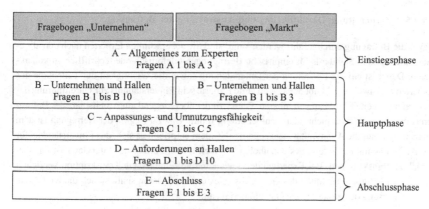

Abbildung 4-2: Systematik der teilstandardisierten Fragebögen

Kategorie A – „Allgemeines zum Experten" dient dem Einstieg in die Interviewsituation. Dabei werden Informationen zum Experten selbst erfasst.

In Kategorie B – „Unternehmen und Hallen" werden unterschiedliche Angaben aus betrieblicher und institutioneller Perspektive abgefordert. Im Fragebogen „Unternehmen" werden Daten zur Organisationsstruktur, der Kompetenzverteilung, den Zuständigkeitsbereichen sowie den vorhandenen Immobilienbeständen abgefragt. Im Fragebogen „Markt" werden lediglich die Leistungsbereiche erfasst. Zudem werden in beiden Fragebögen bis zu fünf unternehmensbezogene Hallentypen abgefragt. Diese dienen als Grundlage für die vertiefende Bestimmung von nutzungsspezifischen Anforderungen an Hallen in Kategorie D.

In Kategorie C – „Anpassungs- und Umnutzungsfähigkeit" werden wichtige übergeordnete bautechnische und konstruktive Anforderungen an Hallen zur Umsetzung marktgängiger Standards erhoben. Die daraus gewonnen Erkenntnisse dienen der Beurteilung wichtiger Kriterien zur Realisierung von anpassungs- und umnutzungsfähigen Produktionshallen.

In Kategorie D – „Anforderungen an Hallen" werden die Anforderungen an die definierten unternehmensbezogenen Hallentypen in 10 verschiedenen Kategorien abgefragt. Diese dienen der Erstellung nutzungsspezifischer Hallenanforderungsprofile.

Kategorie E – „Abschluss" dient dem gedanklichen Ausklang des Interviews sowie der Ergänzung ausgewählter Sachverhalte seitens des Interviewten.

Zur Überprüfung der Fragen und Antwortvorgaben sowie zur Ermittlung der tatsächlichen Befragungsdauer wurden insgesamt drei Pretests durchgeführt. Die hieraus ermittelten Erkenntnisse wurden in die Fragebögen eingearbeitet. Eine Kürzung der Fragebögen wurde nicht vorgenommen, da die abgeschätzte Befragungsdauer von 90 Minuten bei allen durchgeführten Pretest eingehalten wurde.

4.4.2.5 Vorbereitung, Durchführung und Auswertung der Befragung

Bevor die Befragung durchgeführt werden kann, sind die ausgewählten Experten nach den allgemein anerkannten Standards für empirische Befragungen telefonisch oder schriftlich zu kontaktieren. Dabei ist auf die Bedeutung der Untersuchung sowie die Wichtigkeit der Teilnahme des Experten hinzuweisen.[376] Gibt der ausgewählte Experte sein Einverständnis zur Durchführung der Befragung, ist ein Termin zu vereinbaren. Dieser findet überwiegend am Arbeitsplatz des Befragten statt und ist zeitlich mehr oder weniger streng limitiert.[377] Zu Beginn der Befragung ist dem Interviewpartner die Anonymität zuzusichern.[378] Zudem empfiehlt es sich, das Einverständnis für die Aufzeichnung des Interviews einzuholen.[379] Nach Durchführung des Interviews ist das Gespräch zu transkribieren. Bei Experteninterviews kann auf eine exakte Transkription verzichtet werden, da lediglich der Inhalt des Gesprächs relevant ist.[380] Daran schließt sich die Kodierung und Auswertung des gesammelten Datenmaterials an.[381]

Im Rahmen der vorliegenden Arbeit wurden die Experten der vorab erstellten Auswahlliste (vgl. Abschnitt 4.4.2.2) mit einem postalischen Anschreiben über die geplante Befragung informiert. Das hierfür verwendete Anschreiben ist in Anlage 3 dokumentiert. Im Anschluss daran wurden die Experten telefonisch kontaktiert und deren Bereitschaft zur Teilnahme abgefragt. Bei positiver Rückmeldung wurde ein Termin zur Durchführung des Interviews vereinbart. Zudem wurde der Fragebogen zur inhaltlichen Vorbereitung auf das Gespräch vorab per E-Mail versendet. Das Interview wurde entweder persönlich oder telefonisch durchgeführt und mit einem Audiogerät aufgezeichnet. Hierzu wurde vor Beginn des Gesprächs eine Einverständniserklärung eingeholt. Außerdem wurde den Interviewpartnern die Anonymität im Rahmen der Auswertung der Befragungsergebnisse zugesichert. Anschließend wurden die Interviews transkribiert, kodiert und ausgewertet.

In den folgenden Abschnitten wird die Auswertung der Befragung vorgestellt. Diese erfolgte mithilfe von Microsoft Excel 2013 und IBM SPSS Statistics Version 25.

4.4.3 Stichprobe

Die realisierte Stichprobe umfasst insgesamt 23 Interviews (n_G), die sich aus 15 Befragungen im Bereich „Unternehmen" (n_U) und 8 Befragungen im Bereich „Markt" (n_M) zusammensetzen.[382] In Tabelle 4-4 ist die räumliche Verteilung der Unternehmensstandorte der durchgeführten Befragungen dokumentiert. Es ist darauf hinzuweisen, dass zu den Experteninterviews zum Teil zwei Experten anwesend waren. Das heißt, dass insgesamt 28 Experten (n_{GE}) befragt wurden, die sich

---

[376] Vgl. KAISER (2014), S. 77 und MAYER (2013), S. 102.
[377] Vgl. PRZYBORSKI/WOHLRAB-SAHR (2014), S. 122.
[378] Vgl. MAYER (2013), S. 46.
[379] Vgl. MAYER (2013), S. 47.
[380] Vgl. KAISER (2014), S. 93 und MAYER (2013), S. 47 f.
[381] Vgl. KAISER (2014), S. 99 und MAYER (2013), S. 59.
[382] Unter Berücksichtigung des erstellten Auswahlplans mit insgesamt 41 möglichen Interviewpartnern (vgl. Abschnitt 4.4.2.2) entspricht dies einer Teilnahmequote von ca. 56 %. Dies liegt deutlich über der durchschnittlichen Teilnahmequote bei längeren Interviews von ca. 40 % (vgl. KUß/WILDNER/KREIS (2014), S. 124).

aus 19 Experten im Bereich „Unternehmen" (n_{UE}) und 9 Experten im Bereich „Markt" (n_{ME}) zusammensetzen. Um die Ergebnisse nicht zu verzerren, erfolgt die Auswertung der Daten jedoch unternehmensbezogen. Alleinig die Informationen aus Kategorie A werden auf die Personenanzahl der befragten Experten bezogen.

Tabelle 4-4: Verteilung der Unternehmensstandorte der durchgeführten Experteninterviews

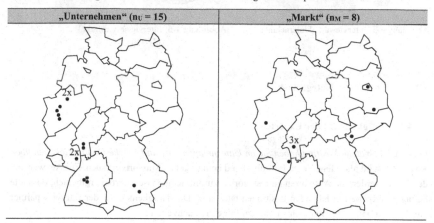

„Unternehmen" ($n_U = 15$)	„Markt" ($n_M = 8$)

In Abbildung 4-3 und Abbildung 4-4 sind die verschiedenen Unternehmen und zugehörigen Branchen der durchgeführten Befragungen dokumentiert. Es ist zu erkennen, dass im Bereich „Unternehmen" die Branche der chemischen Industrie häufig vertreten ist. Dies ist damit zu begründen, dass der Fokus der vorliegenden Arbeit auf den speziellen Anforderungen des § 62 WHG liegt (vgl. Abschnitt 4.4.2.2).

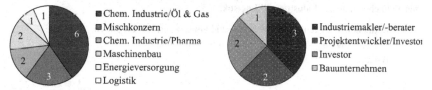

Abbildung 4-3: Branchenverteilung „Unternehmen" ($n_U = 15$)

Abbildung 4-4: Branchenverteilung „Markt" ($n_M = 8$)

In Abbildung 4-5 und Abbildung 4-6 sind die durchgeführten Interviewarten dargestellt. Insgesamt wurden 15 persönliche und 8 telefonische Befragungen durchgeführt. Die persönlichen Interviews wurden im Rahmen von mehrtägigen Interviewreisen absolviert. Da nicht alle Interviewpartner in diesen Phasen terminlich verfügbar waren, wurden die restlichen Interviews telefonisch durchgeführt.

Abbildung 4-5: Interviewart „Unternehmen"   Abbildung 4-6: Interviewart „Markt"
              (n_U = 15)   (n_M = 8)

4.4.4   Ergebnisse Kategorie A

4.4.4.1   Tätigkeitsfeld der Experten

Frage A 1 („ *Welche Position haben Sie im Unternehmen inne und welche Haupttätigkeiten üben Sie aus?* ") wird als offene Frage formuliert und enthält keine Antwortvorgaben. Zur Auswertung der Daten werden die Antworten zu Kategorien zusammengefasst. Hierbei ergibt sich, dass alle befragten Experten in leitenden Positionen tätig sind. Die Tätigkeitsfelder der Interviewpartner aus dem Bereich „Unternehmen" umfassen folgende Fachgebiete:

-   Standortentwicklung und Werksplanung,
-   Projektplanung,
-   Projektrealisierung sowie
-   Flächen- und Immobilienmanagement.

Die Tätigkeitsfelder der Interviewpartner aus dem Bereich „Markt" umfassen folgende überge-ordnete Fachgebiete aus Industrie und Logistik:

-   Beratende Tätigkeit zur Entwicklung und Umsetzung von Projekten,
-   Vermittlung und Vermarktung von Immobilien sowie
-   Bauausführung.

4.4.4.2   Beruflicher Erfahrungsschatz

Frage A 2 („ *Wie lange sind Sie im Unternehmen tätig und wo waren Sie vorher tätig?* ") basiert ebenfalls auf einer offenen Fragestellung ohne Antwortvorgaben. Hierbei wird die Länge der Tä-tigkeit abgefragt und Informationen zur vorherigen beruflichen Laufbahn eingeholt. In Abbildung 4-7 ist die Tätigkeitsdauer der Experten im Unternehmen zum Zeitpunkt der Befragung darge-stellt. Es ist zu erkennen, dass insbesondere die Interviewpartner des Bereiches „Markt" weniger als 5 Jahre und die Interviewpartner des Bereiches „Unternehmen" größtenteils länger als 20 Jahre im Unternehmen tätig sind. Aus den Angaben ergibt sich, dass alle Interviewpartner über einen ausreichenden beruflichen Erfahrungsschatz in dem entsprechenden Tätigkeitsfeld verfügen und umfangreiche Expertise auch vor der Tätigkeit im derzeitigen Unternehmen vorweisen können.

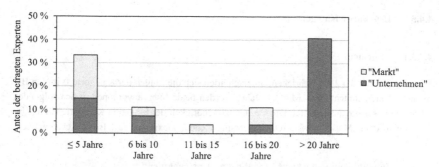

Abbildung 4-7: Tätigkeitsdauer der Experten im Unternehmen (Frage A 2)[383]

4.4.4.3 Lebenszyklusbasierter Tätigkeitsbereich

Die Frage A 3 („*Im Bereich welcher Lebenszyklusphasen bzw. Managementprozesse von Immobilien sind Sie hauptsächlich tätig?*") basiert auf vorgegebenen Tätigkeitsbereichen und gibt die Möglichkeit von Mehrfachnennungen. In Abbildung 4-8 sind die lebenszyklusbasierten Tätigkeitsbereiche der befragten Experten dargestellt. Die angegebenen relativen Häufigkeiten beziehen sich auf den bereichsbezogenen Stichprobenumfang von n_{UE} und n_{ME}. Es ist zu erkennen, dass die Interviewpartner des Bereiches „Markt" in den Phasen Beschaffung/Entstehung und Verwertung/Vermarktung stark vertreten sind. Die befragten Experten im Bereich „Unternehmen" sind hingegen mehrheitlich in den Phasen Beschaffung/Entstehung und Bewirtschaftung/Nutzung tätig.

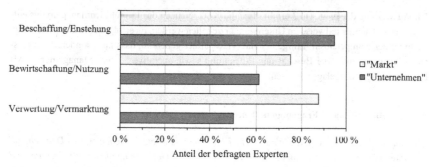

Abbildung 4-8: Lebenszyklusbasierter Tätigkeitsbereich der Experten (Frage A 3)[384]

---

[383] Der Stichprobenumfang beträgt n_{UE} = 18 und n_{ME} = 9.
[384] Der Stichprobenumfang beträgt n_{UE} = 18 und n_{ME} = 8.

4.4.5   Ergebnisse Kategorie B

4.4.5.1   Allgemein

Wie in Abschnitt 4.4.2.3 beschrieben, unterscheiden sich die Fragen der Kategorie B in den Bereichen „Unternehmen" und „Markt". Daher werden beide Interviewgruppen in den folgenden Abschnitten separat ausgewertet. Die Gruppenzugehörigkeit der Fragen in Kategorie B zu „Unternehmen" oder „Markt" wird durch eine entsprechende Indexierung (B_U, B_M) gekennzeichnet.

4.4.5.2   Immobilienmanagement Fragebogen „Unternehmen"

Frage B_U 1 („ *Wie ist das Immobilienmanagement im Unternehmen in Deutschland organisiert?* ") und Frage B_U 2 („ *Werden die Kompetenzen und das Know-how für die Beschaffung/Entstehung, Bewirtschaftung/Nutzung und Verwertung/Vermarktung von Immobilien im Unternehmen gehalten oder ausgelagert?* ") basieren auf vorgegebenen Antwortmöglichkeiten. Die Ausprägung der konkreten Organisationsstruktur und Kompetenzverteilung wird mit einer offenen Frage erfasst.

Die Auswertung der Frage B_U 1 ergibt, dass das Immobilienmanagement in den Unternehmen entweder komplett oder teilweise zentral organisiert wird. In keinem Unternehmen werden die Immobilien komplett dezentral organisiert. Es wird angegeben, dass insbesondere die lebenszyklusbasierten Tätigkeitsbereiche Beschaffung/Entstehung und Verwertung/Vermarktung zentral organisiert werden. Einige Experten geben an, dass ausgewählte Immobilientypen (z. B. Produktionsgebäude) oder lebenszyklusbasierte Tätigkeitsbereiche (z. B. Bewirtschaftung/Nutzung) dezentral organisiert werden.

Die Auswertung der Frage B_U 2 ergibt, dass die Kompetenzen des Immobilienmanagements entweder komplett oder teilweise im Unternehmen gehalten werden. Es erfolgt keine komplette Auslagerung der Kompetenzen. Einige der Interviewpartner geben an, dass insbesondere Planungsaufgaben in der Phase der Beschaffung/Entstehung sowie operative Facility Management (FM) Dienstleistungen ausgelagert werden.

4.4.5.3   Hallenbestand Fragebogen „Unternehmen"

Mithilfe von Frage B_U 3 („ *Wie viele Hallen (Eigentum und Miete) befinden sich in Deutschland im Unternehmensbestand?* ") und Frage B_U 4 („ *Welche Gesamthallenfläche (Eigentum und Miete) befindet sich in Deutschland im Unternehmensbestand?* ") wird der Hallenbestand in den Unternehmen als metrische Kenngröße abgefragt. Die Ergebnisse sind in Abbildung 4-9 und Abbildung 4-10 dargestellt. Es ist auffällig, dass knapp über 40 % der Befragten keine Angabe zur Anzahl des Hallenbestandes machen können. Bei der Angabe der Gesamthallenfläche können sogar über 50 % der Befragten keine Angabe machen. Dies kann auf verschiedene Gründe zurückgeführt werden. Zum einen besteht die Möglichkeit, dass viele Unternehmen den Immobilientyp „Halle" nicht explizit definieren und daher keine Aussage über den Bestand möglich ist. Zum anderen kann die fehlende Kenntnis damit begründet werden, dass zum Teil kein

leistungsfähiges betriebliches Immobilienmanagement, auch als Corporate Real Estate Management (CREM) bezeichnet, vorhanden ist.

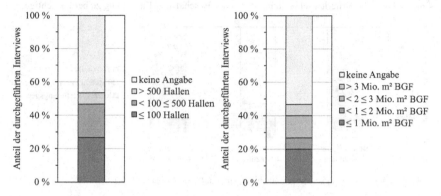

Abbildung 4-9: Anzahl Hallen im Unternehmensbestand (Frage B_U 3)[385]

Abbildung 4-10: Gesamthallenfläche im Unternehmensbestand (Frage B_U 4)[386]

Zusätzlich zu den Fragen B_U 3 und B_U 4 werden in Frage B_U 5 (*„Wieviel Prozent der angegebenen Gesamthallenfläche befindet sich im Eigentum oder ist angemietet?"*) und Frage B_U 6 (*„Wieviel Prozent der Hallenfläche im Eigentum befindet sich an unternehmenseigenen Werksstandorten oder in Industrie-/Gewerbegebieten?"*) Informationen zur Eigentumsquote und den spezifischen Standorten abgefragt. Bei der Auswertung der Befragung hat sich jedoch gezeigt, dass die Antworten zur Modellierung des Referenzgebäudes keine substanziellen Erkenntnisse liefern. Daher erfolgt keine vertiefende Erläuterung der Ergebnisse.

4.4.5.4 Immobilienwirtschaftliche Zuständigkeiten Fragebogen „Unternehmen"

Frage B_U 7 (*„Welche Unternehmensbereiche sind für die Kosten von Beschaffung/Entstehung, Bewirtschaftung/Nutzung und Verwertung/Vermarktung von Hallen zuständig?"*) basiert auf vorgegebenen Antwortmöglichkeiten und zielt darauf ab, nähere Informationen zur Organisationsstruktur und den Zuständigkeiten des unternehmensinternen Immobilienmanagements zu generieren. Hierbei wird im Speziellen abgefragt, ob die Kostenverantwortung für Hallen beim übergeordneten Immobilienmanagement (rechtliche Verfügungsgewalt) oder den einzelnen Geschäftseinheiten bzw. Abteilungen (operative Verfügungsgewalt) liegt. In Abbildung 4-11 sind die Ergebnisse dargestellt. Es ist festzustellen, dass insbesondere für die Phase der Beschaffung/Entstehung häufig keine klare Zuordnung der Verantwortlichkeiten vorgenommen werden kann. Dies wird mit den unternehmensinternen Organisationsstrukturen und dem Ziel begründet, dass neben den nutzerbezogenen Anforderungen an Hallen auch die Anforderungen aus immobilienwirtschaftlicher Sicht berücksichtigt werden müssen. Dies gilt speziell im Hinblick auf die

---

[385] Der Stichprobenumfang beträgt $n_U = 15$.
[386] Der Stichprobenumfang beträgt $n_U = 15$.

Verwertung/Vermarktung. Diese Aufgabe fällt größtenteils dem übergeordneten Immobilienmanagement zu. Um das bestmöglichste Ergebnis aus immobilienwirtschaftlicher Sicht zu erzielen, sind maßgebliche Kriterien schon in der Phase der Beschaffung/Entstehung zu berücksichtigen.

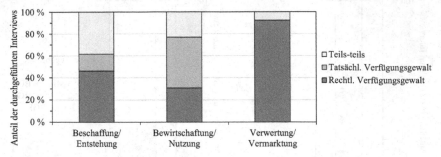

Abbildung 4-11: Zuständigkeiten für immobilienwirtschaftliche Aufgaben (Frage B_U 7)[387]

4.4.5.5 Leerstand und Nutzungsarten Fragebogen „Unternehmen"

Für Frage B_U 8 („*Sind im Unternehmen in Deutschland derzeit Hallenflächen im Eigentum vom Leerstand (mind. 6 Monate) betroffen?"*) wird eine dichotome Antwortskala vorgegeben. Die Auswertung ergibt, dass lediglich bei zwei Unternehmen Hallenflächen vom Leerstand betroffen sind. Die restlichen Experten geben an, dass keine Hallenflächen im Unternehmen vom Leerstand betroffen sind.

Frage B_U 9 („*Wieviel Prozent der Gesamthallenfläche im Unternehmen in Deutschland entfällt auf die folgenden übergeordneten Nutzungsarten?"*) beruht auf der Abfrage von prozentualen Verteilungen unternehmensbezogener Nutzungsarten. In Abbildung 4-12 ist die Auswertung der Antworten anhand eines Boxplots[388] dargestellt. Werden die Mediane der einzelnen Datensätze betrachtet, entfallen durchschnittlich 37,5 % der Hallenflächen auf Produktion/Fertigung, 7,5 % auf Montage/Werkstatt und 55 % auf Lager/Distribution.

---

[387] Der Stichprobenumfang beträgt $n_U = 13$.

[388] Boxplots sind eine besondere Form der grafischen Darstellung von Häufigkeitsverteilungen. Dabei wird nicht die gesamte Verteilung im Detail, sondern lediglich die Lage ausgewählter Kennwerte (Median, Quartile, Minimum, Maximum und Ausreißer) wiedergegeben. Dies ist insbesondere für den Vergleich der Merkmalsausprägungen verschiedener Fallgruppen relevant. Für weitere Informationen siehe QUATEMBER (2017), S. 50 ff. und HENZE (2017), S. 33.

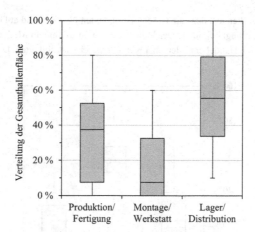

Abbildung 4-12: Prozentuale Flächenverteilung der Nutzungsarten von Hallen (Frage B$_U$ 9)[389]

4.4.5.6 Leistungsbereiche Fragebogen „Markt"

In Frage B$_M$ 1 („*Welche Leistungsbereiche werden im Unternehmen in Bezug auf Hallen abgedeckt?*") werden vier nominale Antwortmöglichkeiten vorgegeben und Mehrfachnennungen zugelassen. Die Auswertung ist in Abbildung 4-13 dargestellt und ergibt, dass die meisten Experten im Bereich „Markt" in der Projektvermittlung/-vermarktung und Projektberatung tätig sind. Über 50 % sind zudem in den Prozess der Projektausführung/-umsetzung eingebunden und knapp 40 % sind in der Projektentwicklung tätig. Die Antworten decken sich annähernd mit den Angaben aus Frage A 1.

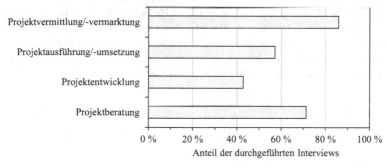

Abbildung 4-13: Leistungsbereich der befragten Experten (Frage B$_M$ 1)[390]

In Frage B$_M$ 2 („*Wieviel Prozent der Geschäftstätigkeiten in Bezug auf Hallen entfallen auf die nachfolgend genannten Branchen?*") werden auf Basis vorgegebener Antwortmöglichkeiten prozentuale Verteilungen abgefragt. Die Ergebnisse sind in Abbildung 4-14 anhand eines Boxplots

---

[389] Der Stichprobenumfang beträgt n$_U$ = 12.
[390] Der Stichprobenumfang beträgt n$_M$ = 8.

dargestellt. Es ist zu erkennen, dass die Geschäftstätigkeiten überwiegend auf den Logistiksektor entfallen. Der Median liegt bei 50 %. Der Industriesektor ist mit einem Median von 22,5 % vertreten. Auf den Bereich Handel entfallen eher weniger Geschäftstätigkeiten. Der Median liegt bei 10 %.

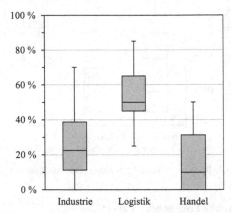

Abbildung 4-14: Branchenbezogene Geschäftstätigkeiten (Frage B_M 2)[391]

4.4.5.7 Definition ausgewählter Hallentypen Fragebogen „Unternehmen" und „Markt"

Zur Erstellung von nutzungsspezifischen Hallenanforderungsprofilen ist es notwendig, praxisrelevante Hallentypen zu definieren. Hierfür werden die Experten in Frage B_U 10 und Frage B_M 3 aufgefordert, maximal fünf Hallentypen zu definieren („*Bitte nennen und beschreiben Sie nachfolgend maximal fünf übergeordnete Hallentypen, welche im Unternehmen am häufigsten benötigt werden.*"). In Abbildung 4-15 sind die definierten Hallentypen in Bezug auf die Anzahl der Nennungen dargestellt. Es kann festgestellt werden, dass Lagerhallen mit 15 Nennungen (n_L) sowie Produktions- und Distributionshallen mit 13 Nennungen (n_P und n_D) am häufigsten definiert werden. Daher werden in den nachfolgenden Auswertungen in Kategorie C und D insbesondere Produktions-, Distributions- und Lagerhallen vertiefend betrachtet.

---

[391] Der Stichprobenumfang beträgt $n_M = 8$.

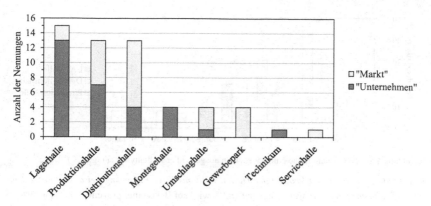

Abbildung 4-15: Definierte Hallentypen (Frage B$_U$ 10/B$_M$ 3)[392]

4.4.6   Ergebnisse Kategorie C

4.4.6.1   Durchschnittliche Lebens- und Nutzungsdauern

Frage C 1 (*„Welche durchschnittlichen Lebensdauern werden aus Ihrer Erfahrung für die benannten Hallentypen erreicht?"*) und Frage C 2 (*„Welche durchschnittlichen Nutzungszyklen
werden aus Ihrer Erfahrung für die benannten Hallentypen erreicht?"*) basieren auf ordinalen
Antwortskalen. In Abbildung 4-16 und Abbildung 4-17 sind die Ergebnisse der am häufigsten
definierten Hallentypen dokumentiert. Es ist zu erkennen, dass die Lebensdauern überwiegend
mindestens 30 Jahre betragen und die durchschnittlichen Nutzungszyklen im Bereich von 10 bis
15 Jahren liegen. Das heißt, dass Hallen unabhängig von der jeweiligen Nutzungsart über den
Lebenszyklus mindestens ein bis zwei Nutzungszyklen durchlaufen.

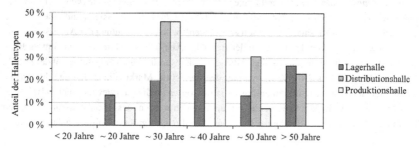

Abbildung 4-16: Durchschnittliche Lebensdauern ausgewählter Hallentypen (Frage C 1)[393]

---

[392] Der Stichprobenumfang beträgt $n_L = 15$, $n_D = 13$ und $n_P = 13$.
[393] Der Stichprobenumfang beträgt $n_L = 15$, $n_D = 13$ und $n_P = 13$.

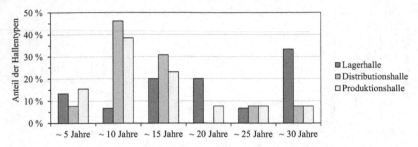

Abbildung 4-17: Durchschnittliche Nutzungszyklen ausgewählter Hallentypen (Frage C 2)[394]

In Frage C 3 (*„Bei wieviel Prozent der Hallen wird aus Ihrer Erfahrung bei notwendigen Umbaumaßnahmen in das Tragwerk eingegriffen?"*) wird auf Basis einer prozentualen Abschätzung erfragt, ob bei notwendigen Umbaumaßnahmen ins Tragwerk eingegriffen wird. Hier geben rund 90 % der Interviewpartner im Bereich „Markt" und "Unternehmen" an, dass maximal bei 10 % der notwendigen Umbaumaßnahmen ins Tragwerk eingegriffen wird. Diese geringe Quote lässt darauf schließen, dass insbesondere das Tragwerk bei Umbaumaßnahmen den Anforderungen der jeweiligen Folgenutzung entsprechen muss oder der erzielbare Nutzen in einem entsprechenden Verhältnis zum Umbauaufwand stehen muss.

4.4.6.2   Bedeutung der Anpassungs- und Umnutzungsfähigkeit

Um die Bedeutung der Anpassungs- und Umnutzungsfähigkeit und hierfür wichtige Anforderungen aus Sicht der Experten beurteilen zu können, werden zwei Fragestränge gebildet. Fragestrang C 4 behandelt die Anpassungsfähigkeit und C 5 die Umnutzungsfähigkeit. Zur Vergleichbarkeit der erhobenen Daten werden die Fragen identisch formuliert.

Frage C 4.1 (*„Wie wichtig schätzen Sie die Anpassungsfähigkeit von Hallen gegenwärtig und zukünftig (5 bis 10 Jahre) ein?"*) und Frage C 5.1 (*„Wie wichtig schätzen Sie die Umnutzungsfähigkeit von Hallen gegenwärtig und zukünftig (5 bis 10 Jahre) ein?"*) basieren auf einer fünfstufigen ordinalen Antwortskala. Hierbei soll erfasst werden, ob die Bedeutung der Anpassungs- und Umnutzungsfähigkeit von den Experten der Bereiche „Markt" und „Unternehmen" unterschiedlich beurteilt wird. In Abbildung 4-18 sind die Ergebnisse für die Anpassungsfähigkeit dargestellt. Es ist zu erkennen, dass die Interviewpartner des Bereiches „Markt" die Bedeutung der Anpassungsfähigkeit gegenwärtig und zukünftig stärker bewerten als die Interviewpartner des Bereiches „Unternehmen". Außerdem kann den Daten entnommen werden, dass die Anpassungsfähigkeit laut Einschätzung der Experten beider Bereiche zukünftig eine größere Rolle einnehmen wird.

---

[394] Der Stichprobenumfang beträgt $n_L = 15$, $n_D = 13$ und $n_P = 13$.

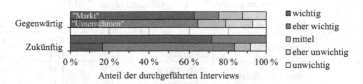

Abbildung 4-18: Bedeutung der Anpassungsfähigkeit (Frage C 4.1)[395]

In Abbildung 4-19 sind die Ergebnisse für die Umnutzungsfähigkeit dargestellt. Es kann festgestellt werden, das die Interviewpartner des Bereiches „Markt" die Bedeutung der Anpassungs- und Umnutzungsfähigkeit annähernd gleich einstufen. Die Experten des Bereiches „Unternehmen" beurteilen die Umnutzungsfähigkeit hingegen weniger bedeutsam als die Anpassungsfähigkeit. Auch die zukünftige Bedeutung der Umnutzungsfähigkeit wird eher gering eingeschätzt. Dies entspricht der Erwartung an die Antworten und zeigt die Plausibilität der Ergebnisse.

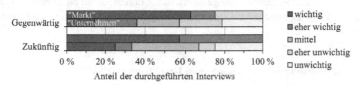

Abbildung 4-19: Bedeutung der Umnutzungsfähigkeit (Frage C 5.1)[396]

Um die grafisch aufbereitenden Antworttendenzen zu verdeutlichen, werden zusätzlich mathematische Kenngrößen ermittelt. Dazu wird die ordinale Antwortskala von wichtig (5), eher wichtig (4), mittel (3), eher unwichtig (2) bis unwichtig (1) kodiert und die Mittelwerte ($\bar{x}$) sowie zugehörigen Standardabweichungen (s) ermittelt. Der Stichprobenumfang (n) wird ebenfalls angegeben. Die in Tabelle 4-5 dargestellten Auswertungen der Mittelwerte bestätigen, dass die Bedeutung der Anpassungsfähigkeit von beiden Fallgruppen tendenziell höher bewertet wird als die Bedeutung der Umnutzungsfähigkeit. Allerdings bewerten die Befragten des Bereiches „Markt" die Bedeutung der Anpassungs- und Umnutzungsfähigkeit insgesamt höher. Wird die Standardabweichung der Daten betrachtet, kann zudem festgestellt werden, dass die Streuung für die Bewertung der zukünftigen Bedeutung der Anpassungs- und Umnutzungsfähigkeit des Bereiches „Markt" eher gering ausfällt. Das heißt, dass die Einschätzungen der Experten eng beieinander liegen. Damit kann auf eine überwiegende Einigkeit der befragten Experten in diesem Bereich geschlossen werden kann.

---

[395] Der Stichprobenumfang kann Tabelle 4-5 entnommen werden.
[396] Der Stichprobenumfang kann Tabelle 4-5 entnommen werden.

Tabelle 4-5: Bedeutung der Anpassungs- und Umnutzungsfähigkeit (Frage C 4.1/C 5.1)[397]

Fallgruppenzuordnung			x̄	s	n
Unternehmen	Anpassungsfähigkeit	gegenwärtig	3,50	1,16	14
		zukünftig	3,83	1,03	12
	Umnutzungsfähigkeit	gegenwärtig	2,86	1,41	14
		zukünftig	3,00	1,54	12
Markt	Anpassungsfähigkeit	gegenwärtig	**4,25**	1,17	8
		zukünftig	**4,71**	0,49	7
	Umnutzungsfähigkeit	gegenwärtig	**4,13**	1,36	8
		zukünftig	**4,57**	0,54	7

Legende: 1 (unwichtig), 2 (eher unwichtig), 3 (mittel), 4 (eher wichtig), 5 (wichtig)

Die Fragen C 4.2 (*„Wie schätzen Sie grundsätzlich die Anpassungsfähigkeit der benannten Hallentypen ein?"*) und C 5.2 (*„Wie schätzen Sie grundsätzlich die Umnutzungsfähigkeit der benannten Hallentypen ein?"*) werden nicht ausgewertet, da die Ergebnisse für die Ermittlung der wichtigen Kriterien von anpassungs- und umnutzungsfähigen Hallen nicht von weiterer Bedeutung sind.

4.4.6.3 Beeinflussung der Anpassungs- und Umnutzungsfähigkeit

Aufbauend auf der generellen Bedeutung der Anpassungs- und Umnutzungsfähigkeit wird mithilfe der Frage C 4.3 (*„Wie stark beeinflussen folgende übergeordnete Kriterien aus Ihrer Sicht grundsätzlich die Anpassungsfähigkeit von Hallen?"*) und Frage C 5.3 (*„Wie stark beeinflussen folgende übergeordnete Kriterien aus Ihrer Sicht grundsätzlich die Umnutzungsfähigkeit von Hallen?"*) eine Tendenz wichtiger Kriterien abgefragt. Hierbei werden die in Abschnitt 3.5 definierten bautechnischen und konstruktiven Anforderungen als übergeordnete Kriterien festgelegt und die Beurteilung der Beeinflussung mithilfe einer fünfstufigen ordinalen Antwortskala abgefragt. Zur genaueren Definition der übergeordneten Kriterien und Vermeidung von unterschiedlichen Begriffsauslegungen werden die Kriterien im Fragebogen folgendermaßen definiert:

-    Gesetzliche Rahmenbedingungen (z. B. Brand-, Schall-, Wärmeschutz),
-    Grundstück und Flächen (z. B. Größe, Zuschnitt, Erweiterungsflächen),
-    Gebäudegeometrie und -struktur (z. B. Hallenfläche, Hallenhöhe, Stützenraster),
-    Tragwerk (z. B. Tragsystem, Ausführungsart, Kraneinbau),
-    Andienung (z. B. Anzahl und Art der Überladebereiche),
-    Bodenplatte (z. B. Traglast, Ausführungsart, Nutzschicht),
-    Fassade und Dach (z. B. Ausführungsart Fassade und Dach),
-    Fenster, Tore und Türen (z. B. Fensterflächen, ebenerdige Tore),
-    Technische Gebäudeausrüstung (z. B. Sprinkler, Heizung, Elektro, Beleuchtung) und
-    Ausbau (z. B. Grundausstattung).

---

[397] Die berechneten Mittelwerte x̄ zwischen 4 (eher wichtig) und 5 (wichtig) sind in fetter Schriftart dargestellt.

In Abbildung 4-20 sind die Ergebnisse für die Anpassungsfähigkeit (Frage C 4.3) dargestellt. Es ist zu erkennen, dass die Ausbildung der Bodenplatte, die Möglichkeiten der Andienung, die Gebäudegeometrie und -struktur, die Einhaltung gesetzlicher Rahmenbedingungen und das Grundstück sowie die vorhandenen Flächen die Anpassungsfähigkeit von Hallen nach Einschätzung der Experten überwiegend „sehr" bzw. „ziemlich" beeinflussen. Die Technische Gebäudeausrüstung beeinflusst die Anpassungsfähigkeit ebenfalls in starkem Maß. Allerdings wird dieses Kriterium durch den Bereich „Markt" stärker beurteilt als durch den Bereich „Unternehmen". Die restlichen Kriterien beeinflussen die Anpassungsfähigkeit nach Ansicht der Experten eher in geringem Maß.

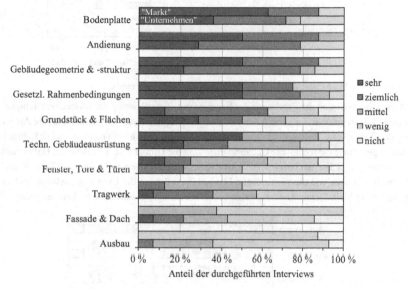

Abbildung 4-20: Kriterien der Anpassungsfähigkeit (Frage C 4.3)[398]

Um die Unterschiede der Antworten in den Bereichen „Unternehmen" und „Markt" genauer herauszustellen, werden die erhobenen Daten zusätzlich in einem Tornadodiagramm ausgewertet. Dazu werden die Antworten „sehr" und „ziemlich" zusammengefasst und überprüft, inwieweit diese relativ gesehen voneinander abweichen. In Abbildung 4-21 sind die Abweichungen in Bezug auf die übergeordneten Kriterien dargestellt. Es zeigt sich, dass die Interviewpartner des Bereiches „Markt" die Kriterien Bodenplatte, Grundstück und Flächen, Andienung, Gebäudegeometrie und -struktur, technische Gebäudeausrüstung sowie Fenster, Tore und Türen stärker beurteilen. Die Experten des Bereiches „Unternehmen" beurteilen hingegen die Kriterien Tragwerk, Fassade und Dach, Ausbau sowie gesetzliche Rahmenbedingungen stärker.

---

[398] Der Stichprobenumfang beträgt $n_U = 14$ und $n_M = 8$.

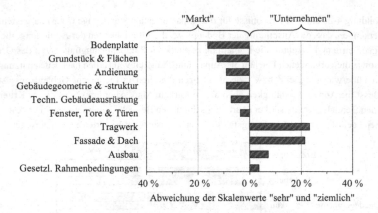

Abbildung 4-21: Abweichung der Kriterien der Anpassungsfähigkeit (Frage C 4.3)

In Abbildung 4-22 sind die Ergebnisse der Kriterien zur Beeinflussung der Umnutzungsfähigkeit (Frage C 5.3) dargestellt. Es ist zu erkennen, dass die Möglichkeiten der Andienung, die Ausbildung der Bodenplatte, die Gebäudegeometrie und -struktur, die Einhaltung gesetzlicher Rahmenbedingungen sowie die technische Gebäudeausrüstung die Umnutzungsfähigkeit von Hallen nach Einschätzung der Experten überwiegend „sehr" bzw. „ziemlich" beeinflussen. Das Tragwerk sowie das Grundstück und die vorhandenen Flächen beeinflussen die Umnutzungsfähigkeit ebenfalls in hohem Maß. Die weiteren Kriterien beeinflussen die Umnutzungsfähigkeit nur gering.

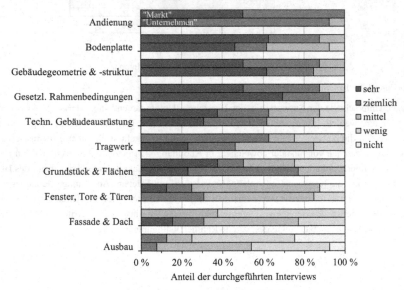

Abbildung 4-22: Kriterien der Umnutzungsfähigkeit (Frage C 5.3)[399]

---

[399] Der Stichprobenumfang beträgt $n_U = 13$ und $n_M = 8$.

Aufbauend auf der graphischen Auswertung in Abbildung 4-22 werden die Daten zusätzlich in einem Tornadodiagramm ausgewertet. Hierzu werden die Antworten „sehr" und „ziemlich" zusammengefasst und überprüft, inwieweit diese relativ gesehen voneinander abweichen. In Abbildung 4-23 sind die Ergebnisse dargestellt. Es wird deutlich, dass durch die Experten des Bereiches „Markt" die Kriterien Bodenplatte sowie Tragwerk und durch die Experten des Bereiches „Unternehmen" die Kriterien Fassade und Dach sowie Grundstück und Flächen stärker beurteilt werden.

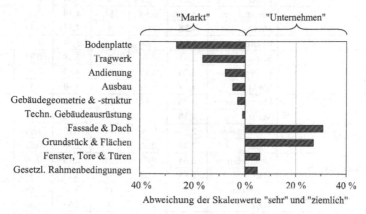

Abbildung 4-23: Abweichung der Kriterien der Umnutzungsfähigkeit (Frage C 5.3)

Zur übersichtlichen Darstellung und dem Vergleich der Erkenntnisse aus Frage C 4.3 und C 5.3 werden zusätzlich mathematische Kenngrößen berechnet. Dazu wird die ordinale Antwortskala von sehr (5), ziemlich (4), mittel (3), wenig (2) bis nicht (1) kodiert und die Mittelwerte ($\bar{x}$) sowie zugehörigen Standardabweichungen (s) ermittelt. Zudem wird die Stichprobengröße (n) angegeben. Die in Tabelle 4-6 dargestellten Auswertungen bestätigen die schon zuvor ausgewerteten Antworttendenzen der Bereiche „Markt" und „Unternehmen". Es ist zu erkennen, dass die Einhaltung gesetzlicher Rahmenbedingungen, die Gebäudegeometrie und -struktur, die Möglichkeiten der Andienung und die Ausbildung der Bodenplatte sowohl die Anpassungs- als auch Umnutzungsfähigkeit stark beeinflussen. Insgesamt ist anhand der mathematischen Kenngrößen zu erkennen, dass die Umnutzungsfähigkeit nach Einschätzung der Experten durch alle Kriterien stärker beeinflusst wird als die Anpassungsfähigkeit.

Tabelle 4-6: Kriterien der Anpassungs- und Umnutzungsfähigkeit (Frage C 4.3/C 5.3)[400]

Fallgruppenzuordnung		Anpassungsfähigkeit			Umnutzungsfähigkeit		
		x̄	s	n	x̄	s	n
Gesetzl. Rahmenbedingungen	Unternehmen	**4,21**	0,98	14	**4,62**	0,65	13
	Markt	**4,00**	1,31	8	**4,25**	1,04	8
Grundstück & Flächen	Unternehmen	3,50	1,23	14	**4,00**	0,71	13
	Markt	3,25	1,39	8	3,63	1,30	8
Gebäudegeometrie & -struktur	Unternehmen	3,86	0,95	14	**4,46**	0,78	13
	Markt	**4,25**	1,04	8	**4,38**	0,74	8
Tragwerk	Unternehmen	3,00	1,04	14	3,54	1,05	13
	Markt	2,63	0,74	8	3,38	0,92	8
Andienung	Unternehmen	3,86	1,10	14	**4,15**	0,56	13
	Markt	**4,38**	0,75	8	**4,50**	0,53	8
Bodenplatte	Unternehmen	3,86	1,17	14	**4,00**	1,08	13
	Markt	**4,38**	1,06	8	**4,50**	0,76	8
Fassade & Dach	Unternehmen	2,57	1,158	14	3,23	1,01	13
	Markt	2,38	0,52	8	2,38	0,52	8
Fenster, Tore & Türen	Unternehmen	2,64	0,93	14	3,15	0,69	13
	Markt	2,88	1,25	8	3,13	1,13	8
Techn. Gebäudeausrüstung	Unternehmen	3,36	1,22	14	3,77	1,09	13
	Markt	3,88	1,25	8	3,88	1,13	8
Ausbau	Unternehmen	2,36	0,75	14	2,54	0,78	13
	Markt	1,88	0,35	8	2,13	0,99	8

Legende: 1 (nicht), 2 (wenig), 3 (mittel), 4 (ziemlich), 5 (sehr)

Aufbauend auf den vorab dargestellten Erkenntnissen werden in Frage C 4.4 („Was sind aus Ihrer Sicht die fünf wichtigsten Teilaspekte der übergeordneten Kriterien aus C 4.3 einer anpassungsfähigen Halle?") und Frage C 5.4 („Was sind aus Ihrer Sicht die fünf wichtigsten Teilaspekte der übergeordneten Kriterien aus C 5.3 einer umnutzungsfähigen Halle?") die wichtigsten Teilaspekte der Anpassungsfähigkeit und Umnutzungsfähigkeit abgefragt. Diese leiten sich aus den übergeordneten Kriterien der Fragen C 4.3 und C 5.3 ab. Zur besseren Eingrenzung der Kriterien sind von den Interviewpartnern maximal fünf Kriterien für die Anpassungsfähigkeit und fünf Kriterien für die Umnutzungsfähigkeit zu nennen. Die Teilaspekte werden nach der Anzahl der Nennungen in Abbildung 4-24 und Abbildung 4-25 ausgewertet. Es ist zu erkennen, dass die Nennung der Teilaspekte der Anpassungs- und Umnutzungsfähigkeit zum Teil in unterschiedlichen Intensitäten erfolgt, die Kriterien insgesamt jedoch identisch sind. Somit erfolgt bei der Erarbeitung eines geeigneten Referenzgebäudes in Kapitel 5 keine vertiefende Unterscheidung zwischen Anpassungs- und Umnutzungsfähigkeit.

---

[400] Die berechneten Mittelwerte x̄ zwischen 4 (ziemlich) und 5 (sehr) sind in fetter Schriftart dargestellt.

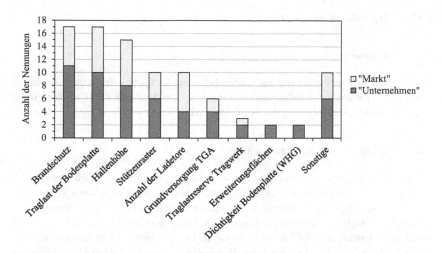

Abbildung 4-24: Wichtige Teilaspekte einer verbesserten Anpassungsfähigkeit (Frage C 4.4)

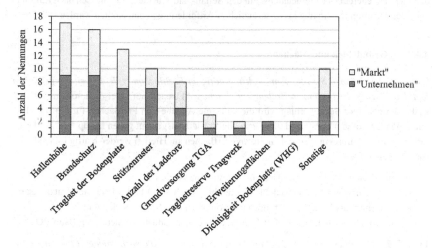

Abbildung 4-25: Wichtige Teilaspekte einer verbesserten Umnutzungsfähigkeit (Frage C 5.4)

Auf eine Auswertung der Frage C 4.5 („*Wie stark stimmen Sie den folgenden Aussagen zur Anpassungsfähigkeit von Hallen aus ihrer Erfahrung zu?*") und Frage C 5.5 („*Wie stark stimmen Sie den folgenden Aussagen zur Umnutzungsfähigkeit von Hallen aus ihrer Erfahrung zu?*") wird verzichtet, da diese für die Ermittlung der wichtigen Kriterien von anpassungs- und umnutzungsfähigen Kriterien nicht relevant sind.

4.4.7   Ergebnisse Kategorie D

4.4.7.1   Allgemein

In dieser Kategorie werden die nutzungsspezifischen Ausprägungsgrade der bautechnischen und konstruktiven Parameter von Hallenbauwerken abgefragt. Die Daten bilden die Grundlage, um in Kapitel 5 ein geeignetes Referenzgebäude zu entwickeln.

4.4.7.2   Brand-, Schall- und Wärmeschutz

In Frage D 1.1 (*„Gibt es zusätzliche Anforderungen zum Brand-, Schall- und Wärmeschutz von Hallen, die über die genehmigungsrechtlichen Anforderungen hinaus eingehalten werden müssen?"*) wird eine dichotome Antwortskala vorgegeben. Zudem wird bei positiver Beantwortung der Frage die Möglichkeit gegeben, die konkreten Anforderungen näher zu beschreiben. Für den Brandschutz geben über 60 %[401] der Interviewpartner an, dass zusätzliche Anforderungen eingehalten werden müssen. Diese ergeben sich nach Aussage der Experten zumeist aus den Vorgaben der Sachversicherer des Unternehmens. Für den Schall- und Wärmeschutz müssen nach Einschätzung der Experten regelmäßig keine zusätzlichen Anforderungen eingehalten werden.

4.4.7.3   Grundstück und Flächen

Frage D 2.1 (*„Können Sie Angaben zu den benötigten Freiflächen (z. B. Erweiterungsflächen, Stellflächen etc.) der benannten Hallentypen machen?"*) basiert auf einer dichotomen Antwortskala. Bei positiver Beantwortung wird die konkrete Angabe von Freiflächen für typische Hallengrößen der vorab benannten Hallentypen abgefordert. Insgesamt geben knapp 60 %[402] der Interviewpartner Anforderungen zu benötigten Freiflächen an. Hierbei werden häufig folgende Anforderungen aufgezählt:

- mindestens 35 m Rangierfläche im Andienungsbereich,
- Verhältnis Grundstücksfläche/Hallenfläche zwischen 2/1 und 3/1 (je nach Nutzungsart),
- Erweiterungsflächen des Grundstücks von 30 % bis 50 % vorsehen und
- maximale Ausnutzung der GRZ für Gewerbe- und Industriegebiete nach BauNVO.

Frage D 2.2 (*„Gibt es aus Ihrer Sicht an das Grundstück und die vorhandenen Flächen weitere Anforderungen, die möglichst erfüllt sein sollten (z. B. Grundstücksgröße, Grundstückszuschnitt, Einfriedung, Zufahrten, Umfahrung etc.)?"*) gibt den Interviewpartnern die Möglichkeit, weitere wichtige Anforderungen an das Grundstück und die Flächen zu nennen. Insgesamt geben über 70 %[403] der befragten Experten weitere Anforderungen an. Es werden häufig folgende Kriterien genannt:

---

[401] Der Stichprobenumfang beträgt $n_G = 21$.
[402] Der Stichprobenumfang beträgt $n_G = 21$.
[403] Der Stichprobenumfang beträgt $n_G = 21$.

- rechteckiger Grundstückszuschnitt ohne Hanglage,
- Einfriedung des Grundstücks,
- separate Zu- und Ausfahrten sowie
- Anordnung einer Umfahrung.

4.4.7.4 Gebäudegeometrie und -struktur

Frage D 3.1 (*„Welche Hallengrößen (m²$_{BGF}$) werden für die benannten Hallentypen typischerweise benötigt"*) basiert auf einer ordinalen Antwortskala möglicher Hallengrößen. Die Ergebnisse werden in Abbildung 4-26 dargestellt. Es ist zu erkennen, dass gemäß den Angaben der befragten Experten die Hallengrößen für Produktionshallen größtenteils zwischen 2.500 m² und 10.000 m² variieren. Für Lagerhallen wird angegeben, dass diese häufig Hallengrößen kleiner als 2.500 m² und bis zu 7.500 m² aufweisen. Die Hallengrößen von Distributionshallen liegen überwiegend in einem Bereich über 10.000 m².

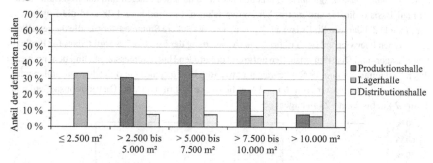

Abbildung 4-26: Hallengrößen (BGF) ausgewählter Hallentypen (Frage D 3.1)[404]

Frage D 3.2 (*„Welche Hallenhöhen (UKB) kommen für die benannten Hallentypen typischerweise zur Ausführung?"*) basiert auf einer neunstufigen ordinalen Antwortskala zur Eingrenzung der charakteristischen Hallenhöhen unterschiedlicher Hallentypen. Die Ergebnisse können Abbildung 4-27 entnommen werden. Für Produktionshallen ist zu erkennen, dass sich die Hallenhöhe üblicherweise zwischen 7 m und 10 m orientiert. Für Distributionshallen liegen die benötigten Hallenhöhen zwischen 8 m und größer 12 m. Die Hallenhöhen für Lagerhallen variieren in Abhängigkeit der nutzungsspezifischen Anforderungen zwischen kleiner 6 m und größer 12 m. Häufig werden Hallenhöhen zwischen 8 m und 10 m benötigt.

---

[404] Der Stichprobenumfang beträgt $n_L = 15$, $n_D = 13$ und $n_P = 13$.

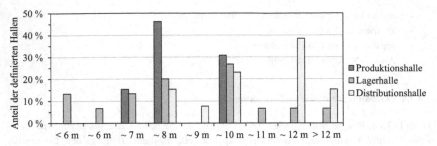

Abbildung 4-27: Hallenhöhen (UKB) ausgewählter Hallentypen (Frage D 3.2)[405]

Frage D 3.3 (*„Welche äußeren Stützenabstände in Längs- und Querrichtung werden für die be-nannten Hallentypen typischerweise vorgesehen?"*) und Frage D 3.4 (*„Welche inneren Stützen-abstände in Längs- und Querrichtung (inneres Stützenraster) werden für die benannten Hallen-typen typischerweise ausgeführt?"*) erheben Daten zu üblichen inneren und äußeren Stützenras-tern auf Basis ordinaler und metrischer Antwortskalen. In Abbildung 4-28 sind die Ergebnisse der Frage D 3.3 dargestellt. Es ist zu erkennen, dass das äußere Stützenraster für alle dargestellten Hallentypen überwiegend bei 6 m liegt. Die Auswertung der Frage D 3.4 ergibt, dass für Produk-tions-, Lager- und Distributionshallen aufgrund der großen Hallenabmessungen und dem notwen-digen Lastabtrag ein inneres Stützenraster notwendig ist. Für Lager- und Produktionshallen wird ein engeres Stützenraster von 6 m · 12 m bis 12 m · 24 m und für Distributionshallen von 12 m · 24 m bis 24 m · 24 m angegeben.

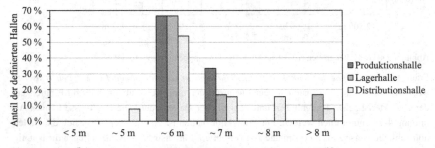

Abbildung 4-28: Äußeres Stützenraster ausgewählter Hallentypen (Frage D 3.3)[406]

Frage D 3.5 (*„Wo werden Büro- und Sozialflächen für die benannten Hallentypen typischerweise untergebracht?"*) basiert auf vier nominalen Antwortkategorien und erlaubt Mehrfachnennungen. In Abbildung 4-29 sind die Ergebnisse dargestellt. Es ist zu erkennen, dass Büro- und Sozialflä-chen für Produktions- und Lagerhallen überwiegend in ebenerdigen Einbauten, Anbauten, Kopf-bauten oder separat untergebracht werden. Für Distributionshallen werden diese Flächen über-wiegend in mezzaninen Einbauten oder Anbauten bzw. Kopfbauten angeordnet.

---

[405] Der Stichprobenumfang beträgt n_L = 15, n_D = 13 und n_P = 13.
[406] Der Stichprobenumfang beträgt n_L = 12, n_D = 13 und n_P = 12.

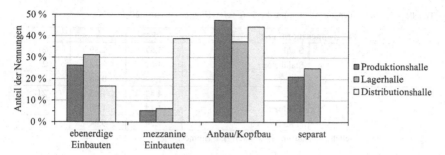

Abbildung 4-29: Anordnung Büro-/Sozialflächen ausgewählter Hallentypen (Frage D 3.5)[407]

In Frage D 3.6 („Welche Büro- und Sozialflächenanteile werden für Hallen typischerweise vorgesehen?") werden die prozentualen Anteile für Büro- und Sozialflächen in Bezug auf die Gesamthallenfläche abgefragt. Hierbei wird von allen befragten Experten ein Anteil von 5 % bis 15 % angegeben. In Abhängigkeit der Randbedingungen können für Produktions- und Distributionshallen auch über 20 % Büro- und Sozialflächenanteile notwendig werden.

Frage D 3.7 („Gibt es aus Ihrer Sicht an die Gebäudegeometrie weitere Anforderungen, die möglichst erfüllt sein sollten (z. B. Hallentiefe, Unterteilbarkeit, Geschossigkeit etc.)?") gibt den Interviewpartnern die Möglichkeit, weitere wichtige Anforderungen im Hinblick auf die Gebäudegeometrie zu nennen. Insgesamt geben knapp 60 %[408] der befragten Experten weitere Anforderungen an. Dabei werden speziell die Unterteilbarkeit der Halle für spätere Folgenutzungen und die Vermeidung mehrgeschossiger Gebäudekonstruktionen aufgeführt. Zudem wird auf die maximalen Hallentiefen zur Einhaltung der Fluchtweglängen hingewiesen.

4.4.7.5 Tragwerk

In Frage D 4.1 („Wie häufig kommen die nachfolgend genannten Materialien für die Ausbildung der Stützen (außen und innen) von Hallen zur Ausführung?") und Frage D 4.2 („Wie häufig kommen die nachfolgend genannten Materialien für die Ausbildung der Binder von Hallen zur Ausführung?") wird die Materialität der Stützen und Binder von Hallen abgefragt. Hierfür wird eine fünfstufige ordinale Antwortskala vorgegeben. Zur übersichtlichen Ergebnisdarstellung wird die ordinale Antwortskala von immer (5), häufig (4), manchmal (3), selten (2) bis nie (1) kodiert und die Mittelwerte (x) sowie zugehörigen Standardabweichungen (s) ermittelt. Zudem wird der Stichprobenumfang (n) dokumentiert. Die ermittelten Kenngrößen sind in Tabelle 4-7 dargestellt. Es wird deutlich, dass laut Expertenaussagen die Stützen häufig aus Stahlbeton und die Binder aus Stahl oder Stahlbeton ausgebildet werden.

---

[407] Der Stichprobenumfang beträgt $n_L = 15$, $n_D = 13$ und $n_P = 13$.
[408] Der Stichprobenumfang beträgt $n_G = 21$.

Tabelle 4-7: Materialien zur Ausführung des Tragwerks (Frage D 4.1/D 4.2)[409]

Fallgruppenzuordnung		$\bar{x}$	s	n
Stützen	Stahl	3,67	1,39	21
	Stahlbeton	**4,67**	0,48	21
	Holz	1,14	0,48	21
Binder	Stahl	**4,43**	1,03	21
	Stahlbeton	**4,14**	1,06	21
	Holz	1,24	0,44	21

Legende: 1 (nie), 2 (selten), 3 (manchmal), 4 (häufig), 5 (immer)

Frage D 4.3 (*„Für welche der benannten Hallentypen ist bei der Dimensionierung des Tragwerks der Einbau eines Krans zu berücksichtigen?"*) basiert auf einer nominalen Antwortskala. Die Ergebnisse sind in Abbildung 4-30 zusammengestellt. Es ist zu erkennen, dass für Lager- und Distributionshallen regelmäßig kein Kran erforderlich ist. Sollte aufgrund projektspezifischer Erfordernisse dennoch ein Kran erforderlich sein, wird dieser regelmäßig mit maximalen Traglasten von 1 t bis 10 t dimensioniert. Im Gegensatz dazu ist für Produktionshallen häufig der Einbau eines Krans projektspezifisch erforderlich. Je nach Anforderungen der Erstnutzer können laut Expertenaussagen bis zu 32 t Traglast notwendig werden.

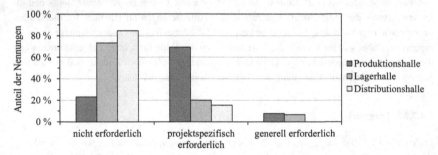

Abbildung 4-30: Erforderlichkeit Kran ausgewählter Hallentypen (Frage D 4.3)[410]

Frage D 4.4 (*„Werden bei der Dimensionierung des Tragwerks für die benannten Hallentypen zusätzlich zu den erforderlichen Traglasten weitere Traglastreserven (z. B. höhere Anhängelasten, nachträgliche Montagearbeiten etc.) vorgesehen?"*) wird mithilfe einer ordinalen Antwortskala ausgestaltet. Die Ergebnisse sind in Abbildung 4-31 dargestellt. Es ist zu erkennen, dass für Lager- und Distributionshallen häufig keine oder 0,5 kN/m² Traglastreserven vorgesehen werden. Für Produktionshallen werden Traglastreserven von bis zu 2,0 kN/m² eingeplant.

---

[409] Die berechneten Mittelwerte $\bar{x}$ zwischen 4 (häufig) und 5 (immer) sind in fetter Schriftart dargestellt.
[410] Der Stichprobenumfang beträgt n_L = 15, n_D = 13 und n_P = 13.

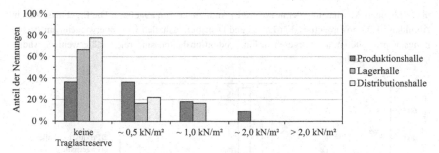

Abbildung 4-31: Vorgesehene Traglastreserven ausgewählter Hallentypen (Frage D 4.4)[411]

Frage D 4.5 (*„Gibt es aus Ihrer Sicht an das Tragwerk weitere Anforderungen, die möglichst erfüllt sein sollten (z. B. Art der Tragsysteme und Aussteifungen, Rammschutz der Bauteile etc.)?"*) ist als offene Frage formuliert und gibt den Interviewpartnern die Möglichkeit, weitere Anforderungen an das Tragwerk zu nennen. Insgesamt geben 80 %[412] der befragten Experten an, dass in den Bereichen von Flurförderfahrzeugen ein Rammschutz an den innenliegenden Stützen und der Fassade vorzusehen ist. Zudem ist es von Vorteil, das Tragwerk für nachträgliche Anbauten und Mezzanine auszulegen. Hierfür sind geeignete Konsolen vorzusehen.

4.4.7.6   Andienung

Frage D 5.1 (*„Wie werden die Überladebereiche für die benannten Hallentypen typischerweise ausgeführt?"*) besitzt eine ordinale Antwortskala und die hierzu erlangten Ergebnisse sind in Abbildung 4-32 dargestellt. Es ist zu erkennen, dass die Andienung von Distributionshallen überwiegend durch Tore mit Überladebrücken und Wetterschürzen realisiert wird. Für Produktions- und Lagerhallen ist anhand der Ergebnisse der Expertenbefragung keine klare Tendenz zu erkennen. Je nach Nutzeranforderungen erfolgt die Andienung durch ebenerdige Tore, Verladerampen oder Tore mit Überladebrücken.

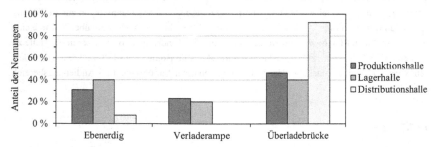

Abbildung 4-32: Andienung ausgewählter Hallentypen (Frage D 5.1)

Frage D 5.2 (*„Welche Anzahl an Überladetoren wird für die benannten Hallentypen typischerweise vorgesehen?"*) basiert auf einer ordinalen Antwortskala. Hierbei werden Kennzahlen zur

---

[411] Der Stichprobenumfang beträgt n_L = 12, n_D = 9 und n_P = 11.
[412] Der Stichprobenumfang beträgt n_G = 21.

überschlägigen Abschätzung der notwendigen Andienungstore abgefragt. Die Ergebnisse sind in
Abbildung 4-33 dokumentiert. Für Lager- und Distributionshallen wird überwiegend ein Andie-
nungstor pro 1.000 m²$_{BGF}$ vorgesehen. Für Produktionshallen sind regelmäßig weniger Andienungstore notwendig.

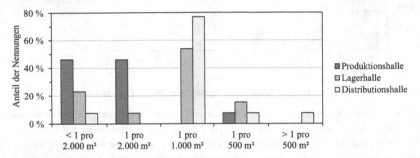

Abbildung 4-33: Anzahl Überladetore ausgewählter Hallentypen (Frage D 5.2)

Frage D 5.3 („*Welche Tiefe der Rangierflächen (Verladehof und Straße) kommt für die benannten Hallentypen typischerweise zur Ausführung?*") erhebt metrische Daten zu Abmessungen der
Rangierflächen im Bereich der Andienung der verschiedenen Hallentypen. In Bezug auf Distributionshallen wird von den Experten angegeben, dass im Andienungsbereich häufig eine Fläche
von 35 m vorgesehen wird. Für Produktions- und Lagerhallen kann diese in Abhängigkeit der
Anforderungen geringer ausfallen, da diese regelmäßig nicht über die klassischen Tore mit Überladebrücken und Wetterschürzen angedient werden.

Frage D 5.4 („*Gibt es aus Ihrer Sicht an die Andienung weitere Anforderungen, die möglichst erfüllt sein sollten (z. B. mehrseitige Andienbarkeit, Neigung und Absenkung des Verladehofs, Sanitärzonen etc.)?*") ist als offene Frage formuliert und gibt dem jeweiligen Interviewpartner die
Möglichkeit, weitere Anforderungen in Bezug auf die Andienung zu nennen. Insgesamt geben ca.
65 %[413] der befragten Experten weitere Anforderungen an. Die Antworten stellen sich jedoch sehr
differenziert dar. Beispielsweise wird darauf hingewiesen, dass Sägezahnrampen zur Andienung
vermieden werden sollten. Außerdem wird angemerkt, dass bei der Andienung über Tiefhöfe eine
ebene Lkw-Aufstellfläche vorhanden sein sollte, um das Eindringen von Wasser in die Halle zu
vermeiden. Die Differenz zwischen Tiefhof und OK Hallensohle sollte 1,20 m betragen. Außerdem wird für Distributionshallen die Vorhaltung separater Sanitärzonen im Andienungsbereich
empfohlen.

4.4.7.7   Bodenplatte

Frage D 6.1 („*Welche Anforderungen werden an die Tragfähigkeit der Bodenplatte für die benannten Hallentypen gestellt?*") basiert auf einer ordinalen Antwortskala und erhebt Daten zu
gängigen Tragfähigkeiten von Bodenplatten. Die Ergebnisse sind in Abbildung 4-34 zusammengestellt. Es ist zu erkennen, dass die Bodenplatten aller drei Hallentypen überwiegend mit

---

[413] Der Stichprobenumfang beträgt n_G = 21.

50 kN/m² Tragfähigkeit ausgelegt werden. Zum Teil werden auch geringere oder höhere Tragfähigkeiten vorgesehen.

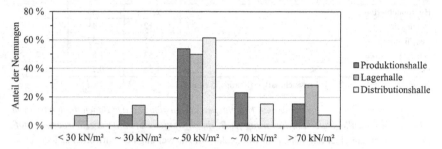

Abbildung 4-34: Tragfähigkeit der Bodenplatte unterschiedlicher Hallentypen (Frage D 6.1)[414]

In Frage D 6.2 („*Wie häufig kommen die nachfolgend genannten Ausführungsarten der Bodenplatte von Hallen im Unternehmen zur Ausführung?*") wird die übliche Ausführungsart von Bodenplatten abgefragt. Hierfür wird eine fünfstufige ordinale Antwortskala vorgegeben. Zur übersichtlichen Ergebnisdarstellung wird die Antwortskala von immer (5), häufig (4), manchmal (3), selten (2) bis nie (1) kodiert und die Mittelwerte ($\bar{x}$) sowie zugehörigen Standardabweichungen (s) ermittelt. Zudem wird der Stichprobenumfang (n) dokumentiert. Die Ergebnisse können Tabelle 4-8 entnommen werden. Es wird deutlich, dass die Bodenplatten von Hallenbauwerken überwiegend aus Stahlbeton oder Stahlfaserbeton hergestellt werden. Die Verwendung von Walzbeton und Bitumen erfolgt nur selten oder nie.

Tabelle 4-8: Ausführungsarten Bodenplatte (Frage D 6.2)[415]

Fallgruppenzuordnung	$\bar{x}$	s	n
Walzbeton (unbewehrt)	1,40	0,75	20
Stahlbeton	**4,00**	1,21	20
Stahlfaserbeton	**4,05**	1,15	20
Bitumen	1,15	0,49	20

Legende: 1 (nie), 2 (selten), 3 (manchmal), 4 (häufig), 5 (immer)

Frage D 6.3 („*Wie häufig kommen die nachfolgend genannten Nutzschichten der Bodenplatte von Hallen im Unternehmen zur Ausführung?*") basiert auf einer fünfstufigen ordinalen Antwortskala. Zur Auswertung wird die Skala wie in Frage D 6.2 kodiert. Die Ergebnisse können in Tabelle 4-9 abgelesen werden. Die vergleichende Auswertung der Mittelwerte ergibt, dass die Nutzschicht überwiegend durch Hartstoffeinstreu, Beschichtung oder Versiegelung hergestellt wird. Eine Hydrophobierung oder ein separater Estrich werden eher selten vorgesehen.

---

[414] Der Stichprobenumfang beträgt n_L = 14, n_D = 13 und n_P = 13.
[415] Die berechneten Mittelwerte $\bar{x}$ zwischen 4 (häufig) und 5 (immer) sind in fetter Schriftart dargestellt.

Tabelle 4-9: Ausführungsarten Nutzschichten Bodenplatte (Frage D 6.3)

Fallgruppenzuordnung	x̄	s	n
Hydrophobierung	2,29	1,53	17
Versiegelung	3,12	1,41	17
Beschichtung	3,35	1,37	17
Hartstoffeinstreu	3,53	1,55	17
Estrich	1,53	0,72	17

Legende: 1 (nie), 2 (selten), 3 (manchmal), 4 (häufig), 5 (immer)

Frage D 6.4 (*„Erfordern die benannten Hallentypen die Ausführung der Bodenplatte mit einem Gefälle und innenliegender Entwässerung (z. B. durch Umgang mit wassergefährdenden Stoffen)?"*) basiert auf einer nominalen Antwortskala. Vor Auswertung der Antworten ist jedoch anzumerken, dass mehrere Interviewpartner darauf hinweisen, dass die Ausführung der Bodenplatte mit Gefälle und innenliegender Entwässerung eher unüblich ist. Um die Dichtigkeit der Bodenplatte nach § 62 WHG sicherzustellen, wird häufig eine Wanne ausgebildet (zu technischen Ausführungsmöglichkeiten siehe Abschnitt 3.5.6). Anhand der Ergebnisauswertung in Abbildung 4-35 ist zu erkennen, dass diese Abdichtung entweder nicht oder projektspezifisch vorzusehen ist. Nur in einigen Unternehmen ist die Abdichtung der Bodenplatte nach § 62 WHG generell erforderlich.

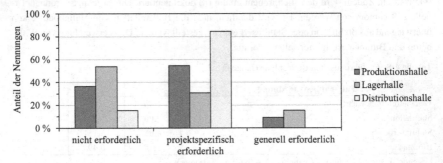

Abbildung 4-35: Abdichtung Bodenplatte ausgewählter Hallentypen (Frage D 6.4)[416]

Frage D 6.5 (*„Gibt es aus Ihrer Sicht an die Bodenplatte weitere Anforderungen, die möglichst erfüllt sein sollten (z. B. Ausbildung Untergrund, Wärmedämmung, Anordnung der Fugen, Abriebfestigkeit, Löschwasserrückhaltung etc.)?"*) gibt den Interviewpartnern anhand einer offenen Fragestellung die Möglichkeit, Ergänzungen zu den Anforderungen an Bodenplatten vorzunehmen. Insgesamt geben knapp 90 %[417] der Interviewpartner an, dass auf eine fugenarme Herstellung der Bodenplatte zu achten ist. Zudem ist die Fugenanordnung an die nutzungsspezifischen Gegebenheiten anzupassen.

---

[416] Der Stichprobenumfang beträgt $n_L = 13$, $n_D = 13$ und $n_P = 11$.
[417] Der Stichprobenumfang beträgt $n_G = 21$.

4.4.7.8 Fassade und Dach

In Frage D 7.1 (*„ Wie häufig kommen die nachfolgend genannten raumabschließenden Fassaden-ausführungen von Hallen im Unternehmen zur Ausführung?"*) werden Informationen zur Fassadenausbildung anhand einer fünfstufigen ordinalen Antwortskala erhoben. Zur übersichtlichen Ergebnisdarstellung wird die Antwortskala von immer (5), häufig (4), manchmal (3), selten (2) bis nie (1) kodiert und die Mittelwerte ($\bar{x}$) sowie Standardabweichungen (s) ermittelt. Der zugehörige Stichprobenumfang (n) wird ebenfalls angegeben. Die Ergebnisse sind in Tabelle 4-10 zusammengestellt. Es ist zu erkennen, dass laut Expertenaussagen überwiegend Sandwichelemente zur Ausführung kommen. Auch Kassettenelemente und Betonfertigteile werden häufig verwendet. In Bezug auf Betonfertigteile wird von den befragten Experten angegeben, dass diese mehrheitlich im Andienungsbereich zur Ausführung kommen. Mauerwerk und Porenbetonfertigteile werden eher selten ausgeführt.

Tabelle 4-10: Ausführungsarten Fassade (Frage D 7.1)[418]

Fallgruppenzuordnung	$\bar{x}$	s	n
Mauerwerk	1,65	0,75	20
Betonfertigteile	3,20	1,20	20
Porenbetonfertigteile	2,10	1,12	20
Kassettenelemente	3,45	1,28	20
Sandwichelemente	**4,40**	0,60	20

Legende: 1 (nie), 2 (selten), 3 (manchmal), 4 (häufig), 5 (immer)

Frage D 7.2 (*„ Wie häufig kommen die nachfolgend genannten Dacharten von Hallen im Unternehmen zur Ausführung?"*) erhebt Informationen zur Dachform von Hallenbauwerken. Hierzu werden die Antwortvorgaben der fünfstufigen ordinalen Skala wie in Frage D 7.1 kodiert und ausgewertet. Die Ergebnisse sind in Tabelle 4-11 dargestellt. Es wird deutlich, dass überwiegend Flachdächer zur Ausführung kommen. Satteldächer kommen nach Aussage der Interviewpartner häufig bei einschiffigen Hallenbauwerken mit geringer BGF zur Ausführung. Pult- und Sheddächer werden selten bis nie umgesetzt.

Tabelle 4-11: Ausführungsarten Dach (Frage D 7.2)[419]

Fallgruppenzuordnung	$\bar{x}$	s	n
Flachdach	**4,38**	1,24	21
Pultdach	1,57	0,81	21
Satteldach	2,48	1,63	21
Sheddach	1,62	0,86	21

Legende: 1 (nie), 2 (selten), 3 (manchmal), 4 (häufig), 5 (immer)

Frage D 7.3 (*„ Wie häufig kommen die nachfolgend genannten raumabschließenden Dachausführungen von Hallen im Unternehmen zur Ausführung?"*) beschäftigt sich mit der raumabschließenden Dachausführung. Die ordinale Antwortskala stimmt mit Frage D 7.1 überein und wird nach der gleichen Vorgehensweise ausgewertet. Die Ergebnisse in Tabelle 4-12 zeigen, dass die

---

[418] Die berechneten Mittelwerte $\bar{x}$ zwischen 4 (häufig) und 5 (immer) sind in fetter Schriftart dargestellt.
[419] Die berechneten Mittelwerte $\bar{x}$ zwischen 4 (häufig) und 5 (immer) sind in fetter Schriftart dargestellt.

raumabschließende Dachausführung bei Hallenbauwerken überwiegend durch Trapezbleche realisiert wird. Einige Experten geben ergänzend an, dass auch Sandwichelemente im Dachbereich zum Einsatz kommen. Betonfertigteil- oder Porenbetonplatten werden regelmäßig nur dann verwendet, wenn dies aus brandschutztechnischen Gründen oder aus Gründen der Reduktion von Schallemissionen erforderlich ist.

Tabelle 4-12: Ausführungsarten raumabschließende Dachebene (Frage D 7.3)[420]

Fallgruppenzuordnung	$\bar{x}$	s	n
Betonfertigteilplatten	1,80	0,77	20
Porenbetonplatten	1,85	0,99	20
Trapezbleche	**4,80**	0,52	20

Legende: 1 (nie), 2 (selten), 3 (manchmal), 4 (häufig), 5 (immer)

Frage D 7.4 (*„Gibt es zusätzliche Anforderungen an den Anprall-, Diebstahl- und Explosionsschutz von Hallen im Unternehmen?"*) erhebt Anforderungen zum Anprall-, Diebstahl- und Explosionsschutz mithilfe einer offenen Fragestellung. Die Antwortauswertung ergibt, dass der Anprallschutz in den Bereichen der Stützen, des Fassadensockels und der Tore beachtet werden sollte. Der Diebstahlschutz wird häufig durch eine geeignete Einfriedung des Grundstücks und gegebenenfalls Videoüberwachung sichergestellt. Die Anforderungen an den Explosionsschutz können laut Expertenaussagen nicht pauschalisiert werden und ergeben sich aus den jeweiligen nutzungsspezifischen Gegebenheiten.

Frage D 7.5 (*„Gibt es aus Ihrer Sicht an die Fassade und das Dach weitere Anforderungen, die möglichst erfüllt sein sollten (z. B. Sockelausbildung, Neigung des Dachs, Dachentwässerung, Attikaausbildung, Absturzsicherung etc.)?"*) gibt den befragten Experten die Möglichkeit, weitere Anforderungen an die Fassade und das Dach zu formulieren. Insgesamt geben knapp 90 %[421] der Interviewpartner weitere Anforderungen an. Die Antwortauswertung ergibt, dass viele Experten die Dachentwässerung mithilfe der Unterdruckentwässerung bevorzugen. Dies wird mit der drastischen Reduktion der notwendigen Fallrohre und der Regenwasserableitung außerhalb der Halle begründet. Außerdem wird die Absturzsicherung durch Sekuranten favorisiert, da die Hallendächer überwiegend für Wartungs- oder Instandhaltungsmaßnahmen begangen werden und die Absturzsicherung somit nur temporär und nicht permanent gewährleistet werden muss. Zudem wird von einigen Experten darauf hingewiesen, dass auf eine Dachbegrünung und -bekiesung verzichtet werden sollte, um die Wartung, Instandhaltung und die nachträgliche Herstellung von Montageöffnungen nicht zu erschweren.

4.4.7.9   Fenster, Tore und Türen

Frage D 8.1 (*„Wie häufig kommen die nachfolgend genannten Arten der natürlichen Belichtung von Hallen im Unternehmen zur Ausführung?"*) erhebt Informationen zur technischen Umsetzung der natürlichen Belichtung von Hallen. Die Beantwortung der Frage erfolgt anhand einer fünfstufigen ordinalen Antwortskala. Zur Auswertung werden die Antworten von immer (5), häufig (4),

---

[420] Die berechneten Mittelwerte $\bar{x}$ zwischen 4 (häufig) und 5 (immer) sind in fetter Schriftart dargestellt.
[421] Der Stichprobenumfang beträgt $n_G = 21$.

manchmal (3), selten (2) bis nie (1) kodiert und die Mittelwerte ($\bar{x}$) sowie Standardabweichungen (s) berechnet. Der zugehörige Stichprobenumfang (n) wird ebenfalls angegeben. In Tabelle 4-13 sind die Ergebnisse zusammengestellt. Anhand der berechneten Mittelwerte ist zu erkennen, dass für die natürliche Belichtung über die Dachflächen überwiegend Lichtkuppeln zum Einsatz kommen. Für die Belichtung über die Fassade kann keine klare Tendenz einer bevorzugten Ausführungsart abgeleitet werden. Allerdings geben einige Experten an, dass auf eine Belichtung der Halle über Fassadenflächen nach Möglichkeit verzichtet werden sollte, da die erforderliche natürliche Belichtung bei Anordnung von Regalreihen innerhalb der Halle regelmäßig nicht mehr erfüllt werden kann.

Tabelle 4-13: Ausführungsvarianten natürliche Belichtung (Frage D 8.1)[422]

Fallgruppenzuordnung	$\bar{x}$	s	n
Lichtkuppeln (Dach)	**4,50**	0,61	20
Lichtbänder (Dach)	3,15	1,23	20
Sheds (Dach)	1,70	0,86	20
Lichtbänder (Fassade)	3,45	1,19	20
Einzelflächen (Fassade)	3,25	1,16	20

Legende: 1 (nie), 2 (selten), 3 (manchmal), 4 (häufig), 5 (immer)

Frage D 8.2 (*„Welche Anzahl an ebenerdigen Toren im Bereich der raumabschließenden Fassade wird für die benannten Hallentypen typischerweise vorgesehen?"*) basiert auf einer ordinalen Antwortskala. Ziel dieser Frage ist es, einen Kennwert zur überschlägigen Ermittlung der ebenerdigen Tore anhand der BGF zu erhalten. Bei der Beantwortung dieser Frage wird allerdings von vielen Experten darauf hingewiesen, dass die Anzahl der ebenerdigen Tore regelmäßig nicht von der BGF der Halle sondern von den vorgesehenen Nutzungseinheiten[423] abhängt. Daher wird im Rahmen dieser Frage auf eine kennwertbezogene Auswertung der ebenerdigen Tore anhand der Hallenfläche verzichtet. Um dennoch die Anzahl an benötigten ebenerdigen Toren einschätzen zu können, wird von den Experten angegeben, dass überschlägig 1 bis 2 Tore pro Nutzungseinheit vorgesehen werden sollten.

Frage D 8.3 (*„Gibt es aus Ihrer Sicht an Fenster, Tore und Türen weitere Anforderungen, die möglichst erfüllt sein sollten (z. B. Durchsturzsicherung Dachfenster, Belichtungsflächen Fassade, Ausführungsart Tore etc.)?"*) erhebt anhand einer offenen Fragestellung weitere Anforderungen an Fenster, Tore und Türen. Insgesamt geben rund 80 %[424] der Interviewpartner weitere Anforderungen an. Ca. 60 % der Befragten weisen auf die langfristige Absicherung der Durchsturzsicherheit der Lichtkuppeln mithilfe von Durchsturzgittern hin. Zudem wird angemerkt, dass die notwendigen RWA in die Lichtkuppeln integriert werden sollten. Einige Experten geben an, dass die Tore im Andienungsbereich von Distributionshallen als Kombination von Sektional- und Schnelllauftoren ausgeführt werden sollten.

---

[422] Die berechneten Mittelwerte $\bar{x}$ zwischen 4 (häufig) und 5 (immer) sind in fetter Schriftart dargestellt.
[423] Eine Nutzungseinheit beschreibt die Fläche oder Teilfläche einer Halle, die exklusiv einem Nutzer/Mieter zur Verfügung steht.
[424] Der Stichprobenumfang beträgt $n_G = 21$.

4.4.7.10 Technische Gebäudeausrüstung

Frage D 9.1 (*„ Wo werden die Technikzentralen der benannten Hallentypen typischerweise angeordnet? "*) und Frage D 9.2 (*„ Wie erfolgt die Medienführung in Hallen im Unternehmen überwiegend? "*) erheben Daten zur Anordnung der Technikzentralen und der Medienführung anhand no-
minaler Antwortskalen. Im Rahmen der Ausgestaltung des Referenzgebäudes wird jedoch keine
spezifische Planung der Technikzentralen und Medienführung vorgenommen. Daher erfolgt an
dieser Stelle keine vertiefende Ergebnisauswertung der Fragen.

Für Frage D 9.3 (*„ Wird der Einbau einer Löschanlage für die benannten Hallentypen generell
vorgesehen und welche Löschanlagenart kommt typischerweise zur Ausführung? "*) ist anzumerken, dass der Einbau einer Löschanlage nach den unternehmensinternen Vorgaben sowie den
Vorgaben der länderspezifischen IndBauRL und der Sachversicherer erfolgt. Eine allgemeine
Aussage zur Löschanlagenart verschiedener Hallentypen kann nicht vorgenommen werden. Daher erfolgt auch für diese Frage keine vertiefende Ergebnisauswertung.

Frage D 9.4 (*„ Wird die Beheizbarkeit der benannten Hallentypen typischerweise vorgesehen? "*)
basiert auf einer dichotomen Antwortskala. Bei positiver Beantwortung der Frage werden in zwei
weiteren Fragen Angaben zur erforderlichen Hallentemperatur (*„Für welche Temperatur wird
die Heiztechnik für die benannten Hallentypen typischerweise ausgelegt? "*) und den eingesetzten
Heiztechnikarten (*„Wie häufig kommen die nachfolgend genannten Heiztechnikarten zur Ausführung? "*) erhoben. Alle Interviewpartner geben an, dass die Beheizbarkeit der Hallenbauwerke
grundsätzlich vorgesehen wird. Allerdings schränken einige Experten diese Aussage ein, da insbesondere Hallenbauwerke mit Produktionsanlagen aufgrund der erzeugten Abwärme nicht be-
heizt werden müssen. Für diese Hallenbauwerke sind technische Lösungen zur Nutzung der Abwärme zu entwickeln. Die erforderlichen Temperaturen innerhalb der Halle bestimmen sich aus
den Vorgaben der ArbStättVO nach Arbeitsschwere und überwiegender Körperhaltung (siehe
Abschnitt 3.2.4.2) sowie den Anforderungen der nutzungsspezifischen Güter und Produkte. Die
Frage nach der Häufigkeit der eingesetzten Heiztechnikarten basiert auf einer fünfstufigen ordinalen Antwortskala. Zur Auswertung werden die Antworten von immer (5), häufig (4), manchmal (3), selten (2) bis nie (1) kodiert und die Mittelwerte ($\bar{x}$) sowie Standardabweichungen (s)
berechnet. Der zugehörige Stichprobenumfang (n) wird ebenfalls angegeben. In Tabelle 4-14 sind
die Ergebnisse dargestellt. Anhand der Mittelwerte ist zu erkennen, dass sowohl Warmluithei-
zungen als auch Strahlungsheizungen vorgesehen werden. Fußbodenheizungen werden selten bis
nie vorgesehen.

Tabelle 4-14: Ausführungsarten Heiztechnik (Frage D 9.4)

Fallgruppenzuordnung	$\bar{x}$	s	n
Warmluftheizung	3,15	1,50	20
Strahlungsheizung	3,70	1,49	20
Fußbodenheizung	1,45	0,69	20

Legende: 1 (nie), 2 (selten), 3 (manchmal), 4 (häufig), 5 (immer)

Frage D 9.5 (*„ Gibt es aus Ihrer Sicht an die technische Gebäudeausrüstung weitere Anforderungen, die möglichst erfüllt sein sollten (z. B. Starkstrom, Rauch- und Wärmeabzugsanlagen, Raum-
lufttechnische Anlagen, Beleuchtungsart, weitere spezielle technische Gebäudeausrüstung*

etc.)?") gibt den Interviewpartnern anhand einer offenen Fragestellung die Möglichkeit, weitere Anforderungen an die TGA zu nennen. Insgesamt geben knapp 95 %[425] der Experten weitere Anforderungen an. Hierbei wird beispielsweise der Einsatz von LED für die Beleuchtung, die Integration der RWA in die vorhandenen Lichtkuppeln sowie das Vorsehen von Haupt- und Unterverteilungen genannt. In Bezug auf RLT-Anlagen wird darauf hingewiesen, dass die tatsächliche Notwendigkeit nur anhand nutzungsspezifischer Anforderungen bestimmt werden kann.

4.4.7.11 Ausbau

Frage D 10.1 (*„Gibt es aus Ihrer Sicht an die Grundausstattung des Nutzerausbaus Anforderungen, die möglichst erfüllt sein sollten?"*) basiert auf einer offenen Fragstellung und gibt den Interviewpartnern die Möglichkeit, Anforderungen an die Grundausstattung des Nutzerausbaus zu formulieren. Insgesamt geben 30 %[426] der Befragten Anforderungen an. Dabei werden folgende Aspekte genannt:

- Sozialräume nach ArbStättVO vorhalten,
- Ladestationen für Flurförderfahrzeuge einrichten und
- Rutschfeste Bodenbeläge vorsehen.

4.4.8   Ergebnisse Kategorie E

In Frage E 1 (*„Können Sie Angaben zu Spannbreiten der durchschnittlichen Kosten von Hallen im Unternehmen machen?"*) werden durchschnittliche Kostenkennwerte auf Basis metrischer Daten für die Kostengruppen (KG) 300 und 400 nach DIN 276:2018-12 abgefragt. Die Zusammenstellung und Auswertung der Daten zeigt jedoch, dass die Interviewpartner zum Teil keine oder unvollständige Angaben machen. Zudem ist die Zusammensetzung der Kostenkennwerte nicht nachvollziehbar und prüfbar. Zu vorhabenbezogenen und marktspezifischen Randbedingungen werden keine Aussagen getroffen. Daher sind die erhobenen Daten aus wissenschaftlicher Sicht nicht verwertbar und werden im Rahmen der vorliegenden Arbeit nicht ausgewertet.

Frage E 2 (*„Gibt es weitere Anforderungen an Hallen, die aus Ihrer Sicht als wichtig erachtet werden können (z. B. Zertifizierung, Photovoltaik etc.)?"*) wird als offene Frage formuliert und gibt den Interviewpartnern die Möglichkeit, weitere wichtige Anforderungen an Hallenbauwerke zu nennen. Insgesamt geben knapp 65 %[427] der Interviewpartner weitere Anforderungen an. Beispielsweise wird darauf hingewiesen, dass auf eine Begrünung der Dachfläche verzichtet werden sollte, um die Wartung der Dachfläche nicht zu erschweren und nachträgliche Montageöffnungen vergleichsweise einfach herstellen zu können. In Hinblick auf die Anordnung von Photovoltaikanlagen auf der Dachfläche sind die Aussagen der Interviewpartner sehr unterschiedlich. Einige Experten befürworten die Nutzung der Dachfläche für Photovoltaikanlagen. Andere Experten lehnen dies aufgrund verschiedener Nachteile ab. Beispielsweise wird darauf hingewiesen, dass die Schneeberäumung der Dächer durch die Anordnung von Photovoltaikanlagen erschwert wird.

---

[425] Der Stichprobenumfang beträgt $n_G = 21$.
[426] Der Stichprobenumfang beträgt $n_G = 21$.
[427] Der Stichprobenumfang beträgt $n_G = 21$.

Außerdem werden durch die Montage der Photovoltaikanlagen die Durchdringungen in der Dachfläche erhöht. Dies kann sich wiederrum auf die Wartungsintensität auswirken. Die Zertifizierung von Hallenbauwerken nach DGNB oder anderen Zertifizierungslabel kann nach Aussage der Experten dann sinnvoll sein, wenn sich eine verbesserte Vermarktungsfähigkeit oder vergünstige Versicherungskonditionen ergeben.

4.5   Zusammenfassung zu Kapitel 4

In diesem Kapitel wurden eine Sekundär- und Primärerhebung zur Bestimmung der relevanten bautechnischen und konstruktiven Ausprägungsgrade unterschiedlicher Hallentypen durchgeführt. Mithilfe der Expertenbefragung konnte die formulierte Hypothese 1 *„Nur eine geringe Anzahl an bautechnischen und konstruktiven Kriterien ist für die Umsetzung marktgängiger Standards zur Realisierung von anpassungs- und umnutzungsfähigen Produktionshallen ausschlaggebend."* (siehe Abschnitt 1.2) bestätigt werden. Insgesamt konnten neun wichtige Kriterien bestimmt werden, die zu einer verbesserten Anpassungsfähigkeit und Umnutzungsfähigkeit von Produktionshallen beitragen (siehe Abschnitt 4.4.6.3, Abbildung 4-24 und Abbildung 4-25). Außerdem konnten diese Kriterien in Bezug auf die nutzungsspezifischen Ausprägungsgrade von Produktions-, Lager- und Distributionshallen spezifiziert werden (siehe Abschnitt 4.4.7).

Die generierten Erkenntnisse bilden die Grundlage, um im folgenden Kapitel ein geeignetes Referenzgebäude zu erstellen und im Rahmen einer lebenszyklusbasierten Wirtschaftlichkeitsbetrachtung vertiefend zu untersuchen. Dabei ist speziell von Interesse, welchen Einfluss eine geringe, mittlere und hohe Anpassungs- und Umnutzungsfähigkeit des erstellten Referenzgebäudes auf die Realisierungskosten und die Wirtschaftlichkeit hat.

5 Erarbeitung eines Referenzgebäudes

5.1 Überblick

Die Erkenntnisse aus Kapitel 4 bilden die Grundlage, um ein geeignetes Referenzgebäude für die modellbasierte Wirtschaftlichkeitsuntersuchung in Kapitel 6 zu erstellen. Dieses Referenzgebäude wird zunächst so modelliert, dass nur die Anforderungen des betreffenden Erstnutzers erfüllt werden. Das heißt, dass hierdurch lediglich eine geringe Anpassungs- und Umnutzungsfähigkeit abgebildet wird. Aufbauend darauf wird das Referenzgebäude um ausgewählte Kriterien modifiziert. Daraus resultieren verschiedene Varianten des Referenzgebäudes, die eine mittlere und hohe Anpassungs- und Umnutzungsfähigkeit aufweisen. Diese werden in Kapitel 6 hinsichtlich der monetären Auswirkungen im Lebenszyklus untersucht und verglichen. In den folgenden Abschnitten werden die einzelnen Modellparameter näher beschrieben und festgelegt.

5.2 Auswahl und Bestimmung der Modellparameter

Im Vorfeld sind die Randbedingungen des Referenzgebäudes zu bestimmen. Hierfür werden folgende Parameter als unveränderlich festgelegt:

- Bruttogrundfläche (BGF),
- Ausbildung des Tragsystems und
- Qualitätsstandard.

Die BGF des Referenzgebäudes wird durch die Vorgaben der MIndBauRL begrenzt. Im Rahmen des vereinfachten Nachweisverfahrens werden für die Sicherheitskategorien K1 und K2 maximale Brandabschnittsflächen erdgeschossiger Hallen bei einer Ausbildung der tragenden und aussteifenden Bauteile in F30 von bis zu 4.500 m² zugelassen. Sicherheitskategorie K3 ist erfüllt, wenn eine Werksfeuerwehr vorhanden ist und Brandabschnittsflächen von maximal 7.500 m² realisiert werden. Werden selbsttätige Feuerlöschanlagen vorgesehen, erfolgt die Eingruppierung in Sicherheitskategorie K4. Hierbei können Brandabschnittsflächen von bis zu 10.000 m² ausgeführt werden (siehe Abschnitt 3.2.3). Um die Wirtschaftlichkeitsbetrachtung in Kapitel 6 auf grund notwendiger Maßnahmen zur Abtrennung von Brandabschnittsflächen und dem Einbau selbsttätiger Feuerlöschanlagen inklusive notwendiger Zusatzbauten (z. B. Tank und Pumpenhaus) nicht zu erschweren, wird die BGF auf Basis der Sicherheitskategorie K2 auf 4.500 m² begrenzt.

Die Ausbildung des Tragsystems hängt von verschiedenen Randbedingungen ab (siehe Abschnitt 3.5.4). Da das Ziel der Wirtschaftlichkeitsbetrachtung in Kapitel 6 nicht primär darin besteht, unterschiedliche Tragsysteme monetär zu bewerten, ist für das Referenzgebäude ein einheitliches Tragsystem auszuwählen. Dieses bildet die Basis, um geeignete Annahmen zur Abschätzung der Realisierungskosten vorzunehmen. Es wird angenommen, dass das Tragsystem als Einfeldträger (Stahl-Fachwerkbinder) mit eingespannten Stützen (Stahlbeton) hergestellt wird. Diese Konstruktionsweise wird auch als bevorzugte Ausführungsvariante durch die Interviewpartner der Expertenbefragung bestätigt (siehe Abschnitt 4.4.7.5).

© Der/die Herausgeber bzw. der/die Autor(en), exklusiv lizenziert durch
Springer Fachmedien Wiesbaden GmbH, ein Teil von Springer Nature 2020
A. Harzdorf, *Anpassungs- und Umnutzungsfähigkeit von Produktionshallen*,
Baubetriebswesen und Bauverfahrenstechnik,
https://doi.org/10.1007/978-3-658-31658-7_5

Der Qualitätsstandard ist ein weiteres wichtiges Kriterium zur Absicherung der Vergleichbarkeit der Varianten des Referenzgebäudes.[428] Hierzu wird im Rahmen der Modellbildung der Mindeststandard in den Ausführungsqualitäten für alle Varianten festgelegt.

In einem nächsten Schritt sind die wesentlichen Kriterien zur Umsetzung einer verbesserten Anpassungs- und Umnutzungsfähigkeit zu bestimmen. Aus der Expertenbefragung (siehe Abschnitt 4.4.6.3, Abbildung 4-24 und Abbildung 4-25) resultierte, dass die folgenden genannten Kriterien von besonderer Bedeutung sind:

-   Brandschutz,
-   Traglast Bodenplatte,
-   Hallenhöhe,
-   Stützenraster,
-   Anzahl der Überladetore,
-   Grundversorgung TGA,
-   Traglastreserve Tragwerk,
-   Erweiterungsflächen und
-   Dichtigkeit der Bodenplatte (§ 62 WHG).

Der Brandschutz ist für die Anpassungs- und Umnutzungsfähigkeit insbesondere dann von Interesse, wenn aufgrund von baulichen Änderungen des Bestandes, Nutzungsänderungen oder längeren Nutzungsunterbrechungen der Bestandsschutz nicht mehr gedeckt wird (siehe Abschnitt 3.2.5). In diesem Fall muss geprüft werden, ob sich erhöhte, andere oder weiterführende Anforderungen ergeben. Hierbei sind die Vorgaben der länderspezifisch geltenden IndBauRL zu beachten. Für die Varianten des Referenzgebäudes wird festgelegt, dass keine selbsttätige Feuerlöschanlage vorgesehen wird. Somit wird für das Referenzgebäude angenommen, dass dieses Kriterium keinen Einfluss auf eine verbesserte Anpassungs- und Umnutzungsfähigkeit hat.

Die Traglast der Bodenplatte ist ein wichtiges Kriterium, da sich durch eine mögliche Anpassung oder Umnutzung die Beanspruchung der Bodenplatte ändern kann. Die Ergebnisse der Expertenbefragung (siehe Abschnitt 4.4.7.7) zeigen, dass häufig Flächentraglasten von 50 kN/m² gefordert werden. Allerdings wird deutlich, dass auch geringere oder höhere Traglasten vorgesehen werden. Zur Darstellung der monetären Auswirkungen wird festgelegt, dass die Traglast der Bodenplatte für das Referenzgebäude mit geringer Anpassungs- und Umnutzungsfähigkeit 30 kN/m² beträgt. Für die Umsetzung einer verbesserten Anpassungs- und Umnutzungsfähigkeit wird die Traglast der Bodenplatte auf 50 kN/m² und 70 kN/m² erhöht.

Die Hallenhöhe bildet ein weiteres wichtiges Kriterium zur Absicherung möglicher Folgenutzungen. Die Ergebnisse der Expertenbefragung (siehe Abschnitt 4.4.7.4) zeigen, dass die Hallenhöhen bei Produktions- und Lagerhallen überwiegend bei 6 m bis 10 m und für Distributionshallen bei 8 m bis 12 m liegen. Für das Referenzgebäude mit geringer Anpassungs- und Umnutzungsfähigkeit wird eine Hallenhöhe von 6 m festgelegt. Für die Umsetzung einer verbesserten Anpassungs- und Umnutzungsfähigkeit wird die Hallenhöhe auf 8 m und 10 m erhöht.

---

[428] GROMER merkt an, dass zur Quantifizierung der Mehrkosten von Nachhaltigkeitskriterien Referenzgebäude mit gleichen Qualitätsstandards definiert werden müssen (vgl. GROMER (2012), S. 96).

Im Hinblick auf das innere Stützenraster besteht häufig die Forderung, möglichst wenig bis keine Stützen im Innenbereich anzuordnen. In der Praxis hat sich ein optimales Stützenraster von 12 m · 24 m etabliert.[429] Dies wird auch durch die Expertenbefragung bestätigt (siehe Abschnitt 4.4.7.4). Da die Kosten des Tragwerks maßgeblich vom gewählten Stützenraster und der notwendigen Binderspannweite abhängen, wird für das Referenzgebäude ein unveränderliches inneres Stützenraster von 12 · 24 m gewählt. Das äußere Stützenraster ist insbesondere für den Einbau von Toren und den spezifischen Anforderungen der Fassadenkonstruktion von Bedeutung. Die Ergebnisse der Expertenbefragung zeigen (siehe Abschnitt 4.4.7.4), dass überwiegend Stützenabstände von 6 m vorgesehen werden. Daher wird für das Referenzgebäude ein unveränderlicher äußerer Stützenabstand von 6 m gewählt.

Die Anzahl der Überladetore ist speziell für die Umnutzung von Produktionshallen relevant. Die Ergebnisse der Expertenbefragung (siehe Abschnitt 4.4.7.6) zeigen, dass Lager- und Distributionshallen im Vergleich zu Produktionshallen eine größere Anzahl an Überladetoren benötigen. Zum Teil werden Produktionshallen auch nur ebenerdig angedient, sodass klassische Überladetoren entfallen. Um dieses Kriterium in die Untersuchungen einzubinden, wird festgelegt, dass für das Referenzgebäude mit geringer Anpassungs- und Umnutzungsfähigkeit keine Überladetore vorgesehen werden. Für die Umsetzung einer verbesserten Anpassungs- und Umnutzungsfähigkeit wird für ausgewählte Varianten die Nachrüstbarkeit von insgesamt drei Überladetoren mittels tiefer gegründeter Stützen vorgesehen.

Die Grundversorgung der TGA ist für eine verbesserte Anpassungs- und Umnutzungsfähigkeit auch von Interesse. Im Rahmen der Modellbildung des Referenzgebäudes wird jedoch keine spezifische Ausführung der TGA festgelegt. Die Berücksichtigung erfolgt mithilfe von prozentualen Kostenkennwerten, die anhand spezifischer Projektdaten abgeleitet und auf die ermittelten Baukonstruktionskosten bezogen werden. Dadurch wird abgesichert, dass mit verbesserter Anpassungs- und Umnutzungsfähigkeit auch die Kosten für die notwendige TGA steigen.

Die Traglastreserve ist dann von Bedeutung, wenn durch eine Anpassung oder Umnutzung höhere Anhängelasten (z. B. für technische Gebäudeausrüstung)[430] erforderlich werden oder im Zuge nachträglicher Montagearbeiten ein höherer Lasteintrag erfolgt. Zur Darstellung der monetären Auswirkungen wird festgelegt, dass dieses Kriterium für die Modellierung einer geringen Anpassungs- und Umnutzungsfähigkeit 0,0 kN/m² beträgt. Für die Umsetzung einer verbesserten Anpassungs- und Umnutzungsfähigkeit wird die Traglastreserve auf 0,5 kN/m² und 1,0 kN/m² erhöht.

Erweiterungsflächen betreffen nicht das Gebäude selbst, sondern die verfügbaren Grundstücksflächen. Allerdings ist im Rahmen der Wirtschaftlichkeitsbetrachtung der Bodenwert des Grundstücks zu berücksichtigen. Für die Modellbildung wird angenommen, dass das Verhältnis Hallenfläche zu Grundstücksfläche für das Referenzgebäude 1/2 beträgt und in Bezug auf eine verbesserte Anpassungs- und Umnutzungsfähigkeit nicht geändert wird (siehe Abschnitt 4.4.7.3).

---

[429] Vgl. GROENMEYER (2012), S. 173.
[430] Da für das Referenzgebäude keine selbsttätige Feuerlöschanlage vorgesehen wird, diese jedoch im Rahmen der Anpassung oder Umnutzung bei Lagerguthöhen über 7,5 m nach den Anforderungen der MIndBauRL erforderlich werden kann, werden wenigstens die hierfür notwendigen nachträglichen Anhängelasten berücksichtigt.

Die Dichtigkeit der Bodenplatte nach den Anforderungen des § 62 WHG ist immer dann relevant, wenn diese aufgrund regionaler Marktgegebenheiten von den betreffenden Nutzern gefordert wird. Für das Referenzgebäude mit geringer Anpassungs- und Umnutzungsfähigkeit wird keine Dichtigkeit der Bodenplatte vorgesehen. Für die Umsetzung einer verbesserten Anpassungs- und Umnutzungsfähigkeit wird für ausgewählte Varianten die Ausführung einer PEHD-Kunststoff-dichtungsbahn unterhalb der Betonplatte vorgesehen.

5.3   Modellbildung

Die in Abschnitt 5.2 dargestellten Modellparameter bilden die Grundlage, um ein geeignetes Referenzgebäude zu entwickeln. Im Rahmen des Entwurfs ist darauf zu achten, dass die maximal festgelegte BGF von 4.500 m² nicht überschritten und das innere Stützenraster mit 12 m · 24 m sowie das äußere Stützenraster mit 6 m festgelegt wird. Hierzu wurden im Vorfeld verschiedene Grundrissentwürfe erarbeitet und anhand der genannten Kriterien analysiert. Als optimal für das Referenzgebäude hat sich ein zweischiffiger Grundriss mit einem Außenmaß von 48 m · 84 m ergeben. Dieser ist in Abbildung 5-1 schematisch dargestellt ist.

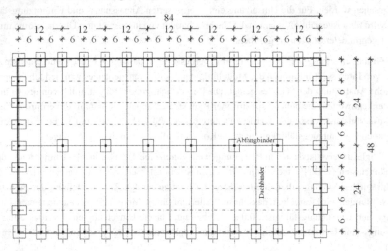

Abbildung 5-1: Schematischer Grundriss des Referenzgebäudes in m (nicht maßstabsgetreu)

Die Parameterauswahl in Abschnitt 5.2 ergibt, dass für insgesamt fünf Kriterien (Traglast Bodenplatte, Hallenhöhe, Traglastreserve Dach, Nachrüstbarkeit Überladetore und Dichtigkeit Bodenplatte) unterschiedliche Ausprägungsgrade vorgesehen werden. Hierdurch soll die monetäre Bewertung und Gegenüberstellung einer geringen, mittleren und hohen Anpassungs- und Umnutzungsfähigkeit von Produktionshallen ermöglicht werden. Bei Kombination aller festgelegter Ausprägungsgrade ergeben sich insgesamt 108[431] verschiedene Varianten (siehe Abbildung 5-2).

---

[431] Die 108 Varianten ergeben sich aus der Multiplikation der fünf festgelegten Anpassungs- und Umnutzungskriterien und den jeweiligen Ausprägungsgraden zu 3 · 3 · 3 · 2 · 2 = 108.

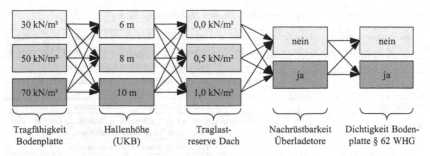

30 kN/m²	6 m	0,0 kN/m²	nein	nein
50 kN/m²	8 m	0,5 kN/m²	ja	ja
70 kN/m²	10 m	1,0 kN/m²		

Tragfähigkeit Bodenplatte · Hallenhöhe (UKB) · Traglast- reserve Dach · Nachrüstbarkeit Überladetore · Dichtigkeit Boden- platte § 62 WHG

Abbildung 5-2: Mögliche Referenzgebäudevarianten

Für die Wirtschaftlichkeitsbetrachtung in Kapitel 6 sind geeignete Varianten auszuwählen. Um die Übersichtlichkeit der Berechnungen und Auswertungen beizubehalten und aussagekräftige Ergebnisse zu erlangen, werden insgesamt fünf Varianten ausgewählt. Variante 1 definiert das Minimalszenario und zeichnet sich durch eine geringe Anpassungs- und Umnutzungsfähigkeit aus. Die Varianten 2 und 3 definieren eine mittlere und die Varianten 4 und 5 eine hohe Anpassungs- und Umnutzungsfähigkeit. Damit kann festgehalten werden, dass der Grad der Anpassungs- und Umnutzungsfähigkeit von Variante 1 bis 5 kontinuierlich ansteigt. Die gewählten Varianten sind in Abhängigkeit der Variantenauswahl in Abbildung 5-2 schematisch in Abbildung 5-3 dargestellt.

Grad der Anpassungs- und Umnutzungsfähigkeit

gering   mittel   mittel   hoch   hoch

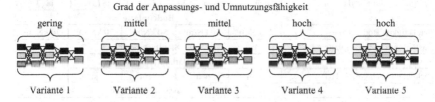

Variante 1   Variante 2   Variante 3   Variante 4   Variante 5

Abbildung 5-3: Gewählte Referenzgebäudevarianten

Neben dem festgelegten Grundriss und den einzelnen Varianten zur Darstellung der unterschiedlichen Grade der Anpassungs- und Umnutzungsfähigkeit sind alle weiteren baukonstruktiven Parameter des Referenzgebäudes festzulegen. Diese sind in Tabelle 5-1 dargestellt und basieren auf den Ergebnissen der durchgeführten Expertenbefragung aus Abschnitt 4.4.7. Die Ausführungsqualitäten werden im Zuge der Variantenuntersuchungen nicht variiert, um die Vergleichbarkeit der Ergebnisse abzusichern.

Tabelle 5-1: Festgelegte Modellparameter der Varianten des Referenzgebäudes

Anpassungs-/Umnutzungsfähigkeit	gering	mittel	mittel	hoch	hoch
Kriterium	**Variante 1**	**Variante 2**	**Variante 3**	**Variante 4**	**Variante 5**
Gesetzliche Rahmenbedingungen					
Brandschutz	Anforderungen nach IndBauRL (Sicherheitskategorie K2 bis 4.500 m² Brandabschnittsfläche)				
Schallschutz	keine besonderen Anforderungen				
Wärmeschutz	Anforderungen nach EnEV (Beachtung Anlage 2, Tabelle 2 für Wärmedurchgangskoeffizienten)				
Gebäudegeometrie und -struktur					
Hallengröße (Achsmaß)	4.032 m² (l = 84 m, b = 48 m)[432]				
Äußeres Stützenraster	6 m				
Inneres Stützenraster	12 · 24 m				
Hallenhöhe (UKB)	6 m	8 m	10 m	8 m	10 m
Büro-/Sozialflächenanteil	10 %				
Tragwerk					
Ausführungsart Stützen	Stahlbeton				
Ausführungsart Binder	Stahlfachwerk				
Kran	kein Kran				
Traglastreserve Dachkonstruktion	0,0 kN/m²	0,5 kN/m²	1,0 kN/m²	0,5 kN/m²	1,0 kN/m²
Andienung					
Nachrüstbarkeit Überladetore	nein	nein	nein	ja (3)	ja (3)
Bodenplatte					
Tragfähigkeit Bodenplatte	30 kN/m²	50 kN/m²	50 kN/m²	70 kN/m²	70 kN/m²
Ausführungsart Bodenplatte	Stahlfaserbeton				
Nutzschicht	Hartstoffeinstreuung				
Dichtigkeit nach § 62 WHG	nein	nein	nein	ja	ja
Fassade und Dach					
Fassadenausführung	Sandwichelemente				
Dachart, -belag	Flachdach als gedämmtes einschaliges Trapezblechdach				
Absturzsicherung	nach gesetzl. Vorgaben				
Fenster, Tore und Türen					
Anzahl ebenerdige Tore	3				
Natürl. Belichtung Dach	Lichtkuppeln, inkl. RWA				
Natürl. Belichtung Fassade	Fensterbänder im Bereich der Büro- und Sozialflächen				
Türen	5 (1 Tür pro ebenerdiges Tor, zusätzliche Türen für Personal)				
Technische Gebäudeausrüstung					
Selbsttätige Löschanlagen	nein				
RWA	Integration in Lichtkuppeln				
Dachentwässerung	Freispiegelentwässerung				
Photovoltaik	nein				

---

[432] A_{BGF} ergibt sich zu 4.138,24 m² unter der Annahme, dass die Außenwandbekleidung mit einer Dicke von d = 0,15 m realisiert wird.

5.4   Zusammenfassung zu Kapitel 5

In diesem Kapitel wurde anhand der Untersuchungen aus Kapitel 3 und den Erkenntnissen der Datenerhebung aus Kapitel 4 ein Referenzgebäudemodell in insgesamt fünf verschiedenen Ausführungsvarianten erarbeitet. Die einzelnen Varianten unterscheiden sich durch eine geringe, mittlere und hohe Anpassungs- und Umnutzungsfähigkeit (siehe Tabelle 5-2) und bilden die Grundlage, um in Kapitel 6 eine umfassende Wirtschaftlichkeitsanalyse der Anpassungs- und Umnutzungsfähigkeit von Hallenbauwerken über den Lebenszyklus durchzuführen.

Tabelle 5-2: Kurzübersicht der Referenzgebäudevarianten

Anpassungs-/Umnutzungsfähigkeit	gering	mittel	mittel	hoch	hoch
Kriterium	Variante 1	Variante 2	Variante 3	Variante 4	Variante 5
Tragfähigkeit Bodenplatte	30 kN/m²	50 kN/m²	50 kN/m²	70 kN/m²	70 kN/m²
Hallenhöhe (UKB)	6 m	8 m	10 m	8 m	10 m
Traglastreserve Dach	0,0 kN/m²	0,5 kN/m²	1,0 kN/m²	0,5 kN/m²	1,0 kN/m²
Nachrüstbarkeit Überladetore	nein	nein	nein	ja (3)	ja (3)
Dichtigkeit nach § 62 WHG	nein	nein	nein	ja	ja

6 Wirtschaftlichkeitsbetrachtung

6.1 Überblick

Die Investition in nachhaltige Immobilien ist in der Regel mit höheren Realisierungskosten verbunden (siehe Abschnitt 2.3.4, Abbildung 2-3). Zur gesamtheitlichen Bewertung sind diese Kosten allerdings in Bezug auf den gesamten Lebenszyklus zu bewerten.

In diesem Kapitel werden daher zunächst die Realisierungskosten der fünf Varianten des Referenzgebäudes ermittelt. Darauf aufbauend wird eine umfassende Wirtschaftlichkeitsuntersuchung über den Lebenszyklus durchgeführt und die Ergebnisse ausgewertet.

6.2 Methodischer Ansatz und Vorgehensweise

6.2.1 Berechnungsverfahren

Als Grundlage für die Lebenszykluskostenbetrachtung kann die internationale Norm ISO 15686-5:2017-07 herangezogen werden. Diese unterscheidet zwischen Lebenszykluskosten im engeren Sinn (Life-Cycle Costing) und im erweiterten Sinn (Whole-Life Costing).[433] Die Lebenszykluskosten im engeren Sinn umfassen lediglich die Kosten in Form von Auszahlungen (z. B. Kosten für Herstellung, Nutzung, Bewirtschaftung, Instandhaltung oder Rückbau). Die Lebenszykluskosten im erweiterten Sinn beziehen neben den Kosten auch Erlöse in Form von Einzahlungen in die Betrachtung ein (z. B. Erlöse aus Vermietung oder Verkauf). Zudem werden externe und durch das Gebäude verursachte Kosten in die Berechnung integriert. Allerdings enthält die Norm ISO 15686-5:2017-07 keine konkreten Modellierungs- und Berechnungsvorgaben. Hierzu können die Methoden der Investitionsrechnung herangezogen werden, die sich grundsätzlich nach klassischen und modernen Rechenverfahren unterscheiden (siehe Tabelle 6-1).

Tabelle 6-1: Verfahren der Investitionsrechnung[434]

Klassische Verfahren		Moderne Verfahren
Statische Methoden	Dynamische Methoden	VoFi-Kennzahlen
Kostenvergleichsrechnung	Kapitalwertmethode	Vermögensendwert
Gewinnvergleichsrechnung	Annuitätenmethode	Entnahme
Rentabilitätsrechnung	Interne Zinsfußmethode	Rentabilität
Amortisationsrechnung	Payoff-Methode	Amortisationsdauer

Die klassischen Verfahren basieren auf einer formelorientieren Berechnung und werden in statische und dynamische Methoden unterschieden. Die statischen Verfahren beziehen sich auf einperiodische Betrachtungszeiträume und vernachlässigen die zeitliche Abfolge von Ein- und Auszahlungen.[435] Somit bleiben Zinseffekte, die aufgrund unterschiedlicher Zahlungszeitpunkte

---

[433] Vgl. ISO 15686-5:2017-07, S. 7.
[434] Vgl. SCHULTE ET AL. (2016), S. 593; HELLERFORTH (2012b), S. 111; DIETRICH (2005), S. 189 und ROPETER (1998), S. 89.
[435] Vgl. KRUSCHWITZ (2014), S. 29.

Zusatzmaterial online
Zusätzliche Informationen sind in der Online-Version dieses Kapitel (https://doi.org/10.1007/978-3-658-31658-7_6) enthalten.

entstehen, unberücksichtigt.[436] Die dynamischen Verfahren basieren hingegen auf einer mehrperiodischen Betrachtungsweise. Mithilfe der Ab- und Aufzinsung werden die zu unterschiedlichen Zeitpunkten anfallenden Zahlungen auf einen gemeinsamen Vergleichzeitpunkt normiert.[437] Allerdings eignen sich die klassischen Verfahren für die Beurteilung von Immobilieninvestitionen nur bedingt, da die getroffenen Annahmen zum Teil intransparent und unrealistisch sind.[438] Daher wird auf einer vertiefende Beschreibung der einzelnen Methoden an dieser Stelle verzichtet.

Die modernen Verfahren basieren auf Vollständigen Finanzplänen (VoFi)[439] und bilden alle mit einer Investition verbundenen Zahlungsflüsse direkt und verursachungsgerecht ab. Dadurch wird eine exakte und transparente Erfassung sämtlicher Zahlungsreihen und der sich daraus ergebenden Konsequenzen möglich.[440] Als Zielgröße können der Vermögensendwert, die Entnahme, die Rentabilität (Gesamt- und Eigenkapitalrentabilität) sowie die Amortisationsdauer zugrunde gelegt werden.[441] Ein wesentlicher Unterschied zu den klassischen Methoden besteht darin, dass der Betrachtungszeitpunkt endwertorientiert ist. Das heißt, dass alle Zahlungen auf den Planungshorizont und nicht auf den Betrachtungszeitpunkt bezogen werden.[442] Um die konkreten Gegebenheiten des Investitionsobjektes und die daraus folgenden Konsequenzen realistisch abzubilden, ist ein tabellarischer Aufbau zu favorisieren. Dieser bietet die Möglichkeit, die Berechnungen übersichtlich darzustellen und für den Anwender in beherrschbare Einzelsegmente zu zerlegen.[443] Der schematische Aufbau eines VoFi ist in Abbildung 6-1 dargestellt und wird nachfolgend näher beschrieben.

Originäre Zahlungen	Einzahlungen, Auszahlungen
Derivative Zahlungen	Finanzierungszahlungen, Verwendung von Einzahlungsüberschüssen, Ausgleich von Auszahlungsüberschüssen, Steuerzahlungen
Zusatzinformationen	Finanzierungssaldo, Kreditstand, Konto-/Guthabenstand, Bestandssaldo
Nebenrechnungen	Abschreibungsplan, Finanzierungsplan, Steuerberechnung, Sonstige Berechnungen

Abbildung 6-1: Vereinfachter schematischer Aufbau eines VoFi[444]

Die originären Zahlungen (direkten Zahlungen) resultieren aus der Realisierung des Investitionsobjektes und beinhalten alle Auszahlungen (Investitionsausgabe und laufende Ausgaben in den

---

[436] Vgl. SCHMUCK (2017), S. 91.

[437] Vgl. KRUSCHWITZ (2014), S. 33 und GONDRING (2007), S. 68 f.

[438] Vgl. SCHULTE ET AL. (2016), S. 604.

[439] Die Methode der vollständigen Finanzpläne basiert auf einem von HEISTER vorgeschlagenen Konzept, das durch GROB weitereinwickelt wurde (vgl. STOPKA/URBAN (2017), S. 183 und ROPETER (1998), S. 172).

[440] Vgl. SCHULTE ET AL. (2016), S. 605 und GÖTZE (2014), S. 135.

[441] Vgl. SCHULTE ET AL. (2016), S. 593; GÖTZE (2014), S. 127 und ROPETER (1998), S. 172.

[442] Vgl. RIEDIGER (2012), S. 47.

[443] Vgl. ROPETER (1998), S. 172 f.

[444] In Anlehnung an SCHMUCK (2017), S. 93; GROB (2015), S. 123; GÜRTLER (2007), S. 45 und ROPETER (1998), S. 174.

Perioden) und Einzahlungen (laufende Einnahmen in den Perioden und Veräußerungserlös).[445] Die Gegenüberstellung der Ein- und Auszahlungen wird als Zahlungsfolge bezeichnet.[446]

Die derivativen Zahlungen (indirekte Zahlungen) ergeben sich aus den originären Zahlungen und beinhalten notwendige Finanzierungs- und Steuerzahlungen. Zudem werden den derivativen Zahlungen Reinvestitionen (Verwendung von Einzahlungsüberschüssen) und Ergänzungsinvestitionen (Ausgleich von Auszahlungsüberschüssen) zugerechnet.[447]

Die Zusatzinformationen enthalten alle Berechnungen, die für die Beurteilung des Investitionsvorhabens genutzt werden können. Das Finanzierungssaldo dient der Überprüfung der Berechnungen und muss in der Summe 0 ergeben.[448] Der Kreditstand wird als Summe aller Kredite, der Konto-/Guthabenstand als Summe aller Guthaben und der Bestandssaldo als Differenz zwischen Kredit- und Guthabenstand im Betrachtungsjahr ausgewiesen.[449] Das Bestandssaldo ist dabei von besonderem Interesse, da dies dem Endwert der Investition entspricht und die Grundlage zur Ermittlung der Rentabilität bildet.[450]

Die Nebenrechnungen beinhalten alle Berechnungen, die für die Ermittlung der vorher benannten Größen benötigt werden und umfassen Abschreibungs-, Finanzierungs- und Steuerberechnungen sowie weitere notwendige Berechnungen.[451]

Als Bewertungskennzahlen der vollständigen Finanzplanung können die in Tabelle 6-1 dargestellten Zielgrößen herangezogen werden. In der vorliegenden Arbeit wird die Ermittlung der Rentabilität ausgewählt. Hierbei wird speziell die Eigenkapitalrentabilität r_{EK}[452] betrachtet. Diese gibt an, mit welchem Zinssatz das im Jahr n eingesetzte und auf den Zeitpunkt 0 abgezinste Eigenkapital $K_{EK, 0, n}$ zu einem Endvermögen mit dem Investitionsendwert $I_{End, n}$ anwächst und ermittelt sich nach der Formel 6-1.[453]

---

[445] Vgl. SCHULTE ET AL. (2016), S. 584 ff.; GROB (2015), S. 104; DIETRICH (2005), S. 190 f. und ROPETER (1998), S. 54 f.

[446] Vgl. GROB (2015), S. 108.

[447] Vgl. SCHULTE ET AL. (2016), S. 590 f.; GROB (2015), S. 105; DIETRICH (2005), S. 190 f. und ROPETER (1998), S. 55.

[448] Vgl. GÜRTLER (2007), S. 51.

[449] Vgl. SCHMUCK (2017), S. 93 f. und GÜRTLER (2007), S. 51.

[450] Vgl. GROB (2015), S. 122.

[451] Vgl. SCHMUCK (2017), S. 94 und GÜRTLER (2007), S. 52.

[452] Für Investoren ist regelmäßig die Verzinsung des eingesetzten Eigenkapitals von Bedeutung (vgl. SCHULTE ET AL. (2016), S. 609 und ROPETER (1998), S. 178). Daher wird im Rahmen der vorliegenden Arbeit die Eigenkapitalrendite r_{EK} ermittelt.

[453] Vgl. SCHULTE ET AL. (2016), S. 608 f. und GROB (2015), S. 245 ff.

$$r_{EK} = \begin{cases} \sqrt[n]{\dfrac{I_{End,\,n}}{K_{EK,\,0}}} - 1, & \text{für } I_{End,\,n} \geq 0 \\[3ex] -\sqrt[n]{1 + \dfrac{|I_{End,\,n}|}{K_{EK,\,0}}}, & \text{für } I_{End,\,n} < 0 \end{cases}$$

r_{EK} Eigenkapitalrendite [%]
$I_{End,\,n}$ Investitionsendwert im Jahr n [€]
$K_{EK,\,0}$ Eigenkapitaleinsatz zum Zeitpunkt 0 [€]
n   Laufzeit [a]

Beträgt der Endwert 0 ($I_{End,\,n}$ = 0), führt dies zu einer Eigenkapitalrendite von r_{EK} = -100 %. Das heißt, dass in diesem Fall ein totaler Eigenkapitalverlust zu verzeichnen ist. Liegt der Endwert im negativen Bereich ($I_{End,\,n}$ < 0), sind neben dem vollständigen Verlust des Eigenkapitals zusätzliche Kapitalverluste zu verzeichnen. In diesem Fall ist zusätzlich zum eingebrachten Eigenkapital ein Zuschuss notwendig. Wird hingegen das zum Startzeitpunkt eingesetzte Eigenkapital zum Ende des Betrachtungszeitraumes exakt wiedergewonnen ($K_{EK,\,0,\,n}$ = $I_{End,\,n}$), ist von einer nominellen Eigenkapitalerhaltung auszugehen. In diesem Fall beträgt die Eigenkapitalrendite r_{EK} = 0 %. Wird zum Ende des Betrachtungszeitraums ein Endwert erzielt, der höher als das eingebrachte Eigenkapital ist ($I_{End,\,n}$ > 0), wird eine positive Eigenkapitalrendite r_{EK} > 0 % erzielt.[454]

6.2.2   Lebenszyklusbasierte Szenariobetrachtung

Anpassungen oder Umnutzungen[455] von Produktionshallen können mithilfe eines einzelnen VoFi nur bedingt abgebildet werden. Daher ist es notwendig, die Lebenszyklusanalyse mit der Szenariobetrachtung zu verknüpfen.[456] Hierdurch können mögliche Entwicklungen durch definierte Zukunftsbilder untersucht, monetär bewertet, verglichen und ausgewertet werden.[457]

Dafür ist zunächst ein geeigneter Betrachtungszeitraum festzulegen. Dieser ist nach Möglichkeit so auszuwählen, dass ein großer Anteil der Nutzungsdauer erfasst wird, die Prognoseunsicherheit jedoch überschaubar bleibt. In der Literatur gibt es verschiedene Empfehlungen. SCHULTE ET AL.[458] empfehlen einen eher kürzeren Prognosezeitraum von 10 bis 20 Jahren.[459] JÜNGER[460] empfiehlt einen Betrachtungszeitraum von 20 bis 30 Jahren. Die GEFMA 220-1:2010-09[461] definiert einen maximalen Prognosezeitraum von 25 bis 30 Jahren.[462] LEMAITRE[463] gibt für die Lebenszykluskostenbetrachtung einen generellen Zeitrahmen von 50 Jahren vor. Zusätzlich wird für

---

[454] Vgl. SCHMUCK (2017), S. 95 und GROB (2015), S. 246 ff.
[455] ROTH erwähnt explizit der Vorteilhaftigkeit der Szenariobetrachtung in Bezug auf die Bewertung der Umnutzungsfähigkeit von Gebäuden (vgl. ROTH (2011), S. 106).
[456] Vgl. METZNER (2017), S. 273.
[457] Vgl. ROSE (2017), S. 114 und KOSOW/GAßNER/ERDMANN (2008), S. 9 f.
[458] Vgl. SCHULTE ET AL. (2016), S. 589.
[459] SCHULTE. ET. AL. empfiehlt für die Berücksichtigung der Restnutzungsdauer den Verkauf des Gebäudes zu unterstellen (vgl. SCHULTE ET AL. (2016), S. 589).
[460] Vgl. JÜNGER (2012), S. 15.
[461] Vgl. GEFMA 220-1:2010-09, S. 5.
[462] Dieser Prognosezeitraum wird von der GEFMA damit begründet, dass Aussagen zu technischen Möglichkeiten und Erwartungen künftiger Nutzer über diesen Zeitraum hinaus mit besonderer Unsicherheit verbunden sind (vgl. GEFMA 220-1:2010-09, S. 5).
[463] Vgl. LEMAITRE (2018), S. 209 ff.

Produktions- und Logistikgebäude ein reduzierter Betrachtungszeitrahmen von 20 Jahren festgelegt. Die Norm ISO 15686-5:2017-07[464] gibt keinen spezifischen Betrachtungszeitraum vor, begrenzt den maximalen Zeithorizont jedoch auf 100 Jahre. Anhand dieser Empfehlungen wird im Rahmen der vorliegenden Arbeit ein Betrachtungszeitraum von insgesamt 30 Jahren festgelegt. Dieser Zeitraum wird gewählt, um im Modell verschiedene Folgenutzungen berücksichtigen zu können und dennoch die Prognoseunsicherheit in einem bewertbaren Rahmen zu belassen.

Darauf aufbauend können nun Szenarien festgelegt werden. Zur Charakterisierung von Szenarien wird in der Literatur häufig auf die Trichterdarstellung verwiesen.[465] Diese bildet den Umstand ab, dass mit zunehmender Reichweite der zukünftigen Betrachtung der Einfluss der Gegenwart sinkt und sich der Bereich möglicher Zukunftsbilder trichterförmig öffnet. Die seitlichen Begrenzungen des Trichters bilden die Extremszenarien ab und werden als optimistische („Best-Case") und pessimistische („Worst-Case") Szenarien definiert.[466] Zwischen den aufgezeigten Extremszenarien öffnet sich ein Korridor beliebig vieler Szenarien. Ein signifikantes Szenario bildet hierbei das wahrscheinlichste („Base-Case") Szenario.[467] Die Erstellung der Szenarien erfolgt regelmäßig manuell. Nur in Ausnahmefällen ist eine automatische Generierung möglich.[468] Zur Untersuchung der Anpassungs- und Umnutzungsfähigkeit von Produktionshallen werden insgesamt drei verschiedene Szenarien in Kombination mit den erstellten Varianten des Referenzgebäudes (siehe Abschnitt 5.3) erstellt. Diese basieren auf den Ergebnissen der Expertenbefragung zu den durchschnittlichen Nutzungsdauern (siehe Abschnitt 4.4.6.1). Szenario 0 wird als „Best-Case" Szenario festgelegt und zeichnet sich dadurch aus, dass das betreffende Hallenbauwerk über die gesamte Betrachtungsdauer keiner Anpassung oder Umnutzung bedarf (siehe Tabelle 6-2).

Tabelle 6-2: Lebenszyklusphasen für Szenario 0 – Keine Folgenutzung („Best-Case")

Szenario 0 – Keine Folgenutzung					
Anpassungs-/Umnutzungsfähigkeit	gering	mittel	mittel	hoch	hoch
Ausgewählte Lebenszyklusphasen	Variante 1	Variante 2	Variante 3	Variante 4	Variante 5
Realisierungsphase (Planen und Bauen)	2 Jahre				
Erstnutzungsphase	28 Jahre				

Szenario 1 wird als „Base-Case" Szenario definiert. Hierbei wird über den Betrachtungszeitraum des Wirtschaftlichkeitsmodells insgesamt eine Folgenutzung angenommen. Dabei wird von einer Vermarktungsphase ausgegangen, die für Variante 1, 2 und 3 mit einem Jahr und für Variante 4 und 5 mit einem halben Jahr festgelegt wird (siehe Tabelle 6-3). Die Vermarktungsphase für Variante 4 und 5 wird im Vergleich zu den Varianten 1, 2 und 3 kürzer gewählt, da durch die verbesserte Anpassungs- und Umnutzungsfähigkeit von einer schnelleren Vermarktung ausgegangen werden kann.

---

[464] Vgl. ISO 15686-5:2017-07, S. 18.

[465] Vgl. METZNER (2017), S. 268; ROSE (2017), S. 115; GLEIßNER (2017), S. 173; KOSOW/GAßNER/ERDMANN (2008), S. 13 und GONDRING (2007), S. 88.

[466] Es ist darauf hinzuweisen, dass die Trichterwände nur als gedankliche, nicht als absolute Grenzen angesehen werden dürfen (vgl. ROSE (2017), S. 114).

[467] Vgl. GLEIßNER (2017), S. 172 f.; METZNER (2017), S. 267 und HELLERFORTH (2008), S. 34.

[468] Vgl. METZNER (2017), S. 269.

Tabelle 6-3: Lebenszyklusphasen für Szenario 1 – Eine Folgenutzung („Base-Case")

Szenario 1 – Eine Folgenutzung				
Anpassungs-/Umnutzungsfähigkeit	gering	mittel	mittel	hoch	hoch
Ausgewählte Lebenszyklusphasen	Variante 1	Variante 2	Variante 3	Variante 4	Variante 5
Realisierungsphase (Planen und Bauen)	2 Jahre				
Erstnutzungsphase	15 Jahre				
Vermarktungsphase (Leerstand)	1 Jahr			0,5 Jahre	
1. Folgenutzung	12 Jahre			12,5 Jahre	

Szenario 2 wird als „Worst-Case" Szenario definiert und berücksichtigt insgesamt zwei Folgenutzungen. Auch bei diesem Szenario wird die Dauer der Vermarktungsphase von Variante 1, 2, und 3 mit einem halben Jahr und für Variante 4 und 5 mit einem Jahr festgelegt (siehe Tabelle 6-4).

Tabelle 6-4: Lebenszyklusphasen für Szenario 2 – Zwei Folgenutzungen („Worst-Case")

Szenario 2 – Zwei Folgenutzungen				
Anpassungs-/Umnutzungsfähigkeit	gering	mittel	mittel	hoch	hoch
Ausgewählte Lebenszyklusphasen	Variante 1	Variante 2	Variante 3	Variante 4	Variante 5
Realisierungsphase (Planen und Bauen)	2 Jahre				
Erstnutzungsphase	5 Jahre				
1. Vermarktungsphase (Leerstand)	1 Jahr			0,5 Jahre	
1. Folgenutzung	11 Jahre			11,5 Jahre	
2. Vermarktungsphase (Leerstand)	1 Jahr			0,5 Jahre	
2. Folgenutzung	10 Jahre			10,5 Jahre	

6.2.3   Risikointegration

6.2.3.1   Allgemein

Da die Investitionsrechnung im Regelfall zukunftsbezogen ist, unterliegen die gesamten Daten einer Prognoseunsicherheit. Zur adäquaten Berücksichtigung dieses Sachverhaltes ist die Anwendung ausgewählter Prognoseverfahren notwendig.[469]

Die stochastische Risikoanalyse bietet einen geeigneten Ansatz zur systematischen Identifizierung und Abbildung von Einzelrisiken sowie zur anschließenden Bewertung der quantitativen Auswirkungen.[470] Hierzu werden in einem ersten Schritt die risikobehafteten Eingangsgrößen bestimmt.[471] In einem nächsten Schritt werden die Wahrscheinlichkeitsverteilungen und stochastischen Abhängigkeiten festgelegt. Darauffolgend wird die Simulation der Ergebnisverteilung

---

[469] Vgl. POGGENSEE (2015), S. 25.
[470] Vgl. GLEIßNER (2017), S. 99; SCHÄFERS/WURSTBAUER (2016), S. 1048 und KRUSCHWITZ (2014), S. 322.
[471] Vgl. GLEIßNER (2017), S. 101.

durchgeführt. Dies bildet die Basis, um in einem letzten Schritt die Ergebnisse zu interpretieren und die beste Investitionsalternative auszuwählen.[472]

In den folgenden Abschnitten werden die hierzu notwendigen Voraussetzungen erläutert und festgelegt. Dabei ist anzumerken, dass im Rahmen der vorliegend Arbeit ausschließlich monetär bewertbare Risiken mithilfe der stochastischen Risikoanalyse berücksichtigt werden. Die Umsetzung erfolgt mithilfe der Analysesoftware Palisade @RISK.

6.2.3.2 Relevante Verteilungsfunktionen

Zur stochastischen Abbildung der risikobehafteten Eingangsgrößen sind geeignete Wahrscheinlichkeitsverteilungen zu wählen. Diese müssen die jeweiligen Eintrittswahrscheinlichkeiten realistisch abbilden. Die Wahl der konkreten Verteilungsfunktionen basiert auf statistischen Kennwerten. Liegen diese nicht vor, sind sinnvolle Annahmen auf Basis von Erfahrungen oder Expertenbefragungen zu treffen.[473]

In der Literatur existieren verschiedene Empfehlungen zu anwendungsbezogenen Wahrscheinlichkeitsverteilungen. GLEIßNER[474] gibt an, dass Risiken häufig durch Binomial-, Normal- und Dreiecksverteilungen beschrieben werden. GIRMSCHEID/MOTZKO[475] empfehlen für die risikobasierte Preisbildung die Dreieck-, Beta- oder Pertverteilung. NEMUTH[476] kommt in der Beurteilung der Verteilungsfunktionen zu dem Schluss, dass für die Risikobewertung insbesondere Rechteck-, Dreieck- und Betaverteilung praktikabel sind. GÜRTLER[477] und SCHMUCK[478] empfehlen für die kostenbezogene Risikobetrachtung stetige Verteilungsfunktion mit endlichen Intervallgrenzen, wie beispielsweise Rechteck-, Dreieck- und Pertverteilung.

Aufgrund der vorgestellten Empfehlungen wird im Rahmen der vorliegenden Arbeit auf eine umfangreiche Eignungsbeurteilung der insgesamt zur Verfügung stehenden Verteilungen verzichtet und als Grundlage die Rechteck-, Dreieck- und Pertverteilung ausgewählt (siehe Tabelle 6-5).

Tabelle 6-5: Schematische Darstellung der Rechteck-, Dreieck- und Pertverteilung

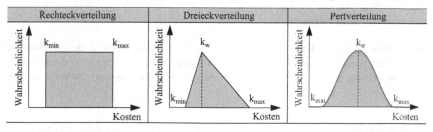

---

[472] Vgl. METZNER (2017), S. 280 und POGGENSEE (2015), S. 297 f.
[473] Vgl. GÜRTLER (2007), S. 67.
[474] Vgl. GLEIßNER (2017), S. 174 f.
[475] Vgl. GIRMSCHEID/MOTZKO (2013), S. 364.
[476] Vgl. NEMUTH (2006), S. 158 f.
[477] Vgl. GÜRTLER (2007), S. 67.
[478] Vgl. SCHMUCK (2017), S. 99.

Die Rechteckverteilung[479] ist ein sehr einfaches Verteilungsmodell.[480] Dieses wird verwendet, wenn keine Informationen über die Eintrittswahrscheinlichkeiten zwischen dem bestimmbaren Kostenintervall (k_{min}, k_{max}) vorliegen.[481] Die Dichtefunktion f(x) bestimmt sich mit der Formel 6-2.[482]

$$f(x) = \begin{cases} \dfrac{1}{k_{max} - k_{min}} & \text{für } k_{min} \leq x \leq k_{max} \\ 0 & \text{sonst.} \end{cases}$$

Formel 6-2: Dichtefunktion der Rechteckverteilung

Die Dreieckverteilung wird gewählt, wenn die risikobehaftete Variable entweder einen Chancen- oder Gefahrenüberhang aufweist und bestimmt sich durch das Kostenintervall (k_{min}, k_{max}) sowie den wahrscheinlichsten Wert (k_w).[483] Durch die einfachen Modellierungsansätze wird diese Verteilung häufig in der Praxis verwendet.[484] Die Dichtefunktion f(x) kann durch die Formel 6-3 beschrieben werden.[485]

$$f(x) = \begin{cases} \dfrac{2(x - k_{min})}{(k_{max} - k_{min})(k_w - k_{min})} & \text{für } k_{min} \leq x \leq k_w \\ \dfrac{2(x - k_{max})}{(k_{max} - k_{min})(k_w - k_{max})} & \text{für } k_w < x \leq k_{max} \\ 0 & \text{sonst.} \end{cases}$$

Formel 6-3: Dichtefunktion der Dreieckverteilung

Die Pertverteilung basiert auf der Betaverteilung und ist eng mit der Dreiecksverteilung verwandt. Die Besonderheit dieser Verteilung liegt darin, dass die Werte im Bereich des wahrscheinlichsten Wertes eine höhere Eintrittswahrscheinlichkeit als bei der Dreiecksverteilung aufweisen.[486] Die Dichtefunktion f(x) bestimmt sich auf Basis der Formel 6-4:[487]

$$f(x) = \frac{(x - k_{min})^{\alpha_1 - 1}(k_{max} - x)^{\alpha_2 - 1}}{B(\alpha_1, \alpha_2)(k_{max} - k_{min})^{\alpha_1 + \alpha_2 - 1}}$$

Formel 6-4: Dichtefunktion der Pertverteilung

$$\text{mit} \quad \alpha_1 = 6\left(\frac{\mu - k_{min}}{k_{max} - k_{min}}\right) \quad \alpha_2 = \left(\frac{k_{max} - \mu}{k_{max} - k_{min}}\right) \quad \mu = \frac{k_{min} + 4k_w + k_{max}}{6}$$

$B(\alpha_1, \alpha_2)$ entspricht der Betafunktion

Für die Modellierung der Eingangsparameter[488] im Lebenszyklusmodell wird die Dreieckverteilung gewählt. Hierbei können die risikobehafteten Eingangsgrößen mit vergleichsweise geringem Aufwand realitätsnah abgebildet werden. Für Kennwerte, bei denen der wahrscheinlichste Wert

---

[479] Die Rechteckverteilung wird in der Literatur auch als Gleichverteilung oder uniforme Verteilung bezeichnet (vgl. COTTIN/DÖHLER (2009), S. 30).
[480] Vgl. COTTIN/DÖHLER (2009), S. 30.
[481] Vgl. FLEMMING (2012), S. 131 und GÜRTLER (2007), S. 67.
[482] Vgl. COTTIN/DÖHLER (2009), S. 30.
[483] Vgl. GLEIßNER (2017), S. 176.
[484] Vgl. GLEIßNER (2017), S. 184.
[485] Vgl. COTTIN/DÖHLER (2009), S. 44.
[486] Vgl. GLEIßNER (2017), S. 185.
[487] Vgl. PALISADE CORPORATION (2016), S. 770.
[488] Die relevanten Eingangsparameter werden in Abschnitt 6.4.2 bestimmt.

unbekannt ist, wird die Rechteckverteilung zugrunde gelegt. Die Pertverteilung findet im Rahmen der vorliegenden Arbeit keine Anwendung.

6.2.3.3 Auswahl der Simulationsmethode und Anzahl der Iterationen

Die Wahrscheinlichkeitsverteilung der Zielgröße kann mithilfe verschiedener Simulationsmethoden ermittelt werden. Im immobilienwirtschaftlichen Kontext werden häufig die Monte-Carlo-Simulation (MCS) und die Latin-Hypercube-Simulation (LHS) angewendet.[489]

Bei der MCS wird in jedem Simulationslauf eine Zufallszahl aus dem gesamten festgelegten Wahrscheinlichkeitsintervall gewählt. Dieser Vorgang wird so oft wiederholt, bis die vorgegebene Anzahl an Iterationen erreicht wird.[490] Damit entspricht diese Simulationsmethode dem Urnenprinzip „Ziehen mit Zurücklegen".[491] Der Nachteil zeigt sich jedoch bei einer geringen Anzahl an Iterationsschritten, da es zur Ballung der Zufallszahlen kommen kann (siehe Tabelle 6-6).[492]

Die LHS kann als erweitertes Verfahren der MCS zur Generierung stichprobenbasierter Wahrscheinlichkeitsverteilungen angesehen werden. Bei diesem Verfahren wird die Probenerhebung geschichtet durchgeführt. Hierbei werden Intervalle gebildet und die Stichproben aus jedem Intervall gezogen (siehe Tabelle 6-6).[493] Damit entspricht die LHS dem Urnenprinzip „Ziehen ohne Zurücklegen".[494] Der Vorteil dieser Methode zeigt sich darin, dass insgesamt weniger Iterationsschritte als bei der MCS notwendig sind, um ein stabiles Ergebnis zu erreichen.[495]

Tabelle 6-6: Prinzipskizze der Probenerhebung mit MCS und LHS[496]

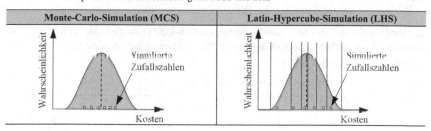

Neben der Simulationsmethode ist die Anzahl der notwendigen Iterationen von Interesse. Hierdurch wird sichergestellt, dass sich die Abweichungen in einem vertretbaren Umfang bewegen und aussagekräftige Ergebnisse generiert werden.[497] Zur Konkretisierung wird eine Beispielsimulation durchgeführt. Hierzu wird eine Rechteckverteilung mit $k_{min} = -10.000 €$ und

---

[489] Diese Verfahren werden beispielsweise explizit durch SCHMUCK (2017), GÜRTLER (2007), NEMUTH (2006) und ROPETER (1998) angewendet.

[490] Vgl. HOFSTADLER/KUMMER (2017), S. 210.

[491] Vgl. FLEMMING (2012), S. 129.

[492] Vgl. HOFSTADLER/KUMMER (2017), S. 210 und ROTTKE (2017c), S. 983.

[493] Vgl. HOFSTADLER/KUMMER (2017), S. 211 f.

[494] Vgl. FLEMMING (2012), S. 129.

[495] Vgl. HOFSTADLER/KUMMER (2017), S. 211 und ROTTKE (2017c), S. 983.

[496] In Anlehnung an HOFSTADLER/KUMMER (2017), S. 212; PALISADE CORPORATION (2016), S. 992 f.; FLEMMING (2012), S. 129 und KAUTT/WIELAND (2001), S. 82 ff.

[497] Vgl. NEMUTH (2006), S. 161.

$k_{max} = +10.000 \, €$ festgelegt. Der Mittelwert beträgt 0 €. Bei der Simulation werden nun Zufallszahlen zwischen k_{min} und k_{max} erzeugt. Dabei ist offensichtlich, dass sich bei nur einer Iteration
eine Abweichung von ±100 % vom Mittelwert ergeben kann. Mit zunehmender Iterationsanzahl
wird sich das Ergebnis an den berechneten Mittelwert von 0 € annähern. In Tabelle 6-7 sind die
Simulationsergebnisse in Abhängigkeit der Iterationsanzahl und der Simulationsmethode dargestellt. Es ist ersichtlich, dass mithilfe der LHS schon nach 100 bis 500 Iterationen relativ geringe
Abweichungen erreicht werden. Die MCS hingegen generiert erst nach 50.000 bis 100.000 Simu-
lationen ähnliche Ergebnisse.

Tabelle 6-7: Vergleich der Simulationsmethoden und Anzahl der Iterationen

Monte-Carlo-Simulation (MCS)			Latin-Hypercube-Simulation (LHS)		
Iterationen	Mittelwert [€]	Abweichung Sollwert [%]	Iterationen	Mittelwert [€]	Abweichung Sollwert [%]
1	-6.537,58	-65,38	1	5.424,99	54,25
10	1.874,13	18,74	10	-274,63	-2,75
50	722,87	7,23	50	-19,11	-0,19
100	643,72	6,44	100	2,98	0,03
500	406,43	4,06	500	0,65	0,007
1.000	55,80	0,56	1.000	0,48	0,005
5.000	-25,48	-0,25	5.000	-0,02	-0,0002
10.000	7,73	0,08			
50.000	4,56	0,046			
100.000	3,52	0,035			

Zur Verdeutlichung dieses Sachverhaltes ist in Tabelle 6-8 die Dichtefunktion der beiden Simu-
lationsverfahren mit 500 Iterationen dargestellt. Hier wird ersichtlich, dass die LHS die Zielver-
teilung schon sehr genau abbildet.

Tabelle 6-8: Gegenüberstellung der Dichtefunktionen aus MCS und LHS (500 Iterationen)[498]

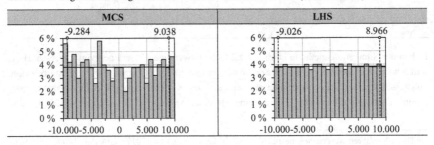

Anhand der dargestellten Voruntersuchung wird für die Simulation des vorliegend Lebenszyk-
lusmodells die LHS ausgewählt. Diese wird mit 10.000 Iterationen durchgeführt.

---

[498] Ähnliche Voruntersuchungen wurden beispielsweise durch HOFSTADLER/KUMMER (2017), S. 213 und
NAUMANN (2007), S. 171 f. durchgeführt.

6.2.3.4 Interpretation der Zielgrößenverteilung

Die zielführende Interpretation der Simulationsergebnisse ist entscheidend, um einen Mehrwert aus den durchgeführten Berechnungen abzuleiten.[499] Zur Auswertung ist zunächst die Wahrscheinlichkeitsverteilung der zu untersuchenden Zielgröße relevant. Diese lässt sich grafisch durch eine Dichte- oder Verteilungsfunktion darstellen (siehe Abbildung 6-2).[500]

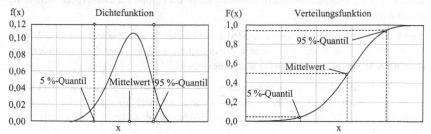

Abbildung 6-2: Schematische Darstellung der Dichte- und Verteilungsfunktion

Die Dichtefunktion zeigt die Eintrittswahrscheinlichkeit einzelner Ergebnisse (x) an und lässt Aussagen zur Über- oder Unterschreitung spezifischer Ergebniswerte zu.[501] Darüber hinaus kann der Wertebereich wesentlicher Ergebnisse abgelesen werden (z. B. 90 % der simulierten Ergebnisse).[502]

Die Verteilungsfunktion ergibt sich durch das Aufsummieren der Einzelwahrscheinlichkeiten der Dichtefunktion. Anhand des Funktionsverlaufes können beispielsweise Aussagen zum Über- oder Unterschreiten relevanter Schwellenwerte abgeleitet werden. Die kumulierten Wahrscheinlichkeiten entsprechen den Werten, die aus dem Flächeninhalt der Dichtefunktion gewonnen werden können. Somit kann die Verteilungsfunktion aus mathematischer Sicht als Stammfunktion der Dichtefunktion definiert werden.[503]

Aus den vorgestellten Wahrscheinlichkeitsfunktionen können verschiedene quantitative Parameter zur objektiven Beschreibung der Lage, Streuung, Schiefe und Wölbung abgeleitet werden.[504] Zur Beschreibung des mittleren Niveaus einer Verteilung können ausgewählte Lageparameter herangezogen werden. Als wesentliche Kennzahlen sind hierbei der Mittelwert, der Median und der Modus zu nennen.[505]

[499] Vgl. HOFSTADLER/KUMMER (2017), S. 294.
[500] Vgl. GIRMSCHEID/MOTZKO (2013), S. 360 f.
[501] Vgl. HOFSTADLER/KUMMER (2017), S. 298.
[502] Vgl. HÖLSCHER/KALHÖFER (2015), S. 50.
[503] Vgl. HÖLSCHER/KALHÖFER (2015), S. 51.
[504] Vgl. HÖLSCHER/KALHÖFER (2015), S. 35.
[505] Vgl. HOFSTADLER/KUMMER (2017), S. 57; HÖLSCHER/KALHÖFER (2015), S. 36 und COTTIN/DÖHLER (2009), S. 105.

Der Mittelwert (arithmetisches Mittel) definiert sich als Durchschnitt konkreter beobachteter Merkmalsausprägungen.[506] Zur wahrscheinlichkeitstheoretischen Abstraktion des Mittelwertes kann der Erwartungswert herangezogen werden.[507]

Der Median (Zentralwert) wird als mittlerer Wert einer nach der Größe sortierten Reihenfolge der Merkmalswerte definiert und entspricht dem 50 %-Quantil. Im Vergleich zum Mittelwert ist der Median stabiler gegenüber Ausreißern, da extrem kleine oder große Verteilungswerte nicht in die Berechnung eingehen.[508]

Der Modus (häufigster Wert) oder auch Modalwert beschreibt den Maximalwert einer Dichtefunktion.[509] Da dieser Wert jedoch nicht in jedem Fall eindeutig ist, wird dieser Lageparameter für statistische Datenauswertungen nur selten angewendet.[510]

Neben den dargestellten mittleren Lageparametern sind verschiedene prozentuale Quantile von Bedeutung. Zur Abgrenzung von Extremwerten sowie zum Ausschluss von Minimal- und Maximalwerten wird häufig das 5 %-Quantil und das 95 %-Quantil der Zielgrößenfunktion angegeben (siehe Abbildung 6-2).[511]

6.3   Stochastische Realisierungskostenermittlung

6.3.1   Methodische Grundlagen und Vorgehensweise

Die detaillierte Ermittlung der Realisierungskosten ist auf Grundlage einer geeigneten Kostenstrukturierung durchzuführen. Die Vergleichbarkeit der Kostenkennzahlen setzt zwingend eine gleichartige Struktur und Zusammensetzung voraus.[512] Hierfür kann beispielsweise die Kostengliederung nach DIN 276:2018-12 herangezogen werden. Diese Norm unterteilt die anfallenden Kosten in bauteilbezogene Kostengruppen (KG), die hierarchisch in insgesamt drei Ebenen gegliedert werden (siehe Tabelle 6-9). In Abhängigkeit des Planungsstandes und den vorgegebenen Genauigkeitsanforderungen können die Kosten nach Basiselementen (1. Ebene), Grobelementen (2. Ebene) und Funktionselementen (3. Ebene) gegliedert und ermittelt werden.[513] Diese Kostenstrukturierung ist insbesondere für planungsorientierte Kostenermittlungsverfahren geeignet.[514]

[506] Vgl. ZWERENZ (2015), S. 98.
[507] Vgl. HOFSTADLER/KUMMER (2017), S. 58 und COTTIN/DÖHLER (2009), S. 105.
[508] Vgl. STIEFL (2018), S. 22; HOFSTADLER/KUMMER (2017), S. 58 und COTTIN/DÖHLER (2009), S. 105.
[509] Vgl. HOFSTADLER/KUMMER (2017), S. 58.
[510] Vgl. STIEFL (2018), S. 24.
[511] Vgl. ZWERENZ (2015), S. 98.
[512] Vgl. SCHACH/SPERLING (2001), S. 299.
[513] Vgl. BERNER/KOCHENDÖRFER/SCHACH (2013), S. 47.
[514] Vgl. MÖLLER/KALUSCHE (2013), S. 206.

Tabelle 6-9: Beispielhafte Kostengliederung nach DIN 276-1:2018-12

Basiselemente (1. Ebene)		Grobelemente (2. Ebene)		Funktionselemente (3. Ebene)	
KG	Bezeichnung	KG	Bezeichnung	KG	Bezeichnung
100	Grundstück	310	Baugrube, Erdbau	341	Trag. Innenwände
200	Vorbereitende Maßnahmen	320	Gründung, Unterbau	342	Nichttrag. Innenwände
300	**Baukonstruktion**	330	Außenwände[515]	343	Innenstützen
400	Technische Anlagen	**340**	**Innenwände[516]**	344	Innenwandöffnungen
500	Außenanlagen & Freiflächen	350	Decken[517]	345	Innenwandbekleidungen
600	Ausstattung & Kunstwerke	360	Dächer	346	Element. Innenwandkonstr.
700	Baunebenkosten	370	Infrastrukturanlagen	347	Lichtschutz zur KG 340
800	Finanzierung	380	Baukonstr. Einbauten	349	Sonstiges zur KG 340
		390	Sonstige Maßnahmen		

Eine weitere Möglichkeit bietet die ausführungsorientierte Kostengliederung nach Standardleistungsbuch (STLB)[518] oder dem Standardleistungskatalog. Hierbei werden einzelne Leistungen zu sogenannten Leistungsbereichen (LB) zusammengefasst. Die Bezeichnungen der über 70 LB entsprechen dabei weitestgehend den Bezeichnungen der VOB/C[519].[520] Diese Kostenstrukturierung wird für ausführungsorientierte Kostenermittlungsverfahren angewendet.[521]

Im Rahmen der vorliegenden Arbeit werden die Kosten anhand der Basiselemente (1. Ebene) der DIN 276-1:2018-12 gegliedert und eine detaillierte Kalkulation der KG 300 nach Leitpositionen[522] vorgenommen. Auf eine Kostenstrukturierung nach Grobelementen (2. Ebene) und Funktionselementen (3. Ebene) wird verzichtet, da sich diese nur bedingt für Hallenbauwerke eignen. Insgesamt werden die zu ermittelnden Leitpositionen der KG 300 in folgende übergeordnete Elemente gegliedert:

- A Gründung,
- B Tragwerk,
- C Bodenplatte,
- D Fassade, Dach, Türen, Fenster und Andienung sowie
- E Nutzerausbau.

Die spezifische Kostenermittlung der Leitpositionen erfolgt auf Basis realistisch abschätzbarer Kosten. Aktuelle und verlässliche Daten können aus verschiedenen abgeschlossenen Projekten gewonnen werden. Sind diese Kostenkennwerte nicht verfügbar, kann auf statistisch ausgewertete Kostenkennwerte zurückgegriffen werden. Diese werden beispielsweise durch das

---

[515] Zusätzlich wird die Bezeichnung „vertikale Baukonstruktionen, außen" verwendet.
[516] Zusätzlich wird die Bezeichnung „vertikale Baukonstruktionen, innen" verwendet.
[517] Zusätzlich wird die Bezeichnung „horizontale Baukonstruktionen" verwendet.
[518] Weitere Informationen unter www.stlb-bau-online.de abrufbar.
[519] Vgl. DEUTSCHER VERGABE- UND VERTRAGSAUSSCHUSS FÜR BAULEISTUNGEN (2012).
[520] Vgl. BERNER/KOCHENDÖRFER/SCHACH (2013), S. 105.
[521] Vgl. MÖLLER/KALUSCHE (2013), S. 206.
[522] Leitpositionen bezeichnen Positionen, die für die Herstellung des Bauwerks von wesentlicher Bedeutung sind.

Baukosteninformationszentrum (BKI), SirAdos[523] oder das Baupreislexikon[524] zur Verfügung gestellt. Das BKI liefert dezidierte Kostenkennwerte zu Gebäuden, Bauelementen und Positionen nach der Kostengliederung der DIN 276:2018-12 und des STLB.[525] SiraAdos stellt in verschiedenen Baupreishandbüchern Kosten- und Zeitkennwerte nach der Kostengliederung des STLB zur Verfügung.[526] Das Baupreislexikon liefert ebenfalls aktuelle Baupreise anhand der Kostenstrukturierung nach STLB. Diese werden in einer online verfügbaren Datenbank bereitgestellt.[527]

Im Rahmen der vorliegenden Arbeit werden die Leitpositionen anhand der Kostenkennwerte des BKI ermittelt. Sind keine Kostenkennwerte für ausgewählte Leitpositionen verfügbar, werden die Daten aus SirAdos oder dem Baupreislexikon entnommen. Die für das Referenzgebäude ausgewählten Leitpositionen und die zugehörigen Kostenkennwerte werden in Tabelle 6-10, Tabelle 6-11, Tabelle 6-12, Tabelle 6-13 und Tabelle 6-14 dokumentiert. Alle dargestellten Kostenkennwerte werden auf Basis der angegebenen Datenquellen auf den Kostenstand Q1 2017 normiert, auf 0,50 € auf- oder abgerundet und als Netto-Kennzahlen angegeben. Da die einzelnen Positionen ausschließlich als Leitpositionen zu verstehen sind und notwendige Nebenarbeiten nicht explizit erfasst werden, wird jede Position zusätzlich mit einem Zuschlag von 20 % versehen. Daraus ergeben sich die dargestellten Kostenkennwerte der jeweiligen Leitpositionen. Außerdem wird die positionsbezogene stochastische Verteilungsfunktion angegeben, die dem Berechnungsmodell zugrunde gelegt wird (□ = Rechteckverteilung und Δ = Dreieckverteilung). Somit wird sichergestellt, dass die Kostenauswertung sowohl deterministisch[528] als auch probabilistisch erfolgen kann.

---

[523] Die SirAdos Baudaten werden durch das Unternehmen WEKA MEDIA GmbH & Co. KG zur Verfügung gestellt (vgl. WEKA MEDIA (2019), Stand 23.01.2019). Weitere Informationen unter www.sirados.de abrufbar.

[524] Das Baupreislexikon wird durch das Unternehmen f:data GmbH zur Verfügung gestellt (vgl. F:DATA (2017), Stand 12.10.2017). Weitere Informationen unter www.baupreislexikon.de abrufbar.

[525] Vgl. KALUSCHE/HERKE (2017); FETZER ET AL. (2017) und RITTER/KALUSCHE/KALUSCHE (2017).

[526] Vgl. WEKA MEDIA (2014a) und WEKA MEDIA (2014b).

[527] Vgl. F:DATA (2017), Stand 12.10.2017.

[528] Da das zugrunde gelegte Berechnungsmodell auf stochastischen Kostenansätzen beruht, erfolgt die deterministische Ergebnisermittlung nicht auf Basis der angegebenen mittleren Kostenkennwerte (Modus) sondern auf Basis der berechneten Mittelwerte. Beispielsweise wird für die Leitposition A1 nicht mit dem angegebenen mittleren Wert von 3,00 €/m² gerechnet, sondern mit dem errechneten Mittelwert von 3,17 €/m². Dies gilt auch für alle weiteren Leitpositionen.

Tabelle 6-10: Leitpositionen für Kategorie A (Q1 2017, netto)

Nr.	Leitposition	Einheit	Kostenkennwert in €/Einheit			□/Δ
			von	mittel	bis	
A Gründung						
A1	Oberboden abtragen[529]	m²	2,50	3,00	4,00	Δ
A2	Baugrubenaushub[530]	m³	6,50	8,50	11,00	Δ
A3	Bodenverbesserung[531]	m²	15,50	20,50	26,50	Δ
A4	Tragschicht[532]	m³	32,50	35,50	38,00	Δ
A5	Einzelfundamentaushub[533]	m³	26,50	29,00	32,00	Δ
A6	Gründungssohle verdichten[534]	m²	1,00	2,00	3,50	Δ
A7	Sauberkeitsschicht[535]	m²	8,50	9,50	13,00	Δ
A8	Einzelfundament C30/37[536]	m³	160,00	197,50	234,50	Δ

Tabelle 6-11: Leitpositionen für Kategorie B (Q1 2017, netto)

Nr.	Leitposition	Einheit	Kostenkennwert in €/Einheit			□/Δ
			von	mittel	bis	
B Tragwerk						
B1	Betonfertigteilstützen 50/50[537]	m	137,50	152,50	183,00	Δ
B2a	Stahl-Fachwerkbinder Variante 1[538]	m²	36,50	-	50,50	□
B2b	Stahl-Fachwerkbinder Variante 2/4[539]	m²	41,50	-	57,00	□
B2c	Stahl-Fachwerkbinder Variante 3/5[540]	m²	50,50	-	69,50	□
B3	Brandschutzbeschichtung[541]	t	304,00	-	729,50	□

---

[529] Vgl. BAUKOSTENINFORMATIONSZENTRUM (2016), Pos. 002-022.
[530] Vgl. BAUKOSTENINFORMATIONSZENTRUM (2016), Pos. 002-026.
[531] Vgl. BAUKOSTENINFORMATIONSZENTRUM (2016), Pos. 002-065.
[532] Vgl. BAUKOSTENINFORMATIONSZENTRUM (2016), Pos. 002-092.
[533] Vgl. BAUKOSTENINFORMATIONSZENTRUM (2016), Pos. 002-040.
[534] Vgl. BAUKOSTENINFORMATIONSZENTRUM (2016), Pos. 002-068.
[535] Vgl. BAUKOSTENINFORMATIONSZENTRUM (2016), Pos. 013-005.
[536] Vgl. WEKA MEDIA (2014b), S. 77.
[537] Vgl. GROENMEYER (2012), S. 171.
[538] Für das Referenzgebäude in der Variante 1 (Höhe 6 m und Traglastreserve 0,0 kN/m²) wird nach einer Vorbemessung eine Stahlmenge von ca. 65 t für die Stahl-Fachwerkbinder angenommen. In Bezug auf die A_{BGF} ergibt sich ein Kennwert von ~16 kg/m². Dieser Kennwert wird mit den spezifischen Kosten für Fachwerkträger multipliziert (vgl. BAUFORUMSTAHL (2017), S. 12 f.). Hieraus ergeben sich die angegebenen Kostenkennwerte von 36,50 €/m² bis 50,50 €/m².
[539] Für die Referenzgebäude Variante 2/4 (Höhe 8 m und Traglastreserve 0,5 kN/m²) wird nach einer Vorbemessung eine Stahlmehrmenge von 15 % im Vergleich zu Variante 1 ermittelt. Damit ergeben sich ca. 75 t für die Stahl-Fachwerkbinder. In Bezug auf die A_{BGF} ergibt sich ein Kennwert von ~18 kg/m² der nach Multiplikation mit den spezifischen Kosten für Fachwerkträger (vgl. BAUFORUMSTAHL (2017), S. 12 f.) die Kostenkennwerte von 41,50 €/m² bis 57,00 €/m² ergibt.
[540] Für die Referenzgebäude Variante 3/5 (Höhe 10 m und Traglastreserve 1,0 kN/m²) wird nach einer Vorbemessung eine Stahlmehrmenge von 37 % im Vergleich zu Variante 1 ermittelt. Damit ergeben sich ca. 90 t für die Stahl-Fachwerkbinder. In Bezug auf die A_{BGF} ergibt sich ein Kennwert von ~22 kg/m² der nach Multiplikation mit den spezifischen Kosten für Fachwerkträger (vgl. BAUFORUMSTAHL (2017), S. 12 f.) die Kostenkennwerte von 50,50 €/m² bis 69,50 €/m² ergibt.
[541] Vgl. BAUFORUMSTAHL (2017), S. 34 f.

Tabelle 6-12: Leitpositionen für Kategorie C (Q1 2017, netto)

Nr.	Leitposition	Einheit	Kostenkennwert in €/Einheit			□/Δ
			von	mittel	bis	
C Bodenplatte						
C1	Betonwandsockel[542]	m	83,00	101,50	115,00	Δ
C2	Perimeterdämmung Bodenplatte[543]	m²	17,50	21,00	25,00	Δ
C3	PEHD-Abdichtung (WHG) inkl. Trennvlies[544]	m²	26,00	-	35,00	□
C4	PE Folie[545]	m²	1,00	2,00	2,50	Δ
C5	Bodenplatte Stahlfaserbeton C30/37[546]	m³	230,00	254,00	292,00	Δ
C6	Hartstoffeinstreu[547]	m²	7,00	8,50	10,00	Δ

Tabelle 6-13: Leitpositionen für Kategorie D (Q1 2017, netto)

Nr.	Leitposition	Einheit	Kostenkennwert in €/Einheit			□/Δ
			von	mittel	bis	
D Fassade, Dach, Türen, Fenster und Andienung						
D1	Sandwichfassade PUR[548]	m²	95,00	105,00	126,00	Δ
D2	Kunststofffenster[549]	m²	326,50	348,00	400,00	Δ
D3	Betonsandwichfassade[550]	m²	120,00	149,50	182,00	Δ
D4	Sektionaltor[551]	St	3.709,00	4.514,00	5.524,00	Δ
D5	Türelement[552]	St	1.635,00	1.982,00	2.687,50	Δ
D6	Trapezblech Dach[553]	m²	34,00	39,50	51,50	Δ
D7	Dampfsperre Dach[554]	m²	8,50	10,00	14,00	Δ
D8	Dämmung Dach[555]	m²	21,00	23,50	26,50	Δ
D9	Abdichtung Dach[556]	m²	21,50	24,50	29,50	Δ
D10	Attikaabdeckung[557]	m	46,00	55,00	69,50	Δ
D11	Lichtkuppel inklusive RWA[558]	St	2.024,50	2.368,00	3.591,00	Δ
D12	Lichtkuppel ohne RWA[559]	St	1.225,50	1.426,00	2.469,00	Δ
D13	Absturzsicherung Anschlagpunkt[560]	St	174,00	235,20	281,00	Δ
D14	Flachdacheinlauf[561]	St	205,00	244,00	372,50	Δ
D15	Notüberlauf[562]	St	195,00	241,00	354,00	Δ
D16	Fallrohre[563]	m	21,50	24,60	31,00	Δ

---

[542] Vgl. WEKA MEDIA (2014b), S. 78.
[543] Vgl. BAUKOSTENINFORMATIONSZENTRUM (2016), Pos. 013-113.
[544] Vgl. BAUKOSTENINFORMATIONSZENTRUM (2016), Pos. 010-025 und HABEDANK (2014), S. 25.
[545] Vgl. BAUKOSTENINFORMATIONSZENTRUM (2016), Pos. 018-019.
[546] Vgl. F:DATA (2017), Stand 12.10.2017.
[547] Vgl. WEKA MEDIA (2014b), S. 216.
[548] Vgl. RECK (2015), S. 50.
[549] Vgl. WEKA MEDIA (2014b), S. 231.
[550] Vgl. WEKA MEDIA (2014b), S. 91.
[551] Vgl. BAUKOSTENINFORMATIONSZENTRUM (2016), Pos. 031-041.
[552] Vgl. BAUKOSTENINFORMATIONSZENTRUM (2016), Pos. 026-017.
[553] Vgl. BAUKOSTENINFORMATIONSZENTRUM (2016), Pos. 017-010.
[554] Vgl. BAUKOSTENINFORMATIONSZENTRUM (2016), Pos. 016-043.
[555] Vgl. BAUKOSTENINFORMATIONSZENTRUM (2016), Pos. 021-020.
[556] Vgl. BAUKOSTENINFORMATIONSZENTRUM (2016), Pos. 021-051.

Tabelle 6-14: Leitposition für Kategorie E (Q1 2017, netto)

Nr.	Leitposition	Einheit	Kostenkennwert in €/Einheit			□/Δ
			von	mittel	bis	
	E Nutzerausbau					
E1	Büroflächen, einfacher Standard[564]	m²	880,00	1.010,00	1.190,00	Δ

Für eine lebenszyklusbezogene Wirtschaftlichkeitsbetrachtung ist die alleinige Ermittlung der Kosten nach KG 300 nicht ausreichend. Daher werden auch die weiteren Kostengruppen der 1. Ebene in die Berechnung einbezogen. Die hierfür notwendigen Daten werden in einer umfassenden Voruntersuchung generiert. Dazu werden die statistischen Kostenkennwerte des BKI für folgende gewerbliche Nutzungsarten ausgewertet:[565]

- Industrielle Produktionsgebäude in Massivbauweise,
- Industrielle Produktionsgebäude überwiegend in Skelettbauweise,
- Betriebs- und Werkstätten eingeschossig,
- Betriebs- und Werkstätten mehrgeschossig mit hohem Hallenanteil,
- Lagergebäude ohne Mischnutzung,
- Lagergebäude mit bis zu 25 % Mischnutzung und
- Lagergebäude mit mehr als 25 % Mischnutzung.

Auf Basis der Einzelobjektdaten werden die gewerblichen Nutzungsarten auf die Vergleichbarkeit mit dem erstellten Referenzgebäude geprüft. Dabei wird festgestellt, dass die Objektdaten der Kategorie „Industrielle Produktionsgebäude überwiegend in Skelettbauweise" am ehesten auf die festgelegten Eigenschaften des Referenzgebäudes zutreffen. Somit wird diese Nutzungsart als Grundlage für die weitere Datengenerierung ausgewählt. In einem weiteren Schritt ist zu prüfen, inwieweit die Kosten der verbleibenden Kostengruppen anhand prozentualer Kennwerte (als Prozentsatz der Summe KG 300 + 400, siehe Tabelle 6-15) oder flächenbezogener Kennwerte (als Flächenkennwerte in €/m², siehe Tabelle 6-16) ermittelt werden. Bei Auswertung der Tabellen kann festgestellt werden, dass das BKI[566] für KG 100, KG 700 und KG 800 keine Kennzahlen zur Verfügung stellt. Für die KG 200, KG 300, KG 400, KG 500 und KG 600 stehen hingegen sowohl prozentuale als auch flächenbezogene Kostenkennwerte zur Verfügung.

---

[557] Vgl. BAUKOSTENINFORMATIONSZENTRUM (2016), Pos. 022-072.

[558] Vgl. BAUKOSTENINFORMATIONSZENTRUM (2016), Pos. 021-083 und Pos. 021-100.

[559] Vgl. BAUKOSTENINFORMATIONSZENTRUM (2016), Pos. 021-083.

[560] Vgl. WEKA MEDIA (2014b), S. 175.

[561] Vgl. BAUKOSTENINFORMATIONSZENTRUM (2016), Pos. 021-074.

[562] Vgl. BAUKOSTENINFORMATIONSZENTRUM (2016), Pos. 021-071.

[563] Vgl. WEKA MEDIA (2014b), S. 182.

[564] Vgl. KALUSCHE/HERKE (2017), S. 110 f.

[565] Vgl. KALUSCHE/HERKE (2017), S. 652 ff.

[566] Es ist darauf hinzuweisen, dass die dokumentierten Kostenkennwerte des BKI noch auf der Kostengruppendefinition der DIN 276-1:2008-12 basieren. Allerdings hat sich die Kostenzuordnung der 1. Ebene nicht geändert und wird daher auf die neue Kostengruppendefinition nach DIN 276:2018-12 übertragen.

Tabelle 6-15: Prozentuale Kostenkennwerte für Produktionsgebäude (Skelettbau)[567]

Ausprä-gung	Kostenkennwerte von KG 300 + 400							
	KG 100 [%]	KG 200 [%]	KG 300 [%]	KG 400 [%]	KG 500 [%]	KG 600 [%]	KG 700 [%]	KG 800 [%]
von	-	0,60	68,30	21,70	2,70	-	-	-
mittel	-	1,60	74,20	25,80	6,90	0,10	-	-
bis	-	4,20	78,30	31,70	11,30	-	-	-

Tabelle 6-16: Flächenbezogene Kostenkennwerte für Produktionsgebäude (Skelettbau)[568, 569]

Ausprä-gung	Flächenbezogene Kostenkennwerte							
	KG 100 [€/m²GF]	KG 200 [€/m²GF]	KG 300 [€/m²BGF]	KG 400 [€/m²BGF]	KG 500 [€/m²AF]	KG 600 [€/m²BGF]	KG 700 [€/m²BGF]	KG 800 [€/m²BGF]
von	-	2,00	607,00	200,00	28,00	-	-	-
mittel	-	7,00	789,00	289,00	84,00	1,00	-	-
bis	-	15,00	1.058,00	523,00	169,00	-	-	-

Für die Kosten der Technischen Anlagen (KG 400) wird festgelegt, dass diese auf Basis der variantenspezifischen Referenzgebäudekosten (KG 300) prozentual ermittelt werden. Dadurch wird sichergestellt, dass bei steigenden Kosten für eine verbesserte Anpassungs- und Umnutzungsfähigkeit auch die Kosten der notwendigen TGA angepasst werden. Daraus resultieren die sogenannten Bauwerkskosten (KG 300 + 400). Da das BKI keine eindeutige Aussage zur Berücksichtigung der Baustelleneinrichtungskosten in den Leitpositionen trifft, werden die ermittelten Bauwerkskosten (KG 300 + 400) zusätzlich mit einem einheitlichen Zuschlagssatz von 5 % beaufschlagt.[570] Für die vorbereitenden Maßnahmen (KG 200) sowie die Ausstattung und Kunstwerke (KG 600) wird festgelegt, dass diese über prozentuale Kostenkennwerte berücksichtigt werden. Die Ermittlung der Kosten für Außenanlagen und Freiflächen (KG 500) erfolgt auf Grundlage flächenbezogener Kostenkennzahlen. Für die Planungskosten (KG 700) wird eine prozentuale Annahme von 20 % auf die Bauwerkskosten (KG 300 + 400) zugrunde gelegt.[571] Die Grundstückskosten (KG 100) und die Finanzierungskosten (KG 800) werden nicht in die Realisierungskostenermittlung der ausgewählten Varianten des Referenzgebäudes einbezogen sondern separat im lebenszyklusbasierten Berechnungsmodell berücksichtigt.

---

[567] Vgl. KALUSCHE/HERKE (2017), S. 658 ff.

[568] Vgl. KALUSCHE/HERKE (2017), S. 658 ff.

[569] Die angegebenen Bezugsflächen der jeweiligen Kostengruppe beziehen sich auf die Definition nach DIN 277-1:2016-01.

[570] GROENMEYER berücksichtigt die Kosten der Baustelleneinrichtung mit einem prozentualen Verrechnungssatz von 4 % der Herstellkosten (GROENMEYER (2012), S. 212). SCHACH/OTTO geben für Berücksichtigung der Baustelleneinrichtung einen prozentualen Ansatz von 2 bis 8 % der Angebotssumme an (vgl. SCHACH/OTTO (2017), S. 384). Im Rahmen der vorliegenden Arbeit wird die Baustelleneinrichtung mit 5 % der ermittelten Bauwerkskosten berücksichtigt.

[571] GROENMEYER wählt für die Berücksichtigung der Baunebenkosten von Hallenbauwerken einen einheitlichen Verrechnungssatz von 15 % auf die Herstellkosten (vgl. GROENMEYER (2012), S. 212). GLATTE empfiehlt einen pauschalen Zuschlagssatz von 20 % (vgl. GLATTE (2014a), S. 207). KALUSCHE/HERKE dokumentieren die Baunebenkosten für verschiedene Gebäudearten und geben für Gewerbegebäude einen prozentualen Ansatz von 31 bis 47 % der Bauwerkskosten vor (vgl. KALUSCHE/HERKE (2017), S. 939).

Aufbauend darauf ist zusätzlich festzulegen, ob die ausgewählten Kostenkennwerte deterministisch oder stochastisch in die Berechnung einfließen. Hierbei ist entscheidend, ob der jeweilige Ausgangswert als Einzelwert oder Kostenspanne vorliegt. Im Rahmen der vorliegenden Arbeit wird nur für Kostenspannen eine stochastische Verteilung hinterlegt. Einzelwerte gehen als deterministische Annahmen in die Berechnung ein. Die getroffenen Annahmen zur Ermittlung der gesamten Realisierungskosten werden in Tabelle 6-17 dokumentiert.

Tabelle 6-17: Annahmen zur Ermittlung der gesamten Realisierungskosten

KG	Annahmen
100	Separate Berücksichtigung im VoFi
200	Stochast. Prozentansatz von 0,60–1,60–4,20 % bezogen auf KG 300 + 400
300	Separate Kostenermittlung auf Basis ausgewählter Leitpositionen
400	Stochast. Prozentansatz von 21,70–25,80–31,70 % bezogen auf KG 300 + 400
500	Stochast. Kostenansatz von 28,00–84,00–169,00 €/m² bezogen auf Außenanlagenfläche (A_{AF})
600	Determinist. Prozentansatz von 0,1 % bezogen auf KG 300 + 400
700	Determinist. Prozentansatz von 20 % bezogen auf KG 300 + 400
800	Separate Berücksichtigung im VoFi

Zur Ermittlung der variantenbezogenen Realisierungskosten ist aufbauend auf den dargestellten Kostenkennwerten eine detaillierte Mengenermittlung durchzuführen. Diese hängt von den festgelegten bautechnischen und konstruktiven Randbedingungen der ausgewählten Variante des Referenzgebäudes ab (siehe Abschnitt 5.3). In Tabelle 6-18 ist die durchgeführte variantenbezogene Mengenermittlung dokumentiert.

Tabelle 6-18: Variantenbezogene Mengenermittlung des Referenzgebäudes

Nr.	Leitposition	Einheit	Variante 1	Variante 2	Variante 3	Variante 4	Variante 5
A Gründung							
A1	Oberboden abtragen	m²	4.409,44	4.409,44	4.409,44	4.409,44	4.409,44
A2	Baugrubenaushub	m³	1.322,83	1.322,83	1.322,83	1.322,83	1.322,83
A3	Bodenverbesserung	m²	4.409,44	4.409,44	4.409,44	4.494,24	4.409,44
A4	Tragschicht	m³	1.766,18	1.766,18	1.766,18	1.766,18	1.766,18
A5	Einzelfundamentaushub	m³	361,00	512,00	634,00	747,94	898,24
A6	Gründungssohle verdichten	m²	361,00	512,00	688,00	598,00	787,00
A7	Sauberkeitsschicht	m²	361,00	512,00	688,00	598,00	787,00
A8	Einzelfundament	m³	188,00	288,80	409,60	288,80	409,60
B Tragwerk							
B1	Betonfertigteilstützen	m	400,00	500,00	600,00	504,00	604,00
B2a	Stahl-Fachwerkbinder V 1	m²	4.138,24	-	-	-	-
B2b	Stahl-Fachwerkbinder V 2/4	m²	-	4.138,24	-	4.138,24	-
B2c	Stahl-Fachwerkbinder V 3/5	m²	-	-	4.138,24	-	4.138,24
B3	Brandschutzbeschichtung	t	66,21	74,49	91,04	74,49	91,04
C Bodenplatte							
C1	Betonwandsockel	m	267,20	267,20	267,20	267,20	267,20
C2	Perimeterdämmung	m²	1.230,00	1.230,00	1.230,00	1.230,00	1.230,00
C3	PEHD-Abdichtung (WHG)	m²	-	-	-	4.098,25	4.098,25
C4	PE Folie	m²	4.098,25	4.098,25	4.098,25	4.098,25	4.098,25
C5	Bodenplatte Stahlfaserbeton	m³	819,65	1.024,56	1.024,56	1.229,48	1.229,48
C6	Hartstoffeinstreu	m²	4.098,25	4.098,25	4.098,25	4.098,25	4.098,25
D Fassade, Dach, Türen, Fenster und Andienung							
D1	Sandwichfassade PUR	m²	2.056,04	2.590,44	3.124,84	2.590,44	3.124,84
D2	Kunststofffenster	m²	75,00	75,00	75,00	75,00	75,00
D3	Betonsandwichfassade	m²	30,60	30,60	30,60	30,60	30,60
D4	Sektionaltor	St	2,00	2,00	2,00	2,00	2,00
D5	Türelement	St	5,00	5,00	5,00	5,00	5,00
D6	Trapezblech Dach	m²	4.098,25	4.098,25	4.098,25	4.098,25	4.098,25
D7	Dampfsperre Dach	m²	4.098,25	4.098,25	4.098,25	4.098,25	4.098,25
D8	Dämmung Dach	m²	4.098,25	4.098,25	4.098,25	4.098,25	4.098,25
D9	Abdichtung Dach	m²	4.098,25	4.098,25	4.098,25	4.098,25	4.098,25
D10	Attikaabdeckung	m	267,20	267,20	267,20	267,20	267,20
D11	Lichtkuppel inklusive RWA	St	12,00	12,00	12,00	12,00	12,00
D12	Lichtkuppel ohne RWA	St	20,00	20,00	20,00	20,00	20,00
D13	Anschlagpunkt	St	34,00	34,00	34,00	34,00	34,00
D14	Flachdacheinlauf	St	29,00	29,00	29,00	29,00	29,00
D15	Notüberlauf	St	24,00	24,00	24,00	24,00	24,00
D16	Fallrohre	m	232,00	290,00	348,00	290,00	348,00
E Nutzerausbau							
E1	Büroflächen	m²	413,82	413,82	413,82	413,82	413,82

6.3.2 Zwischenergebnisse

Auf Basis der vorgestellten Kostenkennwerte und der zugehörigen Mengen kann in einem ersten Schritt die variantenbezogene Kostenermittlung der Baukonstruktion (KG 300) erfolgen. Die deterministischen Ergebnisse sind in Tabelle 6-19 dargestellt. Es ist zu erkennen, dass die Kosten der Baukonstruktion variantenbezogen steigen.[572] Insgesamt erhöhen sich die Kosten von rund 2,04 Mio. € bei Variante 1 auf rund 2,57 Mio. € bei Variante 5 und somit um ca. 25 %. Die Werte werden entsprechend der Modellierung centgenau angegeben und bilden die Grundlage für die nachfolgenden Berechnungen.

Tabelle 6-19: Variantenbezogene Ermittlung der KG 300 (Q1 2017, netto)

Strukturebene	Ermittelte Realisierungskosten KG 300 [€]				
	Variante 1	Variante 2	Variante 3	Variante 4	Variante 5
A Gründung	231.836,32	258.019,19	287.615,39	267.742,44	296.559,89
B Tragwerk	277.295,07	321.133,49	390.570,65	321.764,16	390.570,65
C Bodenplatte	307.075,18	360.079,22	360.079,22	538.079,88	538.079,88
D Fassade etc.	799.154,68	858.716,75	918.278,81	858.716,75	918.278,81
E Nutzerausbau	424.859,31	424.859,31	424.859,31	424.859,31	424.859,31
Gesamt (KG 300)	**2.040.220,57**	**2.222.807,95**	**2.381.403,37**	**2.411.162,53**	**2.568.348,53**

Zur Veranschaulichung der einzelnen Kostenbestandteile der gewählten Kategorien sind die Daten nochmals in grafischer Form in Abbildung 6-3 aufbereitet.

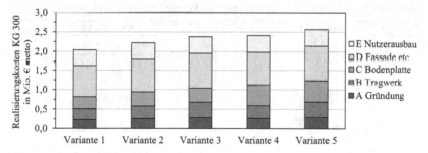

Abbildung 6-3: Variantenbezogene Ermittlung der KG 300 (Q1 2017, netto)

Nach Ermittlung der Kosten für KG 300 werden alle weiteren Kosten berechnet. Hierfür werden die in Abschnitt 6.3.1 getroffenen Annahmen zugrunde gelegt. Die deterministischen Ergebnisse sind in Tabelle 6-20 zusammengestellt. Es ist zu erkennen, dass die Kosten der Außenanlagen und Freiflächen (KG 500) für alle Varianten gleich sind. Dies ist mit der Annahme zu begründen, dass diese Kosten nicht anhand prozentualer sondern flächenbezogener Kennwerte ermittelt werden. Alle weiteren Kosten basieren auf der detaillierten Berechnung der Leitpositionen in KG 300 und steigen variantenbezogen an.

---

[572] Anhand dieser Ergebnisse kann der These von ROTH zugestimmt werden, dass eine verbesserte Umnutzungsfähigkeit mit einer höheren Anfangsinvestition einhergeht (vgl. ROTH (2011), S. 106).

Tabelle 6-20:Variantenbezogene Ermittlung der KG 100 bis 800 (Q1 2017, netto)

KG	Ermittelte Realisierungskosten Gesamt [€]				
	Variante 1	Variante 2	Variante 3	Variante 4	Variante 5
100	Separate Ermittlung im VoFi				
200	59.136,83	64.429,22	69.026,18	69.888,77	74.444,88
300 + 400 inkl. BE	2.910.640,76	3.171.125,48	3.397.382,53	3.439.837,84	3.664.084,18
500	387.615,15	387.615,15	387.615,15	387.615,15	387.615,15
600	2.772,04	3.020,12	3.235,60	3.276,04	3.489,60
700	554.407,75	604.023,91	647.120,49	655.207,22	697.920,81
800	Separate Ermittlung im VoFi				
Gesamt (KG 200 bis 700)	**3.914.572,53**	**4.230.213,86**	**4.504.379,95**	**4.555.825,00**	**4.827.554,62**

Da dem Berechnungsmodell stochastische Verteilungen der einzelnen Kostenkennwerte zugrunde liegen, kann neben der deterministischen Ergebnisdarstellung eine probabilistische Auswertung erfolgen. In Tabelle 6-21, Tabelle 6-22 und Tabelle 6-23 sind hierfür die Verteilungskurven dargestellt. Für alle Varianten ist jeweils das 5 %- und 95 %-Quantil sowie der Mittelwert angegeben. Anhand dieser Werte kann der Bereich abgelesen werden, in dem 90 % der simulierten Werte liegen. Beispielsweise bedeutet das für Variante 1, dass der Mittelwert bei 3,91 Mio. € liegt, der Wertebereich jedoch zwischen 3,64 Mio. € und 4,21 Mio. € mit 90 % Wahrscheinlichkeit schwankt. Durch diese Angabe ist es möglich, kostenbezogene Risiken darzustellen und für die Bewertung zu nutzen.

Tabelle 6-21: Verteilungskurve der Realisierungskosten, Variante 1 und 2 (Q1 2017, netto)

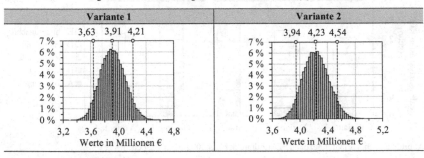

Tabelle 6-22: Verteilungskurve der Realisierungskosten, Variante 3 und 4 (Q1 2017, netto)

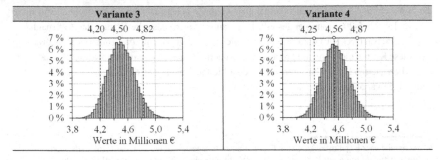

Tabelle 6-23: Verteilungskurve der Realisierungskosten, Variante 5 (Q1 2017, netto)

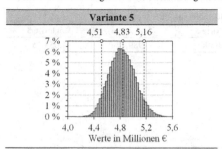

Zur Plausibilisierung der ermittelten Realisierungskosten sind zusätzlich geeignete Vergleichs-kennwerte heranzuziehen. Hierfür werden die zur Verfügung stehenden Kostenkennwerte für ge-werbliche Nutzungsarten des BKI zusammengestellt (siehe Tabelle 6-24). Unter der Annahme, dass die Nutzungsart „Industrielle Produktionsgebäude überwiegend in Skelettbauweise" am ehesten auf die festgelegten Eigenschaften des Referenzgebäudes zutreffen (siehe Abschnitt 6.3.1), ergeben sich Vergleichskennwerte der Bauwerkskosten für KG 300 + 400 von 810 €/m²$_{BGF}$ über 1.080 €/m²$_{BGF}$ bis 1.540 €/m²$_{BGF}$. Diese enthalten die gesetzlich vorgeschriebene Umsatzsteuer von 19 %.

Tabelle 6-24: Kostenkennwerte gewerblicher Nutzungsarten (Q1 2017, brutto)[573]

Gewerbliche Nutzungsart	Kostenkennwerte KG 300 + 400 [€/m²$_{BGF}$]		
	von	mittel	bis
Industrielle Produktionsgebäude, Massivbau	1.080,-	1.230,-	1.500,-
Industrielle Produktionsgebäude, Skelettbau	**810,-**	**1.080,-**	**1.540,-**
Betriebs- und Werkstätten, eingeschossig	960,-	1.140,-	1.400,-
Betriebs- und Werkstätten, mehrgeschossig	680,-	930,-	1.190,-
Lagergebäude, ohne Mischnutzung	400,-	670,-	1.110,-
Lagergebäude, mit bis zu 25 % Mischnutzung	650,-	850,-	1.120,-
Lagergebäude, mit mehr als 25 % Mischnutzung	830,-	1.040,-	1.350,-

Um die ermittelten Realisierungskosten der Referenzgebäudevarianten mit den Kostenkennwer-ten des BKI vergleichen zu können, ist die Umsatzsteuer zu berücksichtigen. Außerdem sind die Kosten auf die berechnete BGF von 4.138,24 m² zu beziehen (siehe Abschnitt 5.3, Tabelle 5-1). Die Ergebnisse sind in Tabelle 6-25 dargestellt und zeigen, dass alle Kostenkennwerte der Refe-renzgebäudevarianten in dem vorgegebenen Wertebereich der Vergleichskennwerte liegen. Eine besonders gute Übereinstimmung zeigt sich bei Variante 1 mit 810,00 €/m² und 836,99 €/m². Der größte Abstand zwischen den Kostenkennwerten ergibt sich bei Variante 5 mit 1.053,65 €/m² und 1.540,00 €/m². Dies lässt sich damit begründen, dass alle Kosten des Referenzgebäudes auf dem Mindeststandard in den Ausführungsqualitäten basieren und höhere Qualitäten nicht erfasst wer-den. Daher kommt es zur dargestellten Abweichung der Kostenkennwerte.

---

[573] Vgl. KALUSCHE/HERKE (2017), S. 652 ff. Alle angegebenen Werte wurden auf 10 € auf- oder abgerun-det.

Tabelle 6-25: Kostenkennwerte der Referenzgebäudevarianten (Q1 2017, brutto)

Kostenkennwerte KG 300 + 400 inkl. BE [€/m²BGF]				
Variante 1	Variante 2	Variante 3	Variante 4	Variante 5
836,99	911,89	976,96	989,17	1.053,65

6.4   Stochastische Lebenszyklusanalyse

6.4.1   Grundlagen

Die ermittelten Realisierungskosten der Referenzgebäudevarianten bilden die Grundlage, um in einem weiteren Schritt eine lebenszyklusbasierte Wirtschaftlichkeitsbetrachtung durchzuführen. Dazu werden zunächst die wichtigsten Eingangsparameter beschrieben und ausgewählt. Anschließend wird die Vorgehensweise zur Berechnung der Zielgröße an einem Beispiel erläutert.

6.4.2   Wichtige Eingangsparameter

6.4.2.1   Klassifikation

Zur Auswahl der relevanten Eingangsparameter für die Wirtschaftlichkeitsuntersuchung ist vorab eine regionale Standortabgrenzung vorzunehmen. Hierfür sind vorhandene Sekundärdaten anhand eines geeigneten Klassifikationssystems auszuwerten und aufzubereiten. Eine häufig vorzufindende Möglichkeit zur Einteilung ausgewählter Städte bietet das Analyseunternehmen BulwienGesa[574]. Dieses Gliederungssystem unterteilt insgesamt 127 deutsche Städte nach festgelegten funktionalen Kriterien in A-, B-, C- und D-Städte (siehe Abbildung 6-4). Die A-Städte (7 Städte) gehören zu den wichtigsten deutschen Zentren mit nationaler sowie internationaler Bedeutung und besitzen in allen Segmenten große, funktionsfähige Märkte. Die B-Städte (14 Städte) bilden wichtige deutsche Zentren mit nationaler und regionaler Bedeutung. C-Städte (22 Städte) zeichnen sich durch eine primär regionale Bedeutung mit wichtiger Ausstrahlung auf die umgebende Region aus und D-Städte (84 Städte) besitzen eine zentrale Funktion für das direkte Umland und können als kleine, regional fokussierte Standorte charakterisiert werden.[575]

---

[574] Weitere Informationen unter www.bulwiengesa.de abrufbar.
[575] Vgl. FELD ET AL. (2017), S. 193.

A-Städte	B-Städte	C-Städte	D-Städte			
- Berlin	- Bochum	- Aachen	- Albstadt	- Gera	- Landshut	- Reutlingen
- Düsseldorf	- Bonn	- Augsburg	- Aschaffenburg	- Gießen	- Leverkusen	- Rosenheim
- Frankfurt/Main	- Bremen	- Bielefeld	- Bamberg	- Görlitz	- Lüdenscheid	- Salzgitter
- Hamburg	- Dortmund	- Braunschweig	- Bayreuth	- Göttingen	- Ludwigshafen	- Schweinfurt
- Köln	- Dresden	- Darmstadt	- Bergisch Gladbach	- Greifswald	- Lüneburg	- Schwerin
- München	- Duisburg	- Erfurt	- Bottrop	- Gütersloh	- Marburg	- Siegen
- Stuttgart	- Essen	- Erlangen	- Brandenburg	- Hagen	- Minden	- Solingen
	- Hannover	- Freiburg	(Havel)	- Halberstadt	- Moers	- Stralsund
	- Karlsruhe	- Heidelberg	- Bremerhaven	- Halle/Saale	- Neubrandenburg	- Suhl
	- Leipzig	- Kiel	- Chemnitz	- Hamm	- Neumünster	- Trier
	- Mannheim	- Lübeck	- Coburg	- Hanau	- Neuss	- Tübingen
	- Münster	- Magdeburg	- Cottbus	- Heilbronn	- Oberhausen	- Ulm
	- Nürnberg	- Mainz	- Dessau	- Herne	- Offenburg	- Villingen-
	- Wiesbaden	- Mönchengladbach	- Detmold	- Hildesheim	- Oldenburg	Schwenningen
		- Mülheim	- Düren	- Ingolstadt	- Paderborn	- Weimar
		- Offenbach	- Eisenach	- Jena	- Passau	- Wilhelmshaven
		- Osnabrück	- Flensburg	- Kaiserslautern	- Pforzheim	- Witten
		- Potsdam	- Frankfurt/Oder	- Kassel	- Plauen	- Wolfsburg
		- Regensburg	- Friedrichshafen	- Kempten	- Ratingen	- Würzburg
		- Rostock	- Fulda	- Koblenz	- Ravensburg	- Zwickau
		- Saarbrücken	- Fürth	- Konstanz	- Recklinghausen	
		- Wuppertal	- Gelsenkirchen	- Krefeld	- Remscheid	

Abbildung 6-4: Zuordnung der Städte zur A-, B-, C- und D-Kategorie[576]

Im Rahmen der vorliegenden Arbeit wird die vorgestellte Klassifikation für die Aggregation der erzielbaren Erlöse genutzt. Dadurch beschränken sich die Ergebnisse des Wirtschaftlichkeitsmodells nicht nur auf einen konkreten Standort sondern besitzen eine erweiterte Gültigkeit.

6.4.2.2 Berücksichtigung von Regionalfaktoren

Zur regionalen Normierung der Realisierungskosten können sogenannte Regionalfaktoren verwendet werden. Diese dienen dazu, einzelne Kostenkennwerte oder das Ergebnis der gesamten Kostenermittlung auf das Preisniveau eines konkreten Standorts des geplanten Bauvorhabens anzupassen.[577] Im Rahmen des vorliegenden Wirtschaftlichkeitsmodells werden die Ergebnisse der Realisierungskosten mit dem Faktor 1,00 multipliziert. Das heißt, dass die bundesdurchschnittliche Normierung der Kostenkennwerte beibehalten wird und keine regionale Eingrenzung erfolgt.

6.4.2.3 Prognose zur Entwicklung der Kosten und Erlöse im Lebenszyklus

Die zukünftige Entwicklung von Kosten und Erlösen kann mithilfe ausgewählter Preisindizes abgeschätzt werden. Diese liefern einen Rückblick auf bisherige Entwicklungen und ermöglichen anhand dieser Daten die Einschätzung zukünftiger Preisentwicklungen. Im Rahmen der vorliegenden Arbeit sind insbesondere der Verbraucherpreisindex (VPI) und der Baupreisindex (BPI)[578] relevant.

---

[576] Einzelne Städte entnommen aus FELD ET AL. (2017), S. 194.

[577] Vgl. KALUSCHE/HERKE (2017), S. 11. Die einzelnen Regionalfaktoren können für das Jahr 2017 KALUSCHE/HERKE (2017), S. 882 ff. entnommen werden.

[578] Der BPI ist vom Baukostenindex zu unterscheiden. Der BPI zeigt die Entwicklung der vom Bauherrn tatsächlich gezahlten Preise auf. Der Baukostenindex zeigt hingegen die Entwicklung der Preise der eingesetzten Produktionsfaktoren (z. B. Arbeit, Material und andere Kostenfaktoren) auf (vgl. DECHENT (2006), S. 173).

Der VPI bildet die Preisentwicklung aller konsumierter Waren und Dienstleistungen privater Haushalte ab und ist zentraler Indikator zur Beurteilung der Geldwertentwicklung. Die Veränderungsrate des VPI über eine bestimmte Zeitspanne wird umgangssprachlich auch als Inflationsrate bezeichnet.[579] In Abbildung 6-5 ist die Entwicklung des VPI von 1992 bis 2016 dargestellt. Bei Betrachtung dieses Zeitraums ergibt sich ein durchschnittlicher jährlicher Anstieg der Preise des VPI Gesamt von 1,7 % und des VPI 04 von 2,4 %. Wird eine kurzfristigerer Zeitraum von 10 Jahren zwischen 2006 und 2016 betrachtet, ergibt sich sowohl für den VPI Gesamt als auch den VPI 04 ein durchschnittlicher jährlicher Preisanstieg von 1,4 %.

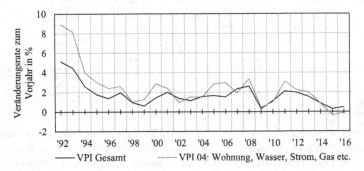

Abbildung 6-5: Entwicklung des VPI in Deutschland[580]

Der BPI bildet die Entwicklung der Preise im Bereich des Neubaus und der Instandhaltung von Bauwerken ab.[581] In Abbildung 6-6 ist die Entwicklung des BPI von 1992 bis 2016 dargestellt. Für diesen Zeitraum ergibt sich für Büro- und Wohngebäude ein durchschnittlicher jährlicher Preisanstieg von 1,7 % und für gewerbliche Betriebsgebäude von 1,9 %. Bei Betrachtung der letzten 10 Jahre von 2007 bis 2016 ergibt sich ein durchschnittlicher jährlicher Preisanstieg für Bürogebäude von 2,2 %, für Wohngebäude von 2,4 % und für gewerbliche Betriebsgebäude von 2,6 %. Daran wird deutlich, dass die Entwicklung der Baupreise abweichend von der Entwicklung der Verbraucherpreise sein kann.

---

[579] Vgl. STATISTISCHES BUNDESAMT (2018b), Stand 07.12.2018.
[580] Daten entnommen aus STATISTISCHES BUNDESAMT (2018), S. 3 ff.
[581] Vgl. STATISTISCHES BUNDESAMT (2018a), Stand 07.12.2018.

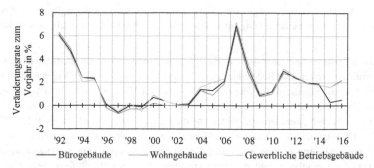

Abbildung 6-6: Entwicklung des BPI in Deutschland[582]

Im Rahmen der vorliegenden Arbeit wird zur Anpassung der Kosten und Erlöse eine jährliche Preissteigerung von 1,4 % auf Basis des 10-jährigen Durchschnitts des VPI angenommen. Dieser einheitliche Wert wird zugunsten der Vereinfachung des Wirtschaftlichkeitsmodells gewählt.

6.4.2.4   Eigen- und Fremdkapitalanteil

Zur Finanzierung einer Investition sind die erforderlichen finanziellen Mittel in Form von Eigen- und Fremdkapital zu beschaffen.[583] Dabei kann zwischen der vollständigen Eigenfinanzierung, der vollständigen Fremdfinanzierung und der Mischfinanzierung aus Eigen- und Fremdmitteln differenziert werden.[584] Bauvorhaben werden aufgrund des hohen Kapitalbedarfs häufig gemischt finanziert.[585] Die konkrete Finanzierungsstruktur ergibt sich nach den Verhandlungen zwischen den Eigenkapital- und Fremdkapitalgebern.[586] Unabhängig davon werden regelmäßig Eigenkapitalquoten von 15 % bis 40 % des gesamten Projektvolumens angegeben.[587]

Auf Basis dieser Daten wird im Rahmen der vorliegenden Arbeit ein Eigenkapitalanteil von 40 % angenommen. Zusätzlich wird der Untersuchung eine Betrachtung mit vollständiger Eigenfinanzierung vorangestellt.

6.4.2.5   Realisierungs- und Grundstückskosten

Die Realisierungskosten der festgelegten Referenzgebäudevarianten (siehe Abschnitt 5.3) werden auf Basis ausgewählter Leitpositionen ermittelt. Diese Berechnung wird bereits in Abschnitt 6.3

---

[582] Daten entnommen aus STATISTISCHES BUNDESAMT (2017b), S. 21 ff.
[583] Vgl. MÖLLER/KALUSCHE (2013), S. 479.
[584] Vgl. SCHULTE ET AL. (2016), S. 594 f.
[585] Vgl. MÖLLER/KALUSCHE (2013), S. 483.
[586] Vgl. BÖTTCHER/BLATTNER (2013), S. 131.
[587] HACKEL gibt einen notwendigen Eigenkapitalanteil von 20 bis 40 % an (vgl. HACKEL (2017), S. 230). BONE-WINKEL ET AL. geben aufgrund der Verschärfung der Finanzierungsbedingungen der Banken einen Eigenkapitalanteil von 30 bis 40 % an (vgl. BONE-WINKEL ET AL (2016), S. 211). MÖLLER/KALUSCHE geben eine Eigenkapitalquote von 15 bis 30 % an (vgl. MÖLLER/KALUSCHE (2013), S. 483). ALDA/HIRSCHNER beziffern den notwendigen Eigenkapitalanteil auf 20 bis 50 % (vgl. ALDA/HIRSCHNER (2016), S. 127).

durchgeführt. Dadurch ist es möglich, die zielwertbezogenen Auswirkungen für eine verbesserte Anpassungs- und Umnutzungsfähigkeit adäquat im Wirtschaftlichkeitsmodell zu berücksichtigen.

Neben den Realisierungskosten sind für eine gesamtheitliche Wirtschaftlichkeitsbetrachtung auch die Grundstückskosten von Bedeutung. Diese beeinflussen die absolute Höhe des betrachteten Zielwertes (z. B. Eigenkapitalrendite r_{EK}) und können im VoFi unterschiedlich berücksichtigt werden. Eine Möglichkeit besteht darin, das betreffende Grundstück durch einen Kaufvertrag zu erwerben.[588] Je nach Finanzierungsstruktur sind die hierfür notwendigen Finanzmittel aus Eigen- oder Fremdkapital zu decken. Eine weitere Möglichkeit besteht darin, das Grundstück im Rahmen eines Erbbaurechtvertrages über einen festgelegten Zeitraum anzumieten. Die hierzu notwendigen rechtlichen Grundlagen werden im Erbbaurechtsgesetz (ErbbauRG)[589] festgesetzt. Allerdings enthält das ErbbauRG keine Angaben zu Mindest- oder Höchstdauern sowie zur Höhe des Erbbauzinses. In der Vertragspraxis werden unter Berücksichtigung der Standdauern des jeweiligen Bauwerks häufig Laufzeiten zwischen 40 und 99 Jahren vereinbart.[590] Die Mietzinsen werden üblicherweise in Abhängigkeit der Kapitalmarktbedingungen festgelegt und liegen für gewerbliche Nutzungen regelmäßig zwischen 6 % und 8 % des Boden- oder Grundstückswertes.[591] Der hierzu notwendige Boden- oder Grundstückswert eines unbebauten Grundstücks kann anhand von Bodenrichtwerten bestimmt werden. Diese werden beispielsweise in den amtlichen Kaufpreissammlungen des STATISTISCHEN BUNDESAMTES[592] dokumentiert und ergeben sich als Durchschnittswert aus einer Vielzahl an Grundstücksverkäufen. Für Industriegebiete (GI)[593] kann den amtlichen Kaufpreissammlungen ein durchschnittlicher Kaufwert von 48,63 €/m² entnommen werden.[594, 595]

Im Rahmen der vorliegenden Arbeit werden die Grundstückskosten eines unbebauten Grundstücks für die industrielle Nutzung auf Basis der recherchierten Daten vereinfacht mit 50 €/m² angesetzt und als Kaufvertrag im Wirtschaftlichkeitsmodell berücksichtigt (einmaliger Anfall der Kosten zum Zeitpunkt des Grundstückserwerbs). Die zugehörige Grundstücksgröße ergibt sich aus den gewählten Modellparametern des Referenzgebäudes mit der doppelten Hallenfläche (siehe Abschnitt 5.2).

6.4.2.6 Grundstücksnebenkosten

Zusätzlich zu den Kosten für die Realisierung des Bauwerks und den Kauf des Grundstücks fallen Nebenkosten an. Nach der Kostengliederung der Grundstücksnebenkosten (KG 120) in der DIN 276:2018-12 gehören hierzu Vermessungs-, Gerichts-, Notar- und Genehmigungsgebühren sowie die anfallende Grunderwerbssteuer. Außerdem werden Kosten für Untersuchungen zu Altlasten, für Wertermittlungen, für die Neuordnung und Umlegung von Grund- und Flurstücken sowie

---

[588] Vgl. GONDRING (2013), S. 209.
[589] Vgl. Erbbaurechtsgesetz (ErbbauRG), in der Fassung vom 15.01.1919, zuletzt geändert am 01.10.2013.
[590] Vgl. STEINFORTH (2013), S. 113 f.
[591] Vgl. HANDSCHUMACHER (2014), S. 59 und GONDRING (2013), S. 80.
[592] Vgl. STATISTISCHES BUNDESAMT (2017a).
[593] Zur Definition der Baugebietstypen siehe Abschnitt 3.2.2.
[594] Vgl. STATISTISCHES BUNDESAMT (2017a), S. 14.
[595] Dieser Wert ist unabhängig von der Einwohnerzahl der Gemeinden sowie der Baulandart.

weitere Genehmigungsgebühren hinzugerechnet. In Tabelle 6-26 sind in Abhängigkeit verschiedener Autoren mögliche prozentuale Ansätze in Bezug auf die jeweiligen Grundstückskaufpreise angegeben. Es wird deutlich, dass insbesondere die Grunderwerbssteuer, Notariats- und Gerichtsgebühren sowie sie Maklerprovision von Bedeutung sind.

Tabelle 6-26: Kaufpreisbezogene prozentuale Angaben zu den Grundstücksnebenkosten

Art der Erwerbsnebenkosten	WELLNER[596]	SCHULTE ET AL.[597]	GLATTE[598]	RIEDIGER[599]
Grunderwerbssteuer[600]	6,0 %	3,5 bis 6,5 %	3,5 bis 6,0 %	4,5 %
Notariats- & Gerichtsgebühren	1,0 %	1,0 bis 2,0 %	1,5 %	3,0 %
Maklerprovision	3,0 bis 6,0 %	1,0 bis 7,0 %	-	1,5 %
Vermessungsgebühren	-	-	-	-

Für die Berechnungen im Rahmen der vorliegenden Arbeit werden folgende Annahmen getroffen:

- Grunderwerbssteuer mit 5,0 %,
- Notariats- und Gerichtsgebühren mit 1,5 % und
- Maklerprovision mit 3,0 %.

6.4.2.7 Nutzungskosten

Die Nutzungskosten fallen als laufende Ausgaben während der gesamten Nutzungsperiode an und werden von verschiedenen Einflussfaktoren (z. B. Standort, Nutzungsart, Gebäudespezifika) bestimmt.[601] Nach der Definition der DIN 18960:2008-02 umfassen die Nutzungskosten alle Kosten von baulichen Anlagen und zugehörigen Grundstücken von Beginn der Nutzbarkeit (Inbetriebnahme des Gebäudes) bis zum Ende der Nutzbarkeit (Verwertung des Gebäudes).[602, 603] Insgesamt unterteilt die DIN 18960:2008-02 in vier übergeordnete Kostengruppen, die in Abhängigkeit des Detaillierungsgrades in drei Ebenen gegliedert werden (siehe Tabelle 6-27). Die Kapitalkosten (KG 100) umfassen die Kosten, die in Abhängigkeit der Inanspruchnahme von Finanzierungsmitteln (Eigen- oder Fremdkapital) entstehen.[604] Zu den Objektmanagementkosten (KG 200) gehören Personalkosten, Sachkosten und Fremdleistungen, die zur Verwaltung des Gebäudes und des Grundstücks erforderlich sind.[605] Die Betriebskosten (KG 300) dienen der Aufrechterhaltung

---

[596] Vgl. WELLNER (2017), S. 229.
[597] Vgl. SCHULTE ET AL. (2016), S. 585.
[598] Vgl. GLATTE (2014a), S. 206.
[599] Vgl. RIEDIGER (2012), S. 106.
[600] Die Grunderwerbssteuer (GrESt) variiert nach Bundesländern zwischen 3,5 % (z. B. Bayern und Sachsen) und 6,5 % (z. B. Brandenburg, Saarland und Thüringen).
[601] Vgl. SCHULTE ET AL. (2016), S. 588 und PREUß/SCHÖNE (2016), S. 269.
[602] Vgl. PREUß/SCHÖNE (2016), S. 190.
[603] Eine weitere Möglichkeit besteht in der Kostenstrukturierung nach DIN 32736:2000-08. Diese Norm unterteilt in Technisches Gebäudemanagement (TGM), Infrastrukturelles Gebäudemanagement (IGM) und Kaufmännisches Gebäudemanagement (KGM).
[604] Vgl. PREUß/SCHÖNE (2016), S. 578.
[605] Vgl. SCHULTE ET AL. (2016), S. 588.

der Nutzung des Gebäudes und des Grundstücks.[606] Die Instandsetzungskosten[607] (KG 400) sind primär von der Bauqualität, der Nutzungsintensität und den Wartungsintervallen abhängig und steigen mit fortschreitenden Lebensalter aufgrund der erhöhten Reparaturanfälligkeit der Gebäude progressiv an.[608]

Tabelle 6-27: Beispielhafte Kostengliederung nach DIN 18960:2008-02

Basiselemente (1. Ebene)		Grobelemente (2. Ebene)		Funktionselemente (3. Ebene)	
KG	Bezeichnung	KG	Bezeichnung	KG	Bezeichnung
100	Kapitalkosten	310	Versorgung	331	Unterhaltsreinigung
200	Objektmanagement	320	Entsorgung	332	Glasreinigung
300	**Betriebskosten**	**330**	**Reinigung & Pflege Gebäude**	333	Fassadenreinigung
400	Instandsetzungskosten	340	Reinigung & Pflege Außenanlagen	334	Reinigung Techn. Anlage
		350	Bedienung, Inspektion, Wartung	339	Reinigung, Sonstiges
		360	Sicherheits- & Überwachungsdienst		
		370	Abgaben & Beiträge		
		390	Betriebskosten, Sonstiges		

Im Rahmen der lebenszyklusbasierten Wirtschaftlichkeitsbetrachtung ist insbesondere von Interesse, ob die einzelnen Bestandteile der dargestellten Nutzungskosten umlagefähig oder nicht-umlagefähig sind. Für Wohnraummietverhältnisse ist die Umlage der Nebenkosten auf die Betriebskosten nach Definition der Betriebskostenverordnung (BetrKV)[609] beschränkt. Das heißt, dass der Vermieter regelmäßig die Kapital-, Objektmanagement- und Instandsetzungskosten nicht umlegen kann. Bei gewerblichen Mietverhältnissen ist die vertragliche Vereinbarung ausschlaggebend. Hierbei kann der Mieter neben der Zahlung der Betriebskosten auch zur Zahlung weiterer Nebenkosten herangezogen werden. Voraussetzung hierfür ist die ausdrückliche vertragliche Vereinbarung.[610] Die Instandsetzungskosten dürfen allerdings auch bei gewerblichen Mietverträgen nicht umgelegt werden.[611]

Die spezifische Ermittlung der Nutzungskosten kann anhand von Erfahrungswerten oder aktuellen Projektdaten erfolgen. Sind hierfür keine Daten verfügbar, kann auf statistisch ausgewertete Kostenkennwerte zurückgegriffen werden. Für industriell genutzte Gebäude können beispielsweise der fm.benchmarking Bericht von ROTERMUND[612] oder der Benchmarkreport Hallenimmobilien von INDUSTRIALPORT[613] verwendet werden.

Im Rahmen der vorliegenden Arbeit werden die Nutzungskosten anhand der Kostenstrukturierung der DIN 18960:2008-02 gegliedert. Zudem wird festgelegt, dass lediglich die Betriebskosten

---

[606] Vgl. PREUß/SCHÖNE (2016), S. 578.
[607] Es ist darauf hinzuweisen, dass nach der Definition der DIN 31051:2012-09 die Instandsetzung dem Werterhalt von Gebäuden dient und neben Wartung, Inspektion und Verbesserung einen Teilbereich der Instandhaltung bildet.
[608] Vgl. SCHULTE ET AL. (2016), S. 588; PREUß/SCHÖNE (2016), S. 579 und VIERING/RODDE/ZANNER (2015), S. 52.
[609] Vgl. Betriebskostenverordnung (BetrKV), in der Fassung vom 25.11.2003, zuletzt geändert am 03.05.2012
[610] Vgl. SCHULTE ET AL. (2016), S. 588.
[611] Vgl. GLATTE (2014a), S. 200.
[612] Vgl. ROTERMUND (2016).
[613] Vgl. SALASTOWITZ/PILGER (2015).

(KG 300) umlagefähig sind. Weiterhin wird zwischen den anfallenden Nutzungskosten für die Hallenfläche und den zugehörigen Büroflächen unterschieden. Zur Ermittlung der gesamten Nutzungskosten sind die Kostenkennwerte des fm.benchmarking Berichts in Tabelle 6-28 dokumentiert. Für die Wirtschaftlichkeitsbetrachtung werden folgende Annahmen getroffen:

- KG 100 wird nicht als Kostenkennwert berücksichtigt sondern auf Basis der festgelegten Finanzierungsstruktur separat im Wirtschaftlichkeitsmodell ausgewiesen.

- KG 200 wird auf Basis der angegebenen Kostenkennwerte für Industriegebäude ermittelt, da die Büroflächen lediglich als untergeordnete Nutzungsart anzusehen sind.

- Für KG 300 werden die angegebenen Kostenkennwerte separat für die jeweiligen Hallen- und Büroflächen berücksichtigt.

- KG 400 wird nicht anhand der angegebenen Kostenkennwerte ermittelt, sondern auf Basis der variantenspezifischen Realisierungskosten mit einem prozentualen Ansatz von 1,5 % pro Jahr der indexierten Realisierungskosten in das Wirtschaftlichkeitsmodell integriert.[614]

Tabelle 6-28: Nutzungskosten von Industrie-/Bürogebäuden (2016, netto)[615]

KG	Bezeichnung	Kostenkennwerte [€/(m²$_{BGF}$ · a)]		
		von	mittel	bis
Industriegebäude[616]				
100	Kapitalkosten	7,21	21,44	40,02
200	Objektmanagement	4,10	5,14	7,78
300	Betriebskosten	34,44	54,40	83,91
400	Instandsetzungskosten	7,66	12,25	20,01
Bürogebäude[617]				
100	Kapitalkosten	19,72	29,68	55,00
200	Objektmanagement	3,34	6,26	9,89
300	Betriebskosten	21,56	39,13	64,16
400	Instandsetzungskosten	3,33	8,58	13,68

Zusätzlich zu den dargestellten Annahmen der Nutzungskosten ist zu beachten, dass in Szenario 1 und 2 (siehe Abschnitt 6.2.2) die Vermarktungsphasen gesondert behandelt werden müssen, da das Modellgebäude in dieser Zeit leer steht. Für diese Phasen sind im Rahmen des Wirtschaftlichkeitsmodells reduzierte Nutzungskosten anzusetzen. Da die Literatur hierzu keine Aussagen trifft, werden für die einzelnen Kostengruppen der Betriebskosten reduzierte Kostenansätze gewählt. Hieraus ergeben sich für die Betriebskosten absolute und relative Kostenansätze. Diese

---

[614] PREUß/SCHÖNE geben einen jährlichen Ansatz von 0,8 bis 1,0 % der gesamten Realisierungskosten (KG 100 bis KG 700) an (vgl. PREUß/SCHÖNE (2016), S. 579). LEMAITRE gibt einen prozentualen Ansatz von 1,0 % der Kosten für die Baukonstruktion (KG 300) an. Für die Wirtschaftlichkeitsuntersuchung der vorliegenden Arbeit wird ein jährlicher Ansatz von 1,5 % der gesamten Realisierungskosten gewählt. Da allerdings davon auszugehen ist, dass die Instandhaltungskosten nicht periodisch, sondern aperiodisch anfallen (vgl. SCHULTE ET AL. (2016), S. 588 f.), werden diese aller 10 Jahre in Höhe von 15 % der gesamten Realisierungskosten angenommen.

[615] Die dokumentierten von-, mittel- und bis-Kennwerte beziehen sich auf die in ROTERMUND angegebenen Quartile (25 %, 50 % und 75 %-Quantil).

[616] Vgl. ROTERMUND (2016), S. 75.

[617] Vgl. ROTERMUND (2016), S. 57.

sind in Tabelle 6-29 dokumentiert. Für die Berechnung im Rahmen der vorliegenden Arbeit wird für die Vermarkungsphase ein reduzierter Kostenansatz von insgesamt 55 % der regulären Betriebskosten ausgewählt. Dieser ergibt sich auf Grundlage der in Tabelle 6-29 dokumentierten Annahmen.

Tabelle 6-29: Annahmen für einen reduzierten jährlichen Betriebskostenansatz (2016, netto)[618]

KG	Bezeichnung	Kostenkennwerte [€/(m²$_{BGF}$ · a)]			Reduzierter Ansatz
		von	mittel	bis	
300	Betriebskosten	34,44	54,40	83,91	-
310	Versorgung	14,14	22,73	33,38	30 %
320	Entsorgung	1,18	3,64	4,89	30 %
330	Reinigung & Pflege Gebäude	3,34	5,48	8,77	20 %
340	Reinigung & Pflege Außenanlagen	0,85	1,85	3,51	50 %
350	Bedienung, Inspektion, Wartung	7,30	8,78	17,36	90 %
360	Sicherheits- & Überwachungsdienst	5,43	7,08	9,99	90 %
370	Abgaben & Beiträge	2,20	4,84	6,01	100 %
390	Betriebskosten, Sonstiges	-	-	-	-
	Reduzierter Ansatz KG 300 absolut	19,35	29,05	45,62	
	Reduzierter Ansatz KG 300 relativ	56,18 %	53,40 %	54,36 %	

6.4.2.8 Erzielbare Erlöse und Vermietungsgrad

Zur Bestimmung der erzielbaren Mieterlöse ist zunächst die Definition der Bezugsflächen erforderlich. Als Grundlage kann die DIN 277-1:2016-01 herangezogen werden. Diese definiert die Berechnung verschiedener Grundflächen (siehe Abbildung 6-7) und Rauminhalte. Allerdings werden in dieser Norm keine Mietflächen definiert. Hierzu kann auf die Richtlinien zur Berechnung der Mietflächen für gewerblichen Raum (MFG) der Gesellschaft für immobilienwirtschaftliche Forschung (gif)[619] zurückgegriffen werden (siehe Abbildung 6-8).

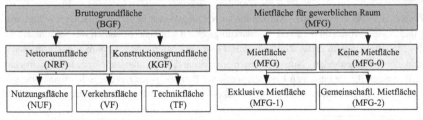

Abbildung 6-7: Flächendefinition nach DIN 277-1   Abbildung 6-8: Flächendefinition nach MFG

Die Höhe der Mieterlöse ist von den örtlichen Marktbedingungen abhängig und kann in den Grenzen des § 5 Wirtschaftsstrafgesetz (WiStG)[620] von den Vertragsparteien frei vereinbart werden.

---

[618] Vgl. ROTERMUND (2016), S. 75.
[619] Vgl. BLAUROCK ET AL. (2017).
[620] Vgl. Wirtschaftsstrafgesetz (WiStG), in der Fassung vom 09.07.1954, zuletzt geändert am 13.04.2017.

Nur bei öffentlich gefördertem Wohnraum ist die anzusetzende Miete gemäß den Förderungsbedingungen preisgebunden.[621]

Die Prognose der zukünftig zu erzielenden Erlöse kann nur auf Basis in der Vergangenheit beobachteter Mietentwicklungen durchgeführt werden. Als Datengrundlage können beispielsweise Marktberichte großer Immobilienmakler herangezogen werden.[622] Für die Wirtschaftlichkeitsbetrachtung der vorliegenden Arbeit sind die erzielbaren Mieterlöse für industriell bzw. gewerblich genutzte Flächen von Interesse.

Die INITIATIVE UNTERNEHMENSIMMOBILIEN[623] dokumentieren in einem halbjährlich erscheinenden Marktbericht aktuelle Erlöskennzahlen zu Produktions-, Lager-/Logistik- und Büro-/Sozialflächen. Die jeweiligen Spannbreiten der erzielbaren Mieterlöse sind in Tabelle 6-30 dargestellt.

Tabelle 6-30: Monatliche Netto-Mieterlöse in Abhängigkeit des Flächentyps (H1 2017)[624, 625]

Flächentyp	Monatlich erzielbare Mieterlöse [€/m²][626]			
	min.	von	bis	max.
Produktionsflächen	3,50	4,50	6,00	9,00
Lager-/Logistikflächen[627]	2,00	3,00	5,50	7,50
Büro-/Sozialflächen	5,00	8,00	14,00	16,50

HORNUNG/SALASTOWITZ[628] stellen in verschiedene Marktreports die erzielbaren Mieten für Logistik-, Lager- und Produktionshallen zusammen. Diese werden anhand vordefinierter Hallentypen (A, B und C) in Übersichtskarten zusammengestellt. Die verschiedenen Hallentypen definieren sich grundsätzlich folgendermaßen:

- Hallentyp A: Baualter kleiner als 10 Jahre und gute bis sehr gute Ausstattungsqualität,
- Hallentyp B: Baualter zwischen 10 und 25 Jahren und ausreichende Ausstattungsqualität,
- Hallentyp C: Baualter größer als 25 Jahre und unzureichende Ausstattungsqualität.

Anhand der Hallentypen, der Einzeldaten in den Übersichtkarten und der Standortklassifikation nach BulwienGesa (siehe Abschnitt 6.4.2.1) werden die erzielbaren Mieterlöse neu zusammengestellt. Die aggregierten Daten werden in Abbildung 6-9 für Hallentyp A und in Abbildung 6-10 für Hallentyp C dargestellt. Auf eine Auswertung der Daten für Hallentyp B wird verzichtet, da die Erlöse zwischen Hallentyp A und C liegen.

---

[621] Vgl. MÖLLER/KALUSCHE (2013), S. 275.
[622] Vgl. SCHULTE ET AL. (2016), S. 587.
[623] Vgl. INITIATIVE UNTERNEHMENSIMMOBILIEN (2017).
[624] Vgl. INITIATIVE UNTERNEHMENSIMMOBILIEN (2017), S. 38 ff.
[625] Die dokumentierten Kennwerte werden auf 0,50 € gerundet.
[626] Es wird darauf hingewiesen, dass der Marktbericht keine Angabe zur Bezugsfläche des Erlöskennwertes enthält.
[627] Die angegebenen Mieterlöse gelten für Lager-/Logistikflächen von 500 bis 9.999 m² (vgl. INITIATIVE UNTERNEHMENSIMMOBILIEN (2017), S. 41).
[628] Vgl. HORNUNG/SALASTOWITZ (2015) und HORNUNG/SALASTOWITZ (2014).

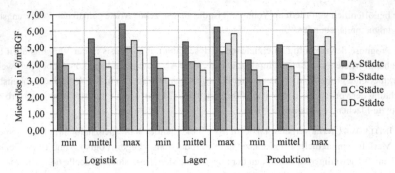

Abbildung 6-9: Monatlich erzielbare Netto-Mieterlöse Hallentyp A (2014)[629, 630]

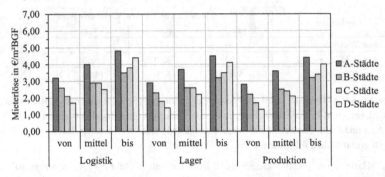

Abbildung 6-10: Monatlich erzielbare Netto-Mieterlöse Hallentyp C (2015)[631, 632]

Im Rahmen der vorliegenden Arbeit kann die Prognose der zukünftig zu erzielenden Mieterlöse nur bedingt stochastisch erfolgen. Dies ist damit zu begründen, dass sich die zukünftigen Mieterlöse in Abhängigkeit des Untersuchungszeitraums und der festgelegten Objektqualität verändern. Aus dieser Erkenntnis heraus wird angenommen, dass alle zu untersuchenden Referenzgebäudevarianten bei der Erstnutzung den erzielbaren Erlösen für Hallentyp A entsprechen. Hierfür wird für die Hallenfläche ein Erlösansatz von 6,00 €/m²$_{BGF}$ und für die Bürofläche von 8,00 €/m²$_{BGF}$ ausgewählt. Für die Folgenutzung wird in Abhängigkeit der Anpassungs- und Umnutzungsfähigkeit der Gebäudevarianten ein gestaffelter Erlösansatz ausgewählt. Dieser ist für die einzelnen Szenarien in Tabelle 6-31, Tabelle 6-32 und Tabelle 6-33 dokumentiert.

---

629 Daten entnommen aus HORNUNG/SALASTOWITZ (2014a) und neu zusammengestellt.
630 Die D-Städte enthalten insgesamt nur Datensätze von 67 anstatt 84 Städten.
631 Daten entnommen aus HORNUNG/SALASTOWITZ (2015b) und neu zusammengestellt.
632 Die D-Städte enthalten insgesamt nur Datensätze von 67 anstatt 84 Städten.

Tabelle 6-31: Monatliche Erlöse für Szenario 0 – Keine Folgenutzung („Best-Case")

Szenario 0 – Keine Folgenutzung					
Anpassungs-/Umnutzungsfähigkeit	gering	mittel	mittel	hoch	hoch
Erlösansätze	Variante 1	Variante 2	Variante 3	Variante 4	Variante 5
Erlösansatz Erstnutzung (Halle)	$6{,}00$ €/m²$_{BGF}$				
Erlösansatz Erstnutzung (Büro)	$8{,}00$ €/m²$_{BGF}$				

Tabelle 6-32: Monatliche Erlöse für Szenario 1 – Eine Folgenutzung („Base-Case")

Szenario 1 – Eine Folgenutzung					
Anpassungs-/Umnutzungsfähigkeit	gering	mittel	mittel	hoch	hoch
Erlösansätze	Variante 1	Variante 2	Variante 3	Variante 4	Variante 5
Erlösansatz Erstnutzung (Halle)	$6{,}00$ €/m²$_{BGF}$				
Erlösansatz Erstnutzung (Büro)	$8{,}00$ €/m²$_{BGF}$				
Erlösansatz 1. Folgenutzung (Halle)	$3{,}00$ €/m²$_{BGF}$	$3{,}50$ €/m²$_{BGF}$	$4{,}00$ €/m²$_{BGF}$	$4{,}50$ €/m²$_{BGF}$	$5{,}00$ €/m²$_{BGF}$
Erlösansatz 1. Folgenutzung (Büro)	$6{,}00$ €/m²$_{BGF}$				

Tabelle 6-33: Monatliche Erlöse für Szenario 2 – Zwei Folgenutzungen („Worst-Case")

Szenario 2 – Zwei Folgenutzungen					
Anpassungs-/Umnutzungsfähigkeit	gering	mittel	mittel	hoch	hoch
Erlösansätze	Variante 1	Variante 2	Variante 3	Variante 4	Variante 5
Erlösansatz Erstnutzung (Halle)	$6{,}00$ €/m²$_{BGF}$				
Erlösansatz Erstnutzung (Büro)	$8{,}00$ €/m²$_{BGF}$				
Erlösansatz 1. + 2. Folgenutzung (Halle)	$3{,}00$ €/m²$_{BGF}$	$3{,}50$ €/m²$_{BGF}$	$4{,}00$ €/m²$_{BGF}$	$4{,}50$ €/m²$_{BGF}$	$5{,}00$ €/m²$_{BGF}$
Erlösansatz 1. + 2. Folgenutzung (Büro)	$6{,}00$ €/m²$_{BGF}$				

Neben den Erlösansätzen kann ein individueller Vermietungsgrad festgelegt werden. Für einzelne Hallenobjekte mit nur einer Nutzungseinheit wird dieser bei 0 % oder 100 % liegen. Bei Betrachtung anderer Gebäudetypen (z. B. Gewerbeparks) kann der Vermietungsgrad variieren.

Für das Wirtschaftlichkeitsmodell der vorliegenden Arbeit wird davon ausgegangen, dass der Vermietungsgrad der Hallen- und zugehörigen Büroflächen bei 100 % liegt. Die möglichen Mietausfälle werden in den Szenarien separat durch die Vermarktungsphasen berücksichtigt.

6.4.2.9 Verkaufserlös

Im Rahmen der Wirtschaftlichkeitsbetrachtung kommt dem erzielbaren Verkaufserlös eine besondere Bedeutung zu, da die Vorteilhaftigkeit einer Immobilieninvestition nicht unerheblich von der Wertentwicklung des entsprechenden Objektes abhängt. Die Prognose des realen Restwertes am Ende des Betrachtungszeitraums ist allerdings mit erheblichen Unsicherheiten verbunden.[633] Neben dem Werterhalt oder Wertverfall besteht die Möglichkeit, dass Immobilien aufgrund der

---

[633] Vgl. SCHULTE ET AL. (2016), S. 590 und VIERING/RODDE/ZANNER (2015), S. 51.

fortschreitenden Bodenverknappung und anderen marktspezifischen Entwicklungen einer realen Wertsteigerung unterliegen.[634]

Zur Ermittlung des Verkaufserlöses im Rahmen einer Wirtschaftlichkeitsbetrachtung können verschiedene Verfahren angewendet werden.[635] Welche Vorgehensweise letztendlich ausgewählt wird, obliegt der individuellen Entscheidung des Investors.[636] Die einfachste Bestimmungsmethode ergibt sich aus der Annahme, dass der Restwert des Gebäudes dem um die Abschreibung reduzierten Ausgangswertes entspricht. Bei dieser Vorgehensweise wird davon ausgegangen, dass das betreffende Objekt über den Nutzungszeitraum einem Wertverzehr unterliegt.[637] Eine weitere Möglichkeit zur Ermittlung des Verkaufserlöses besteht darin, die Kosten zum Zeitpunkt der Investition mithilfe von Immobilienpreisindizes auf das Ende des Betrachtungszeitraumes hochzurechnen.[638] Da diese Berechnungsmethode jedoch auf vergangenheitsbasierten Kennwerten beruht, stellt sich die marktnahe Ermittlung des Verkaufserlöses schwierig dar. Eine weitere Möglichkeit besteht in der Bestimmung des Verkehrswertes zum Ende des Planungszeitraumes auf Basis der Immobilienwertermittlungsverordnung (ImmoWertV)[639].[640] Der Verkaufserlös wird dabei unter Berücksichtigung der zukünftigen Marktgegebenheiten prognostiziert. In der ImmoWertV werden folgende Verfahren normiert:

- Vergleichswertverfahren (§§ 15, 16 ImmoWertV),
- Ertragswertverfahren (§§ 17 bis 20 ImmoWertV) und
- Sachwertverfahren (§§ 21 bis 23 ImmoWertV).

Mithilfe des Vergleichswertverfahrens wird der marktorientierte Verkehrswert anhand von erzielten Verkaufspreisen ähnlicher Objekte bestimmt.[641] Das Ertragswertverfahren wird regelmäßig zur Verkehrswertermittlung von bebauten Grundstücken angewendet, bei denen Einnahmen erzielt werden. Dazu gehören beispielsweise Mietwohn- und Geschäftsgrundstücke, gemischt genutzte Grundstücke sowie Gewerbe-, Industrie- und Garagengrundstücke.[642] Das Sachwertverfahren findet immer dann Anwendung, wenn die Werteinschätzung nicht auf Basis von Erträgen durchgeführt werden kann. Dies trifft insbesondere auf eigengenutzte Immobilien zu. Im Unterschied zum Vergleichswert- und Ertragswertverfahren werden hierbei allerdings marktferne Verkehrswerte ermittelt.[643]

Für die vorliegende Arbeit wird der Verkaufserlös anhand des Ertragswertes ermittelt. Dieser wird in Abhängigkeit des Reinertrages, des Liegenschaftszinssatzes und der zu erwarteten Restnutzungsdauer bestimmt (siehe Formel 6-5).[644] Da im Rahmen der Arbeit keine Informationen zur Restnutzungsdauer und dem Liegenschaftszinssatz vorliegen, wird der Ertragswert

[634] Vgl. SCHULTE ET AL. (2016), S. 589 und ROPETER (1998), S. 256.
[635] Vgl. PREUß/SCHÖNE (2016), S. 191.
[636] Vgl. ROPETER (1998), S. 256.
[637] Vgl. VIERING/RODDE/ZANNER (2015), S. 51.
[638] Vgl. SCHULTE ET AL. (2016), S. 589.
[639] Vgl. Immobilienwertermittlungsverordnung (ImmoWertV), in der Fassung vom 19.05.2010, zuletzt geändert am 19.05.2010.
[640] Vgl. SCHULTE ET AL. (2016), S. 590.
[641] Vgl. ALDA/HIRSCHNER (2016), S. 55 und LEOPOLDSBERGER/THOMAS/NAUBEREIT (2016), S. 435.
[642] Vgl. LEOPOLDSBERGER/THOMAS/NAUBEREIT (2016), S. 435.
[643] Vgl. ALDA/HIRSCHNER (2016), S. 51 und LEOPOLDSBERGER/THOMAS/NAUBEREIT (2016), S. 435.
[644] Vgl. LEOPOLDSBERGER/THOMAS/NAUBEREIT (2016), S. 442 und SPÄTH (2014), S. 168.

vereinfacht durch den jährlichen Mieterlös mal Maklerfaktor abgeschätzt.[645] Der Maklerfaktor entspricht dem zinsabhängigen Vervielfältiger aus Formel 6-5 bei unendlicher Restnutzungsdauer und wird aus dem Kehrwert der marktspezifischen Bruttoanfangsrendite (r_{BA}) ermittelt. In der vorliegenden Arbeit wird die r_{BA} anhand aktueller Marktkennzahlen mit 6,0 % angenommen.[646] Daraus resultiert ein Maklerfaktor von $f_{Makler} = 16,\overline{6}$. Aufgrund dieser vereinfachten Annahme zur Berechnung des Verkaufserlöses ergibt sich, dass der Bodenwert des Grundstücks nicht separat im Wirtschaftlichkeitsmodell betrachtet wird. Es wird davon ausgegangen, dass der anhand des vereinfachten Ertragswertverfahrens ermittelte Verkaufserlös sowohl das Gebäude als auch das Grundstück umfasst.

$$E = (R - K_{Bew} - W_B \cdot z) \cdot V + W_B \qquad \text{Formel 6-5: Ertragswertermittlung}$$

E	Ertragswert [€]
R	Jährlicher Rohertrag [€]
K_{Bew}	Jährliche Bewirtschaftungskosten [€]
W_B	Bodenwert [€]
z	Liegenschaftszinssatz [%]
V	Vervielfältiger [-]

6.4.2.10 Kreditart und Gutenhabenverzinsung

Wie schon in Abschnitt 6.4.2.4 erläutert, wird zur Finanzierung von Bauvorhaben häufig eine gemischte Finanzierung aus Eigen- und Fremdmitteln vorgesehen. Bei der Inanspruchnahme von Fremdkapital sind mit dem betreffenden Kreditinstitut Vereinbarungen zur Tilgung, Verzinsung, Zinsbindungsfrist und Laufzeit[647] zu treffen.[648] Die Finanzierung von Immobilien erfolgt häufig auf Basis langfristiger Kredite.[649] Dabei kann zwischen Zinsdarlehen, Tilgungsdarlehen und Annuitätendarlehen unterschieden werden.[650]

Das Zinsdarlehen wird in der Literatur auch als Festdarlehen oder endfälliges Darlehen bezeichnet und zeichnet sich dadurch aus, dass während der Darlehenslaufzeit nur die anfallenden Zinsen gezahlt werden und der Kreditbetrag erst am Ende der Laufzeit getilgt wird.[651] Das Tilgungsdarlehen wird auch als Abzahlungsdarlehen oder Ratendarlehen bezeichnet. Bei diesem Darlehen wird eine gleichbleibende Tilgungsrate vereinbart. Dadurch sinken die notwendigen Zinszahlungen mit jeder Rate, da sich diese anhand des Restdarlehensbetrages ermitteln.[652] Das Annuitätendarlehen kennzeichnet sich durch eine gleichbleibende Rate über die vereinbarte Kreditlaufzeit. Der Zins- und Tilgungsanteil variiert über die Laufzeit, da die Zinsen jeweils nur auf die verbleibende Restschuld gezahlt werden und der sich daraus ergebende sinkende Zinsanteil zu einem

---

[645] Vgl. SPÄTH (2014), S. 168.
[646] Vgl. INITIATIVE UNTERNEHMENSIMMOBILIEN (2017), S. 17.
[647] Die Laufzeiten werden nach kurzfristigen (Laufzeit unter einem Jahr), mittelfristigen (Laufzeit zwischen einem und fünf Jahren) und langfristigen (Laufzeit über fünf Jahre) Kreditlaufzeiten unterschieden (vgl. BÖSCH (2016), S. 228).
[648] Vgl. BRAUER (2013), S. 476 f.
[649] Vgl. ROTTKE (2017b), S. 908.
[650] Vgl. WELLNER (2017), S. 232 f.; ROTTKE (2017b), S. 909; BÖSCH (2016), S. 230 und BRAUER (2013), S. 478.
[651] Vgl. WELLNER (2017), S. 233; ROTTKE (2017b), S. 911 und BRAUER (2013), S. 479.
[652] Vgl. WELLNER (2017), S. 232; ROTTKE (2017b), S. 913 und BRAUER (2013), S. 481.

steigenden Tilgungsanteil führt.[653] Anhand der Formel 6-6 kann die Annuität in Abhängigkeit der Gesamtlaufzeit ermittelt werden. Ist die Gesamtlaufzeit nicht bekannt, kann die Annuität auch auf Grundlage des vereinbarten Zinssatzes und des Anfangstilgungssatzes ermittelt werden.[654] Aus der damit berechneten Annuität kann wiederrum die Gesamtlaufzeit bestimmt werden.

$$A = S \cdot \frac{(1 + i)^n \cdot i}{(1 + i)^n - 1}$$ Formel 6-6: Jährliche Annuität

A   Jährliche Annuität [€]
S   Darlehensbetrag [€]
i   Kalkulationszinssatz [%]
n   Laufzeit [a]

Im Rahmen der vorliegenden Arbeit wird zur Finanzierung des Projektes ein langfristiger Kredit in Form eines Annuitätendarlehens ohne Damnum aufgenommen. Die Annuität wird dabei nicht auf Grundlage der Formel 6-6 berechnet, sondern anhand des Zinssatzes und Anfangstilgungssatzes ermittelt. Der Zinssatz wird mithilfe der Effektivzinssätze[655] der MFI-Statistik der deutschen Bundesbank abgeschätzt. In Abbildung 6-11 sind die durchschnittlichen jährlichen Effektivzinssätze deutscher Banken für besicherte Kredite an nichtfinanzielle Kapitalgesellschaften über 1 Mio. € in Abhängigkeit der Zinsbindungsfristen dargestellt. Es ist zu erkennen, dass die Zinssätze im Jahr 2017 zwischen 1 % und 2 % liegen. Allerdings muss davon ausgegangen werden, dass diese niedrigen Zinsen in Bezug auf den langfristigen Betrachtungszeitraum des Wirtschaftlichkeitsmodells nicht bestehen bleiben. Daher werden die in Tabelle 6-34 dargestellten gestaffelten Zinssätze und Anfangstilgungssätze zur Ermittlung der Annuität gewählt.

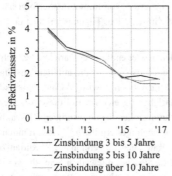

Abbildung 6-11: Effektivzinsätze für Kredite > 1 Mio. € mit verschiedenen Zinsbindungen[656]

Tabelle 6-34: Gewählte Zinssätze und Anfangstilgungssätze zur Ermittlung der Annuität

Zeitraum	Anfangstilgungssatz [%]	Zinssatz [%]
Jahr 1 bis 5	3,00	1,50
Jahr 6 bis 10	2,00	3,00
Jahr 11 bis 15	2,00	4,00
Jahr 16 bis 20	2,00	4,00
Jahr 21 bis 25	2,00	5,00
Jahr 26 bis 30	2,00	5,00

Neben dem langfristigen Kredit sind Annahmen zur Verzinsung des Guthabens auf dem Verrechnungskonto zu treffen. Dazu sind in Abbildung 6-12 die Entwicklungen der durchschnittlichen

---

[653] Vgl. WELLNER (2017), S. 232; ROTTKE (2017b), S. 909 und BRAUER (2013), S. 478.
[654] Vgl. WELLNER (2017), S. 232.
[655] Der Effektivzinssatz basiert auf dem Nominalzinssatz, berücksichtigt jedoch weitere mit dem Kreditvertrag verbundene Kosten. Dazu gehören beispielsweise Bearbeitungsgebühren, Disagio (Damnum), Kreditvermittlungskosten und Zinszuschläge für Teilauszahlungen (vgl. BRAUER (2013), S. 487).
[656] Daten entnommen aus DEUTSCHE BUNDESBANK (2019b), Stand 11.02.2019; DEUTSCHE BUNDESBANK (2019c), Stand 11.02.2019 und DEUTSCHE BUNDESBANK (2019a), Stand 11.02.2019.

jahresbezogenen Zinssätze für verschiedene Geldanlagen dargestellt. Es ist zu erkennen, dass die
erzielbaren Zinssätze im Jahr 2017 für Spareinlagen bei 0 % und für Termingeld bei 0,70 % liegen. In Bezug auf den langen Betrachtungszeitraum des Wirtschaftlichkeitsmodells wird eine gestaffelte Steigerung des Zinssatzes angenommen (siehe Tabelle 6-35).

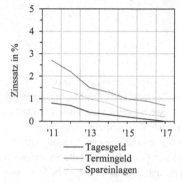

Abbildung 6-12: Zinssätze für verschiedene Geld-
anlageformen[657]

Tabelle 6-35: Gewählte Zinssätze zur Ermittlung der Guthabenzinsen

Zeitraum	Zinssatz [%]
Jahr 1 bis 5	0,10
Jahr 6 bis 10	0,50
Jahr 11 bis 15	0,50
Jahr 16 bis 20	1,00
Jahr 21 bis 25	1,00
Jahr 26 bis 30	1,00

6.4.2.11 Berücksichtigung von Steuern

Bei der Steuerbetrachtung in der Investitionsrechnung kann grundsätzlich zwischen den sogenannten Kostensteuern (z. B. Grundsteuer[658], Grunderwerbssteuer[659]) und den Ertragssteuern
(z. B. Einkommenssteuer, Körperschaftssteuer, Gewerbesteuer) unterschieden werden.[660] Im
Rahmen des Wirtschaftlichkeitsmodells werden die Kostensteuern als originäre Zahlungen und
die Ertragssteuern als derivative Zahlungen berücksichtigt.[661] Da die Kostensteuern schon in den
vorherigen Abschnitten beschrieben wurden, beziehen sich die vorliegenden Betrachtungen lediglich auf die Ertragssteuern. Auf eine Berücksichtigung der Umsatzsteuer (USt) auf Grundlage
des Umsatzsteuergesetztes (UStG)[662] wird im Rahmen der Wirtschaftlichkeitsbetrachtung verzichtet, da diese Steuerart gewinnunabhängig ist und nur vom Endverbraucher getragen werden
muss. Für Unternehmen stellt diese Steuerart damit lediglich einen Durchlaufposten dar.[663]

Zur Vereinfachung der Steuerbetrachtung wird davon ausgegangen, dass der Zeitpunkt der Entstehung der Steuern mit dem Zeitpunkt der Steuerzahlungen zusammenfällt.[664] Für das vorliegende Investitionsvorhaben wird eine separate Projektgesellschaft in Form einer

---

[657] Vgl. WIENER (2018), S. 117.
[658] Die Grundsteuer wird für die vorliegende Arbeit im Rahmen der Nutzungskosten berücksichtigt (siehe
Abschnitt 6.4.2.7).
[659] Die Grunderwerbssteuer wird für die vorliegende Arbeit im Rahmen der Grundstücksnebenkostenbe-
trachtung berücksichtigt (siehe Abschnitt 6.4.2.6).
[660] Vgl. PERRIDON/RATHGEBER/STEINER (2017), S. 83.
[661] Vgl. GROB (2015), S. 105.
[662] Vgl. Umsatzsteuergesetz (UStG), in der Fassung vom 26.11.1979, zuletzt geändert am 11.12.2018.
[663] Vgl. BUNDESMINISTERIUM DER FINANZEN (2017), S. 131 und FREIDANK (2012), S. 109.
[664] Vgl. KRUSCHWITZ (2014), S. 128.

Kapitalgesellschaft gegründet. Auf dieser Basis werden die Steuern berücksichtigt, die tatsächlich von der Projektgesellschaft gezahlt werden müssen. Die Steuerzahlungen der einzelnen Anteilseigner werden nicht berücksichtigt.[665]

Unter den oben genannten Voraussetzungen sind für die vorliegende Betrachtung folgende Steuerarten von Relevanz:[666]

- Gewerbesteuer (GewSt),
- Körperschaftssteuer (KSt) und
- Solidaritätszuschlag (SolZ).

Die Rechtsgrundlage zur Ermittlung der GewSt bildet das Gewerbesteuergesetz (GewStG)[667]. Darin wird festgelegt, dass Kapitalgesellschaften der GewSt unterliegen. Die hierzu notwendige Bemessungsgrundlage ergibt sich aus dem Gewinn des Gewerbebetriebs nach den Vorschriften des Einkommenssteuergesetzes (EStG)[668] oder des Körperschaftssteuergesetzes (KStG)[669].[670] Diese Ausgangsgröße wird zusätzlich um Hinzurechnungen[671] und Kürzungen[672] modifiziert, um den maßgebenden Gewerbeertrag zu erhalten.[673, 674] Auf dieser Grundlage wird der Steuermessbetrag anhand der festgelegten Steuermesszahl von 3,5 % ermittelt. Der damit ermittelte Steuermessbetrag wird wiederum mit dem Hebesatz der hebeberechtigten Gemeinde multipliziert und ergibt die festzusetzende Gewerbesteuer. Da sich das Wirtschaftlichkeitsmodell der vorliegenden Arbeit nicht auf einen bestimmten Standort bezieht, wird zur Bestimmung des Hebesatzes eine standortbezogene Auswertung nach der Standortklassifikation des Analyseunternehmens BulwienGesa (siehe Abschnitt 6.4.2.1) durchgeführt. Anhand der dargestellten Auswertung in Abbildung 6-13 wird für die Wirtschaftlichkeitsbetrachtung der vorliegenden Arbeit ein Hebesatz von 460 % ausgewählt.

---

[665] Auch GÖTZE empfiehlt diese Eingrenzung im Rahmen der Wirtschaftlichkeitsbetrachtung mithilfe von VoFi (vgl. GÖTZE (2014), S. 144).

[666] Vgl. GROB (2015), S. 295.

[667] Vgl. Gewerbesteuergesetz (GewStG), in der Fassung vom 01.12.1936, zuletzt geändert am 27.06.2017.

[668] Vgl. Einkommenssteuergesetz (EStG), in der Fassung vom 16.10.1934, zuletzt geändert am 19.12.2018.

[669] Vgl. Körperschaftssteuergesetz (KStG), in der Fassung vom 31.08.1976, zuletzt geändert am 08.07.2017.

[670] Vgl. BUNDESMINISTERIUM DER FINANZEN (2017), S. 76.

[671] Beispielsweise sind Entgelte für Schulden zu 25 % sowie Miet- und Pachtzinsen zu 12,5 % hinzuzurechnen, soweit diese bei der Gewinnermittlung abgesetzt werden. Allerdings gilt hierbei für die vorgenannten sowie weiteren Hinzurechnungen nach § 8 Abs. 1 GewStG ein Freibetrag in Höhe von 100.000 €.

[672] Beispielsweise kann der Gewinn des Gewerbebetriebs um geleistete Zuwendungen (z. B. Spenden und Mitgliedsbeiträge) nach den Vorgaben des § 9 Abs. 5 GewStG gekürzt werden.

[673] Vgl. KRUSCHWITZ (2014), S. 126.

[674] In besonderen Fällen kann es auch zu einem Gewerbeverlust kommen. Hierbei sind nach § 10a GewStG verhältnismäßig komplizierte Regelungen zum Verlustausgleich anzuwenden. Daher wird im Rahmen der vorliegenden Arbeit die vereinfachende Annahme getroffen, dass keine Verlustausgleichsregelungen existieren, die zu Steuererstattungen führen (vgl. KRUSCHWITZ (2014), S. 128).

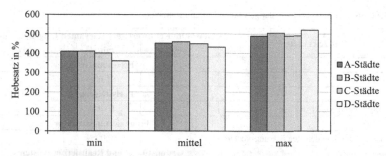

Abbildung 6-13: Hebesätze zur Ermittlung der Gewerbesteuer (2015)[675, 676]

Die KSt ist eine besondere Form der Einkommenssteuer für juristische Personen und unterliegt den Vorgaben des Körperschaftssteuergesetztes (KStG)[677]. Die Bemessungsgrundlage bildet das jährliche zu versteuernde Einkommen.[678] Die Körperschaftssteuersatz beträgt einheitlich 15 %. Im Rahmen der vorliegenden Arbeit wird als vereinfachter Ansatz der ermittelte Gewerbeertrag als Bemessungsgrundlage herangezogen.[679]

Der SolZ stellt eine Ergänzungsabgabe dar und wird seit 1993 zur Finanzierung der deutschen Einheit auf Basis des Solidaritätszuschlaggesetzes (SolZG)[680] erhoben. Dieser bemisst sich nach der festgesetzten Körperschaftssteuer mit einem einheitlichen Zuschlagsatz von 5,5 %.[681]

6.4.2.12 Zusammenfassung der gewählten Eingangsparameter

Die beschriebenen Eingangsparameter bilden die Basis, um die Wirtschaftlichkeitsbetrachtungen mithilfe von VoFi durchzuführen. In Tabelle 6-36 sind die gewählten Eingangsparameter nochmals übersichtlich zusammengestellt. Es ist darauf hinzuweisen, dass die Realisierungs- und Nutzungskosten als stochastische Kennwerte in das Berechnungsmodell integriert werden. Alle weiteren Eingangsparameter basieren auf deterministischen Annahmen.

---

[675] Daten entnommen aus BOEGER (2015).
[676] Die D-Städte enthalten insgesamt nur Datensätze von 60 anstatt 84 Städten.
[677] Vgl. Körperschaftssteuergesetz (KStG), in der Fassung vom 31.08.1976, zuletzt geändert am 08.07.2017
[678] Vgl. BUNDESMINISTERIUM DER FINANZEN (2017), S. 95.
[679] Diese Vorgehensweise wird auch durch SCHMUCK favorisiert (vgl. SCHMUCK (2017), S. 118).
[680] Vgl. Solidaritätszuschlaggesetz (SolZG), in der Fassung vom 23.06.1993, zuletzt geändert am 29.11.2018.
[681] Vgl. KRUSCHWITZ (2014), S. 126.

Tabelle 6-36: Zusammenstellung der gewählten Eingangsparameter

Bezeichnung	Gewählte Kennwerte der relevanten Eingangsgrößen		
	von	mittel	bis
Preisanpassung			
Regionalfaktor	-	1,00	-
Preissteigerung			
Preissteigerung des VPI pro Jahr	-	1,40 %	-
Finanzierungsstruktur			
Eigenkapitalanteil an den Realisierungskosten	-	40,00 %	-
Grundstücks- und Realisierungskosten			
Grundstückskosten	-	50,00 €/m²	-
Realisierungskosten	Variantenspezifische Ermittlung		
Grundstücksnebenkosten			
Grunderwerbssteuer	-	5,00 %	-
Notariats- und Gerichtsgebühren	-	1,50 %	-
Maklerprovision	-	3,00 %	-
Nutzungskosten			
KG 200 Objektmanagementkosten pro Jahr	4,10 €/m²BGF	5,14 €/m²BGF	7,78 €/m²BGF
KG 300 Betriebskosten (Halle) pro Jahr	34,44 €/m²BGF	54,40 €/m²BGF	83,91 €/m²BGF
KG 300 Betriebskosten (Büro) pro Jahr	21,56 €/m²BGF	39,13 €/m²BGF	64,16 €/m²BGF
Reduzierter Betriebskostenanteil	-	55,00 %	-
KG 400 Instandsetzungskosten pro Jahr	-	1,50 %	-
Erlöse			
Mieterlöse	variantenspezifischer Ansatz		
Vermietungsgrad			
Vermietungsgrad (Halle)	-	100,00 %	-
Vermietungsgrad (Büro)	-	100,00 %	-
Kreditart und Zinsvereinbarung			
Annuitätenkredit	Gestaffelte Kreditrate in Abhängigkeit Zins und Tilgung		
Verzinsung Verrechnungskonto	Gestaffelte Verzinsung		
Steuerliche Berechnungsgrundlagen			
Steuermesszahl	-	3,50 %	-
Hebesatz	-	460,00 %	-
Körperschaftssteuer	-	15,00 %	-
Solidaritätszuschlag	-	5,50 %	-

6.4.3   Durchführung der Berechnungen

6.4.3.1   Allgemein

In diesem Abschnitt werden die Berechnungsschritte zur Ermittlung der Eigenkapitalrendite r_{EK} vorgestellt. Die getroffenen Annahmen und ausgewählten Eingangsparameter werden in ein lebenszyklusorientiertes Investitionsrechenmodell (VoFi) integriert und die Zielgröße berechnet.

Für die vorliegende Arbeit werden insgesamt 15 separate VoFi aufgestellt. Diese ergeben sich aus den fünf verschiedenen Varianten des Referenzgebäudes (siehe Abschnitt 6.3.2) und den drei erstellten Szenarien (siehe Abschnitt 6.2.2). In den folgenden Abschnitten wird die Vorgehensweise zur Berechnung anhand des Referenzgebäudes Variante 4 (siehe Abschnitt 5.4, Tabelle 5-2), Szenario 1 (siehe Abschnitt 6.2.2, Tabelle 6-3) vorgestellt.[682] Der hierzu aufgestellte VoFi ist in Abschnitt 6.4.3.9, Tabelle 6-37 bis Tabelle 6-42 dokumentiert. Es ist zu berücksichtigen, dass das gesamte Investitionsrechenmodell auf stochastischen Ausgangsgrößen beruht. Zur besseren Darstellung der Berechnung wird jedoch auf die deterministischen Kostenkennwerte zurückgegriffen. Diese basieren nicht auf den angegebenen mittleren Kostenkennwerten (Modus) sondern auf den Mittelwerten der jeweils festgelegten stochastischen Verteilung (siehe Abschnitt 6.3.1).

6.4.3.2   Ermittlung der Auszahlungen – I a)

Zunächst werden die Grundstückskosten in Zeile *[1] I a)* (siehe Tabelle 6-37) ermittelt. Diese fallen als einmalige Auszahlung an und basieren auf der Grundstücksfläche sowie dem ausgewählten Bodenrichtwert (siehe Abschnitt 6.4.2.5). Außerdem sind die Grundstücksnebenkosten (siehe Abschnitt 6.4.2.6) anzusetzen. Die Vorgehensweise zur Berechnung der Grundstückskosten ist in Formel 6-7 dargestellt.

$$K_{GS,\,0} = \left(A_{GF} \cdot W_{BR,\,0} \right) \cdot \left(1 + p_{GNK} \right) \qquad \text{Formel 6-7: Grundstückskostenermittlung}$$

$K_{GS,\,0}$	Grundstückskosten zum Zeitpunkt 0 [€]
A_{GF}	Grundstücksfläche [m²]
$W_{BR,\,0}$	Bodenrichtwert zum Zeitpunkt 0 [€/m²]
p_{GNK}	Prozentualer Ansatz Grundstücksnebenkosten [%]

mit $A_{GF} = A_{BGF,\,Ges} \cdot 2$

$A_{BGF,\,Ges}$	Bruttogrundfläche Referenzgebäude Gesamt [m²]

Hinweis: Der Faktor 2 ergibt sich aus der Annahme, dass die Grundstücksfläche doppelt so groß ist wie die Hallenfläche (siehe Abschnitt 5.2).

mit $p_{GNK} = p_G + p_N + p_M$

p_G	Prozentualer Ansatz Grunderwerbssteuer [%]
p_N	Prozentualer Ansatz Notariats- und Gerichtsgebühren [%]
p_M	Prozentualer Ansatz Maklerprovision [%]

Auf Basis der vorgestellten Formel ergeben sich für den vorliegenden beispielhaften VoFi (Variante 4, Szenario 1) folgende Grundstückskosten:

$$K_{GS,\,0} = \left((4.138,24 \text{ m}^2 \cdot 2) \cdot 50 \text{ €/m}^2 \right) \cdot \left(1 + (5 \text{ \%} + 1,5 \text{ \%} + 3,0 \text{ \%}) \right) = 453.137,28 \text{ €}$$

In Zeile *[2] I a)* (siehe Tabelle 6-37) werden die Realisierungskosten $K_{R,\,0}$ in das Berechnungsmodell integriert. Diese wurden für die einzelnen Varianten des Referenzgebäudes bereits in Abschnitt 6.3.2 berechnet.[683] Für die Variante 4 wurden Realisierungskosten von insgesamt

---

[682] Auf eine vollständige Dokumentation aller weiteren VoFi wird verzichtet.
[683] Im Rahmen des Investitionsrechenmodells werden die Realisierungskosten auf ein Vielfaches von 10 € auf-/abgerundet.

4.555.830,00 € ermittelt. Da diese Kosten nicht zu einem einzigen Zeitpunkt anfallen, wird von folgender Verteilung ausgegangen:[684]

- 10 % der Realisierungskosten (455.583,00 €) Jahr 0, Zeitpunkt 01.01.,
- 50 % der Realisierungskosten (2.277.915,00 €) Jahr 1, Zeitpunkt 31.12. und
- 40 % der Realisierungskosten (1.822.332,00 €) Jahr 2, Zeitpunkt 31.12.

Weiterhin sind im Rahmen der Auszahlungen die Nutzungskosten zu beachten. Hierbei ist zwischen den Betriebskosten, Verwaltungskosten und Instandsetzungskosten zu unterscheiden (siehe Abschnitt 6.4.2.7). Im Investitionsrechenmodell werden zunächst die Betriebskosten ermittelt. Diese fallen mit dem Beginn der Nutzung an. Die Ermittlung erfolgt in den Nebenrechnungen der Zeilen *[1] IV b), [2] IV b)* und *Σ IV b)* (siehe Tabelle 6-37). Hierbei werden die Betriebskosten für die Hallen- und Bürofläche separat ermittelt. Es wird davon ausgegangen, dass 10 % der BGF des Referenzgebäudes auf die notwendigen Büroflächen entfallen (siehe Abschnitt 5.4). Damit ergibt sich aus $A_{BGF, Ges} = 4.138,24$ m²: $A_{BGF, Büro} = 413,82$ m² und $A_{BGF, Halle} = 3.724,42$ m². Diese werden jeweils mit den jährlichen Nutzungskostenansätzen ($k_{B, Büro}$, $k_{B, Halle}$) aus Abschnitt 6.4.2.7 multipliziert und auf Basis des Verbraucherpreisanstiegs auf das betreffende Jahr bezogen (siehe Formel 6-8).

$$K_{B, n} = \left(A_{BGF, Ges} \cdot k_B\right) \cdot \left(1 + p_{VPI}\right)^n \qquad \text{Formel 6-8: Betriebskostenermittlung}$$

$K_{B, n}$ Betriebskosten im Jahr n [€]
$A_{BGF, Ges}$ Bruttogrundfläche Referenzgebäude Gesamt [m²]
k_B Jährlicher Betriebskostenkennwert [€/m²]
p_{VPI} Jährliche prozentuale Preissteigerung [%]
n Laufzeit [a]

Für die Betriebskosten ergeben sich auf Basis der Formel 6-8 folgende Betriebskosten für das Jahr 3:[685]

$$K_{B, 3} = \left((3.724,42 \text{ m}² \cdot 57,58 \text{ €/m}²) + (413,82 \text{ m}² \cdot 41,62 \text{ €/m}²)\right) \cdot (1 + 1,4 \%)^3 = 241.542,52 \text{ €}$$

Die Betriebskosten für die folgenden Jahre ergeben sich analog. Allerdings ist für Jahr 18 des vorliegenden VoFi zu beachten, dass die Flächen aufgrund der Vermarktungsphase insgesamt 0,5 Jahre leer stehen. Hierfür ist der reduzierte Betriebskostenansatz von 55 % (siehe Abschnitt 6.4.2.7) anzusetzen.

$$K_{B, 18} = \left(((3.724,42 \text{ m}² \cdot 57,58 \text{ €/m}²) + (413,82 \text{ m}² \cdot 41,62 \text{ €/m}²)) \cdot (1 + 1,4 \%)^{18}\right) \cdot 0,5$$
$$+ \left(((3.724,42 \text{ m}² \cdot 57,58 \text{ €/m}²) + (413,82 \text{ m}² \cdot 41,62 \text{ €/m}²)) \cdot 0,55 \cdot (1 + 1,4 \%)^{18}\right) \cdot 0,5$$
$$= 230.602,82 \text{ €}$$

Neben den Betriebskosten fallen Verwaltungs-/Objektmanagementkosten der Projektgesellschaft an. Diese werden in Zeile *[3] I a)* (siehe Tabelle 6-37) separat ausgewiesen, da diese Kosten nicht auf den Mieter umgelegt werden (siehe Abschnitt 6.4.2.7). In Formel 6-9 ist die Berechnung der jährlichen Objektmanagementkosten dargestellt.

---

[684] Die Preissteigerung wird für die Realisierungskosten nicht berücksichtigt.
[685] Für $k_{B, Halle}$ wird nicht mit dem Modus von 54,40 €/m², sondern mit dem Mittelwert von 57,58 €/m² gerechnet. Dies gilt ebenso für $k_{B, Büro}$ mit dem Mittelwert von 41,62 €/m².

$K_{OM,n} = \left(A_{BGF,Ges} \cdot k_{OM}\right) \cdot \left(1 + p_{VPI}\right)^{n}$ Formel 6-9: Objektmanagementkostenermittlung

$K_{OM,n}$ Objektmanagementkosten im Jahr n [€]
$A_{BGF,Ges}$ Bruttogrundfläche Referenzgebäude Gesamt [m²]
k_{OM} Jährlicher Objektmanagementkostenkennwert [€/m²]
p_{VPI} Jährliche prozentuale Preissteigerung [%]
n Laufzeit [a]

Beispielhaft sind auf Basis der angegebenen Formel 6-9 die Objektmanagementkosten für das Jahr 1 angegeben.[686] Die Objektmanagementkosten für die folgenden Jahre ergeben sich analog.

$K_{OM,1} = (4.138,24 \text{ m}^2 \cdot 5,67 \text{ €/m}^2) \cdot (1 + 1,4 \%)^1 = 23.792,31 \text{ €}$

Außerdem werden im Investitionsrechenmodell die über den Lebenszyklus anfallenden Instandsetzungskosten in Zeile *[4] I a)* berücksichtigt (siehe Tabelle 6-37). Diese ergeben sich anhand eines jährlichen prozentualen Ansatzes von 1,5 % der indexierten Realisierungskosten (siehe Abschnitt 6.4.2.7). Es wird allerdings davon ausgegangen, dass diese Kosten nicht jährlich, sondern aller 10 Jahre mit einem prozentualen Ansatz von 15 % anfallen. Die Berechnung erfolgt anhand der angegebenen Formel 6-10.

$K_{I,n} = K_{R,0} \cdot \left(1 + p_{VPI}\right)^{n} \cdot p_{ISK}$ Formel 6-10: Instandhaltungskostenermittlung

$K_{I,n}$ Instandhaltungskosten im Jahr n [€]
$K_{R,0}$ Realisierungskosten Gesamt zum Zeitpunkt 0 [€]
p_{VPI} Jährliche prozentuale Preissteigerung [%]
n Laufzeit [a]
p_{ISK} Prozentualer Ansatz Instandsetzungskosten [%]

Die Instandsetzungskosten in Jahr 10 ergeben sich wie folgt:

$K_{I,10} = 4.555.830,00 \text{ €} \cdot (1 + 1,4 \%)^{10} \cdot 15 \% = 785.304,92 \text{ €}$

Die gesamten dargestellten Auszahlungen werden im Investitionsrechenmodell jährlich aufsummiert und in Zeile *Σ I a)* (siehe Tabelle 6-37) dokumentiert.

6.4.3.3 Ermittlung der Einzahlungen – I b)

Die Einzahlungen ergeben sich aus den Mieterlösen sowie dem Verkaufserlös des Gebäudes und des Grundstücks zum Ende des Betrachtungszeitraums.

Die Mieterlöse werden in den Zeilen *[1] IV a)* und *[2] IV a)* (siehe Tabelle 6-37) separat für die jeweiligen Hallen- und Büroflächen ermittelt und um die umlagefähigen Betriebskosten (Zeile *[1] IV b), [2] IV b)* ergänzt. Daraus ergeben sich in Zeile *Σ IV a)* die Einzahlungen der Erlöse aus Vermietung. Da für die verschiedenen Szenarien unterschiedliche Erlösansätze festgelegt wurden (siehe Abschnitt 6.4.2.8), ist für das vorliegende Referenzgebäude (Variante 4, Szenario 1) zu berücksichtigen, dass im Rahmen der Erstnutzung Mieterlöse für die Hallenfläche von 6,00 €/m² und für die Büroflächen von 8,00 €/m² erzielt werden. Im Rahmen der 1. Folgenutzung werden nur noch Mieterlöse für die Hallenfläche von 4,50 €/m² und für die Bürofläche von 6,00 €/m² generiert. Zusätzlich werden die Mieterlöse mithilfe des VPI auf das jeweilige Jahr bezogen. In Formel 6-11 wird die Vorgehensweise zur Berechnung dargestellt.

---

[686] Für k_{OM} wird nicht mit dem Modus von 5,14 €/m², sondern mit dem Mittelwert von 5,67 €/m² gerechnet.

$E_{V,n} = E_{M,n} + K_{B,n}$ 　　　　　　　　　　　　Formel 6-11: Erlösermittlung Vermietung

$E_{V,n}$ 　　Erlöse aus Vermietung im Jahr n [€]
$E_{M,n}$ 　　Mieterlöse im Jahr n [€]
$K_{B,n}$ 　　Betriebskosten im Jahr n [€]

mit 　$E_{M,n} = \left(\left(A_{BGF,\,Halle} \cdot k_{ME,\,Halle} \right) + \left(A_{BGF,\,Büro} \cdot k_{ME,\,Büro} \right) \right) \cdot 12 \cdot \left(1 + p_{VPI} \right)^n$

$A_{BGF,\,Halle}$ 　Bruttogrundfläche Referenzgebäude Hallenflächenanteil [m²]
$A_{BGF,\,Büro}$ 　Bruttogrundfläche Referenzgebäude Büroflächenanteil [m²]
$k_{ME,\,Halle}$ 　Monatlicher Mieterlöskennwert Hallenflächenanteil [€/m²]
$k_{ME,\,Büro}$ 　Monatlicher Mieterlöskennwert Büroflächenanteil [€/m²]
p_{VPI} 　　Jährliche prozentuale Preissteigerung [%]
n 　　　Laufzeit [a]

Anhand der Formel 6-11 wird die Berechnung beispielhaft für das Jahr 3 durchgeführt. Für das Jahr 18 ist zu beachten, dass sich die Mieterlöse nur für ein halbes Jahr aufgrund der Vermarktungsphase ergeben. Somit können auch die anfallenden Betriebskosten nur für dieses halbe Jahr umgelegt werden.

$E_{V,3} = \left((3.724,42\ m^2 \cdot 6,00\ €/m^2) + (413,82\ m^2 \cdot 8,00\ €/m^2) \right) \cdot 12 \cdot (1 + 1,4\%)^3 + 241.542,52\ €$
$\quad\quad = 562.540,52\ €$

Der Verkaufserlös des Gebäudes und des Grundstücks wird anhand Formel 6-12 bestimmt und errechnet sich auf Grundlage des vereinfachten Ertragswertverfahrens (Jährlicher Mieterlös mal Maklerfaktor) abzüglich der ersparten Instandsetzungskosten von Jahr 21 bis Jahr 30 (siehe Formel 6-10).[687] Die Berechnung ist in den Zeilen *[1] IV c)* und *[2] IV c)* dokumentiert und als Summe in Zeile *Σ IV c)* zusammengefasst (siehe Tabelle 6-37).

$E_{VGeb,30} = E_{M,30} \cdot f_{Makler} - K_{I,30}$ 　　　Formel 6-12: Erlösermittlung Verkauf Gebäude und Grundstück

$E_{VGeb,30}$ 　Erlös aus Verkauf Gebäude im Jahr 30 [€]
$E_{M,30}$ 　　Mieterlöse im Jahr 30 [€]
f_{Makler} 　Maklerfaktor [-]
$K_{I,30}$ 　　Ersparte Instandhaltungskosten im Jahr 30 [€]

Auf Grundlage dieser Überlegungen ergibt sich der Verkaufserlös folgendermaßen:

$E_{VGeb,30} = \left(((3.724,42\ m^2 \cdot 4,50\ €/m^2) + (413,82\ m^2 \cdot 6,00\ €/m^2)) \cdot 12 \cdot (1 + 1,4\ \%)^{30} \right) \cdot 16,\overline{6}$
$\quad\quad - (4.555.830,00\ € \cdot (1 + 1,4\ \%)^{30} \cdot 15\ \%) = 5.840.326,64\ € - 1.037.044,56\ €$
$\quad\quad = 4.803.282,08\ €$

Die dargestellten Einzahlungen werden im Investitionsrechenmodell jährlich aufsummiert und in Zeile *Σ I b)* (siehe Tabelle 6-37) angegeben.

6.4.3.4 　Saldo der Ein- und Auszahlungen – I c)

Nach der vollständigen Ermittlung der relevanten Ein- und Auszahlungen wird ein jährlicher Saldo in Zeile *Saldo I c)* berechnet (siehe Tabelle 6-37). Dieser gibt Auskunft über die Zahlungsfolge der Investition und bildet die Grundlage für die Ermittlung der derivativen Zahlungen (Fremdkapital, Eigenkapital, Steuerzahlungen sowie Überschüsse und Zinsen).

---

[687] Der Verkaufserlös wird um die ersparten Instandsetzungskosten reduziert, da davon ausgegangen wird, dass der Folgenutzer dies im Rahmen der Anpassung oder Umnutzung selbst realisiert.

6.4.3.5   Berechnung zur Finanzierung der Investition – II a) und II b)

Zur Finanzierungsberechnung ist vorab zu entscheiden, ob die erforderlichen finanziellen Mittel in Form von Eigen- oder Fremdkapital in das Investitionsvorhaben eingebracht werden. Hierzu wurde im Rahmen der vorliegenden Arbeit festgelegt, dass 40 % der Realisierungskosten als Eigenkapital zur Verfügung stehen (siehe Abschnitt 6.4.2.4). In Bezug auf das vorliegende Berechnungsbeispiel (Variante 4, Szenario 1) werden somit insgesamt 1.823.000,00 € als Eigenkapital bereitgestellt. Dieser Anteil ergibt sich aus 4.555.830,00 € · 0,4 = 1.822.332,00 € und wird auf tausend Einheiten aufgerundet. Dieser Anteil verteilt sich in Zeile *[1] II b)* (siehe Tabelle 6-37) zu 909.000,00 € auf Jahr 0 und zu 914.000,00 € auf Jahr 1. Da das Eigenkapital im Jahr 1 nicht zur Finanzierung des Saldos der Ein- und Auszahlungen von 2.301.707,31 € ausreicht, müssen im Jahr 1 zusätzlich 1.388.000,00 € als Fremdkapital bereitgestellt werden. Dieser Wert ergibt sich aus 2.301.707,31 € - 914.000,00 € = 1.387.707,31 € und wird auf tausend Einheiten aufgerundet. Im Jahr 2 sind 100 % des benötigten Kapitals als Fremdkapital in Höhe von 1.847.000,00 € bereitzustellen (siehe Zeile *[2] II a)*). Dieser Wert ergibt sich aus 1.846.457,41 € · 1,0 = 1.846.457,41 € und wird auf tausend Einheiten aufgerundet. Für das Fremdkapital fallen im Jahr 1 und Jahr 2 zusätzlich Zinsen von 1,5 % an (siehe Abschnitt 6.4.2.10). Diese werden in Zeile *[1] IV e)* auf Basis des Kreditstands des Vorjahrs und der Kreditaufnahme im Betrachtungsjahr ermittelt. Für Jahr 1 ergibt sich eine Zinsbelastung in Höhe von 1.388.000,00 € · 0,015   = 20.820,00 €   und   für   Jahr 2   in   Höhe   von   (1.388.000,00 € + 1.847.000,00 €) · 0,015 = 48.525,00 €.[688] Beim vorliegenden Berechnungsmodell wird davon ausgegangen, dass die Zinsen über zusätzliches Eigenkapital beglichen werden. Somit erhöht sich der Eigenkapitalanteil im Jahr 1 von 914.000,00 € auf 934.820,00 € und im Jahr 2 von 0,00 € auf 48.525,00 € (siehe Zeile *[1] II b)*). Außerdem ist zu beachten, dass sich die Ermittlung der Eigenkapitalrendite (siehe Abschnitt 6.2.1) auf das eingesetzte Eigenkapital zum Zeitpunkt 0 bezieht. Das heißt, dass eingebrachtes Eigenkapital zu späteren Zeitpunkten abgezinst werden muss. Allerdings stellt sich dabei die Frage nach dem anzusetzenden Kalkulationszinssatz. Theoretisch ergibt sich dieser auf Basis der ermittelten Eigenkapitalrendite und kann händisch mithilfe eines iterativen Verfahrens ermittelt werden. Da das Berechnungsmodell im Rahmen der vorliegenden Arbeit jedoch auf stochastischen Annahmen beruht, kann keine iterative Ermittlung des Kalkulationszinssatzes erfolgen. Daher wird die vereinfachende Annahme getroffen, dass das Eigenkapital auf Basis des VPI abgezinst wird (siehe Formel 6-13).[689]

$$K_{EK, 0, n} = K_{EK, n} \cdot \left(1 + p_{VPI}\right)^{-n} \qquad \text{Formel 6-13: Abzinsung Eigenkapital}$$

$K_{EK, 0, n}$ Eigenkapitaleinsatz zum Zeitpunkt 0 im Jahr n [€]
$K_{EK, n}$ Eigenkapitaleinsatz im Jahr n [€]
p_{VPI} Jährliche prozentuale Preissteigerung [%]
n   Laufzeit [a]

Auf Grundlage dieser Annahme ergeben sich für die Eigenkapitaleinsätze zu verschiedenen Zeitpunkten die folgenden Barwerte:

---

[688] Es wird davon ausgegangen, dass die Tilgung der Kreditsumme erst ab Jahr 3 erfolgt.
[689] Bei dieser Vorgehensweise entsteht ein Standardfehler, der umso größer ausfällt, je mehr Eigenkapital zu späteren Zeitpunkten eingesetzt wird. Da im vorliegenden Berechnungsmodell jedoch vergleichsweise geringe Eigenkapitaleinsätze zu späteren Zeitpunkten notwendig werden, kann der Standardfehler vernachlässigt werden.

$K_{EK, 0, n} = 909.000,00 \ € \cdot (1 + 1,4 \ \%)^{-0} = 909.000,00 \ €$

$K_{EK, 0, 1} = 934.820,00 \ € \cdot (1 + 1,4 \ \%)^{-1} = 921.913,21 \ €$

$K_{EK, 0, 2} = 48.525 \ € \cdot (1 + 1,4 \ \%)^{-2} = 47.194,31 \ €$

Ab Jahr 3 beginnt die Tilgung des aufgenommenen Fremdkapitals anhand der ermittelten Annuität. Diese berechnet sich mithilfe des festgelegten Anfangstilgungssatzes von 3,00 % und des Zinssatzes von 1,5 % (siehe Abschnitt 6.4.2.10) des Kreditstandes aus Zeile Δ IV e). Dieser beträgt zu Beginn von Jahr 3 insgesamt 3.235.000,00 €. Hieraus ergibt sich ein Anfangstilgungssatz von 3.235.000,00 € $\cdot$ 0,03 = 97.050,00 € (siehe Zeile *[2] IV e)*), ein Zinssatz von 3.235.000,00 € $\cdot$ 0,015 = 48.525,00 € (siehe Zeile *[1] IV e)*) und eine Annuität von 97.050,00 € + 48.525,00 € = 145.575,00 €.

6.4.3.6 Berechnung zur Geldanlage von Liquiditätsüberschüssen – II d)

Ergeben sich aus den Ein- und Auszahlungen sowie dem Eigen- und Fremdkapitaleinsatz Liquiditätsüberschüsse, können diese in eine verzinste Geldanlage angelegt werden. Für das vorliegende Berechnungsmodell wird eine gestaffelte Verzinsung angenommen (siehe Abschnitt 6.4.2.10). Die dadurch erzielten Erträge werden wiederum im Berechnungsmodell berücksichtigt und in Zeile *[1] II d)* dokumentiert (siehe Tabelle 6-37). Beispielsweise ergeben sich im Jahr 0 aus dem Saldo der Ein- und Auszahlungen sowie dem Eigenkapitaleinsatz ein Liquiditätsüberschuss von -908.720,28 € + 909.000,00 € = 279,72 €. Im Jahr 1 ergibt sich ein Liquiditätsüberschuss aus dem Saldo der Ein- und Auszahlung und den anfallenden Zinsen für das notwendige Fremdkapital sowie dem Eigen- und Fremdkapitaleinsatz von -2.301.707,31 € - 20.820,00 € + 1.388.000,00 € + 934.820,00 € = 292,69 €. Da die Berechnung der Zinsen immer zum Jahresende erfolgt, sind die Liquiditätsüberschüsse zu kumulieren. Somit ergeben sich im Jahr 1 Liquiditätsüberschüsse von 279,72 € + 292,69 € = 572,41 € (siehe Zeile *[2] II d)*). Anhand der angenommenen Verzinsung von 0,1 % können hieraus die Zinsen von 572,41 € $\cdot$ 0,001 = 0,57 € (siehe Zeile *[1] IV f)*) ermittelt werden. Die Liquiditätsüberschüsse und Zinsen ergeben sich in den folgenden Jahren analog.

6.4.3.7 Steuerberechnung – II c)

Wie schon in Abschnitt 6.4.2.11 beschrieben, werden für die vorliegende steuerliche Betrachtung die Gewerbesteuer (GewSt), die Körperschaftssteuer (KSt) und der Solidaritätszuschlag (SolZ) berücksichtigt.

Die GewSt ermittelt sich anhand des Gewerbeertrags (siehe Zeile *[3] IV g)* in Tabelle 6-37) nach den Vorgaben des GewStG. In der vorliegenden Berechnung ergibt sich bis Jahr 2 ein negativer Gewerbeertrag. Das heißt, dass die Projektgesellschaft für diese Jahre keine Gewerbesteuer an das Finanzamt zu entrichten hat. Ab Jahr 3 ergeben sich positive Gewerbeerträge. Diese ermitteln sich im VoFi vereinfacht aus dem jährlichen Saldo der Ein- und Auszahlungen (siehe Zeile *Saldo I c)*), dem jährlichen Abschreibungsbetrag (siehe Zeile *[2] IV d)*), den jährlichen Zinsen des Verrechnungskontos (siehe Zeile *[1] IV f)*), den anfallenden Kreditzinsen (siehe Zeile *[1] IV e)*) sowie den zusätzlichen Hinzurechnungen (siehe Zeile *[1] IV g)*) und Kürzungen (siehe Zeile *[2] IV g)*). Hieraus kann für Jahr 3 ein Gewerbeertrag von 296.534,85 € - 136.674,90 €

+ 1,12 € - 48.525,00 = 111.336,06 € ermittelt werden. Dieser wird mit der Steuermesszahl von 3,50 % multipliziert und ergibt den Steuermessbetrag von 111.336,06 € · 0,035 = 3.896,76 € (siehe Zeile *[4] IV g)*). Dieser wird wiederum mit dem Hebesatz von 460 % verrechnet (siehe Abschnitt 6.4.2.11) und ergibt eine Gewerbesteuer von 3.896,76 € · 460 % = 17.925,11 € (siehe Zeile *[5] IV g)*).

Die KSt ermittelt sich auf der Grundlage des zu versteuernden Einkommens nach den Vorgaben des KStG. Im Rahmen der vorliegenden Arbeit wird als vereinfachter Ansatz der ermittelte Gewerbeertrag als Bemessungsgrundlage übernommen (siehe Zeile *[3] IV g)*). Auf dieser Basis wird anhand des einheitlich vorgegebenen Körperschaftssteuersatzes von 15 % (siehe Abschnitt 6.4.2.11) die KSt im Jahr 3 in Höhe von 111.336,06 € · 0,15 = 16.700,41 € berechnet (siehe Zeile *[6] IV g)*).

Der SolZ berechnet sich auf Grundlage der KSt mit einem einheitlichen Verrechnungssatz von 5,5 % (siehe Abschnitt 6.4.2.11). Daraus ergibt sich im Jahr 3 ein SolZ von 16.700,41 € · 0,055 = 918,52 € (siehe Zeile *[7] IV g)*).

Insgesamt ergibt sich im Jahr 3 aus den oben beschriebenen Berechnungen eine Gesamtsteuerbelastung von 17.925,11 € + 16.700,41 € + 918,52 € = 35.544,04 € (siehe Zeile *Σ IV g)*).

6.4.3.8 Zusatzinformationen – III

Unter den Zusatzinformationen werden die Daten zusammengefasst, die für eine abschließende Bewertung des Investitionsvorhabens von Bedeutung sind.

Das Finanzierungssaldo in Zeile *[1] III* (siehe Tabelle 6-37) stellt eine Hilfsgröße dar und muss immer 0,00 € betragen. Daran kann abgelesen werden, ob alle notwendigen Ein- und Auszahlungen berücksichtigt wurden und zum Ende der jeweiligen Betrachtungsperiode ein liquiditätsmäßiges Gleichgewicht hergestellt wurde.

Der Kreditstand aus Zeile *Δ IV e)* zeigt die Entwicklung des Fremdkapitalbestandes an. Im vorliegenden Berechnungsbeispiel wird bis zum Ende von Jahr 2 Fremdkapital in Höhe von insgesamt 1.388.000,00 € + 1.847.000,00 € = 3.235.000,00 € aufgenommen. Ab Jahr 3 beginnt die Tilgung. Somit reduziert sich der Kreditstand auf 3.235.000,00 € - 97.050,00 € = 3.137.950,00 €. Die Kreditstände in den folgenden Jahren berechnen sich analog.

Der Liquiditätsüberschuss des Verrechnungskontos aus Zeile *[2] II d)* gibt nochmals einen Überblick über die liquiden Mittel des Investitionsvorhabens.

Aus dem Kreditstand sowie dem Liquiditätsüberschuss wird ein jährliches Bestandssaldo ermittelt (siehe Zeile *Saldo III*). Dieses bildet die Grundlage für die kennzahlenbasierte Auswertung der Eigenkapitalrendite.

6.4.3.9 Beispiel für einen VoFi

Im VoFi werden die in den vorherigen Abschnitten aufgezeigten Berechnungen für den gewählten Betrachtungsfall in einer Excel-Tabelle zusammengefasst. In Tabelle 6-37 sind die Berechnungen

ab dem Projektstart (01.01. im Jahr 0) bis zum Ende des Jahres 5 dargestellt. In Tabelle 6-38 wird die Zeitscheibe von Jahr 6 bis Jahr 11 gezeigt. In den darauffolgenden Tabellen finden sich die Berechnungen für die weiteren Jahre. Die letzte Zeitscheibe, das Jahr 30, befindet sich in Tabelle 6-42.[690] Der dokumentierte VoFi bezieht sich auf das Referenzgebäude Variante 4 (siehe Abschnitt 5.4, Tabelle 5-2), Szenario 1 (siehe Abschnitt 6.2.2, Tabelle 6-3). Für die weiteren Varianten wurden vergleichbare VoFi angefertigt. Diese werden im Rahmen der vorliegenden Arbeit jedoch nicht umfassend dokumentiert, da dies den Umfang der Arbeit übersteigen würde.

Aus dem VoFi lassen sich Anfangs- und Endwerte sowie Zeitreihen für alle aufgeführten Kenngrößen entnehmen. So zeigt sich zum Beispiel, dass der Kreditstand am Ende des zweiten Betrachtungsjahres mit 3.235.000,00 € am höchsten ist, sich im darauffolgenden Jahr durch die Tilgung von 97.050,00 € auf 3.137.950,00 € verringert und in der letzten betrachten Zeitscheibe im Jahr 30 bei 1.652.752,34 € liegt. Auf eine detaillierte Diskussion der verschiedenen Ergebnisse des VoFi wird jedoch verzichtet, da im Rahmen der Arbeit die Auswertung der berechneten Eigenkapitalrenditen im Fokus steht. In Abschnitt 6.4.3.10 wird die ausgewählte Zielgröße (Eigenkapitalrendite) genauer betrachtet und in Abschnitt 6.5 werden die Variantenvergleiche ausgewertet.

---

[690] Die dokumentierten Tabellen des VoFi (Tabelle 6-37 bis Tabelle 6-42) können auf der Homepage des Verlages unter www.springer.com heruntergeladen werden.

Tabelle 6-37: Beispielberechnung VoFi (Teil 1/6)

LZ-phase	Planen und Bauen (2 Jahre)			Erstnutzung (15 Jahre)		
Jahr	0	1.	2	3	4	5
Zeitpunkt	01.01.	31.12	31.12.	31.12.	31.12.	31.12.
Ereignis	Grundstückserwerb & Planung	Planung & Bau	Bau & Inbetriebnahme	1. Jahr Nutzung	2. Jahr Nutzung	3. Jahr Nutzung
I Originäre Zahlungen						
I a) Auszahlungen						
[1] I a) Grundstückskosten	-453.137,28 €	-	-	-	-	-
[2] I a) Realisierungskosten	-455.583,00 €	-2.277.915,00 €	-1.822.332,00 €	-	-	-
aus Σ IV b) Betriebskosten	-	-	-	-241.542,52 €	-244.924,11 €	-248.353,05 €
[3] I a) Objektmanagementkosten	-	-23.792,31 €	-24.125,41 €	-24.463,16 €	-24.805,65 €	-25.152,93 €
[4] I a) Instandsetzungskosten	-	-	-	-	-	-
Σ I a) Summe Auszahlungen p. a.	-908.720,28 €	-2.301.707,31 €	-1.846.457,41 €	-266.005,68 €	-269.729,76 €	-273.505,97 €
I b) Einzahlungen						
aus Σ IV a) Erlöse Vermietung	-	-	-	562.540,52 €	570.416,09 €	578.401,92 €
aus Σ IV c) Erlöse Verkauf Gebäude und Grundstück	-	-	-	-	-	-
Σ I b) Summe Einzahlungen p. a.	-	-	-	562.540,52 €	570.416,09 €	578.401,92 €
I c) Saldo Ein- und Auszahlungen (Zahlungsfolge Investition)						
Saldo I c) Saldo Ein- und Auszahlungen p. a.	-908.720,28 €	-2.301.707,31 €	-1.846.457,41 €	296.534,85 €	300.686,33 €	304.895,94 €
II Derivative Zahlungen						
II a) Fremdkapital (FK)						
[1] II a) Anteil FK an Investitionssumme	0,0 %	60,3 %	100,0 %	0,0 %	0,0 %	0,0 %
[2] II a) Aufnahme Kredit (aufgerundet)	-	1.388.000,00 €	1.847.000,00 €	-	-	-
aus [1] IV e) Kreditzinsen	-	20.820,00 €	48.525,00 €	48.525,00 €	47.069,25 €	45.591,66 €
aus [2] IV e) Kredittilgung	-	-	-	97.050,00 €	98.505,75 €	99.983,34 €
II b) Eigenkapital (EK)						
[1] II b) EK-Einsatz an Investitionssumme (ohne Zinsen)	909.000,00 €	914.000,00 €	-	-	-	-
[2] II b) EK-Einsatz an Investitionssumme (mit Zinsen)	909.000,00 €	934.820,00 €	48.525,00 €	-	-	-
[3] II b) Barwert EK-Einsatz	909.000,00 €	921.913,21 €	47.194,31 €	-	-	-
[4] II b) Reinvestition aus Verrechnungskonto	-	-	-	-	-	-
II c) Steuerzahlungen						
aus Σ IV g) Steuerzahlungen	-	-	-	35.544,04 €	37.371,00 €	39.224,26 €
[1] II c) Steuererstattungen	-	-	-	-	-	-
II d) Überschüsse und Zinsen						
aus [1] IV f) Habenzinsen aus Verrechnungskonto	-	-	0,57 €	1,12 €	116,53 €	234,39 €
[1] II d) Liquiditätsüberschuss Verrechnungskonto	279,72 €	292,69 €	543,17 €	115.416,92 €	117.836,87 €	120.331,07 €
[2] II d) Liquiditätsüberschuss Verrechnungskonto kum.	279,72 €	572,41 €	1.115,57 €	116.532,50 €	234.389,37 €	354.720,44 €
III Zusatzinformationen						
[1] III Finanzierungssaldo (Kontrolle)	0,00 €	0,00 €	0,00 €	0,00 €	0,00 €	0,00 €
aus Σ IV e) Kreditstand	-	1.388.000,00 €	3.235.000,00 €	3.137.950,00 €	3.039.444,25 €	2.939.460,91 €
aus [2] II d) Liquiditätsüberschuss Verrechnungskonto kum.	279,72 €	572,41 €	1.115,57 €	116.532,50 €	234.389,37 €	354.720,44 €
Saldo III Saldo aus Kredit und Liquidität	279,72 €	-1.387.427,59 €	-3.233.884,43 €	-3.021.417,50 €	-2.805.054,88 €	-2.584.740,47 €
IV Nebenrechnungen						
IV a) Erlöse aus Vermietung – Berechnung						
[1] IV a) Erlöse durch Vermietung (Halle)	-	-	-	279.579,30 €	283.493,41 €	287.462,32 €
[2] IV a) Erlöse durch Vermietung (Büro)	-	-	-	41.418,71 €	41.998,57 €	42.586,55 €
aus [1] IV b) Umlage Betriebskosten (Halle)	-	-	-	223.585,78 €	226.715,98 €	229.890,00 €
aus [2] IV b) Umlage Betriebskosten (Büro)	-	-	-	17.956,74 €	18.208,13 €	18.463,04 €
Σ IV a) Summe Erlöse p. a.	-	-	-	562.540,52 €	570.416,09 €	578.401,92 €
IV b) Betriebskosten – Berechnung						
[1] IV b) Betriebskosten (Halle)	-	-	-	-223.585,78 €	-226.715,98 €	-229.890,00 €
[2] IV b) Betriebskosten (Büro)	-	-	-	-17.956,74 €	-18.208,13 €	-18.463,04 €
Σ IV b) Summe Betriebskosten p. a.	-	-	-	-241.542,52 €	-244.924,11 €	-248.353,05 €
IV c) Verkaufserlös Gebäude – Berechnung						
[1] IV c) Ermittlung Verkaufswert Gebäude	-	-	-	-	-	-
[2] IV c) Ersparte Instandsetzungskosten im Jahr 30	-	-	-	-	-	-
Σ IV c) Summe Verkaufserlös	-	-	-	-	-	-
IV d) Steuerliche Abschreibung der Investition – Berechnung						
[1] IV d) Bemessungsgrundlage Abschreibung	-	-	-	4.555.830,00 €	-	-
[2] IV d) Abschreibungsbetrag	-	-	-	136.674,90 €	136.674,90 €	136.674,90 €
Δ IV d) Restbuchwert	-	-	-	4.419.155,10 €	4.282.480,20 €	4.145.805,30 €
IV e) FK – Berechnung						
aus Δ IV e) Kreditstand (Jahresbeginn) aus Vorjahr	-	-	1.388.000,00 €	3.235.000,00 €	3.137.950,00 €	3.039.444,25 €
aus [2] II a) Kreditaufnahme im Betrachtungsjahr	-	1.388.000,00 €	1.847.000,00 €	-	-	-
[1] IV e) Kreditzinsen	-	20.820,00 €	48.525,00 €	48.525,00 €	47.069,25 €	45.591,66 €
[2] IV e) Kredittilgung	-	-	-	97.050,00 €	98.505,75 €	99.983,34 €
aus [1/2] IV e) Annuität für Kredit	-	-	-	145.575,00 €	145.575,00 €	145.575,00 €
Δ IV e) Kreditstand (Jahresende)	-	1.388.000,00 €	3.235.000,00 €	3.137.950,00 €	3.039.444,25 €	2.939.460,91 €
IV f) Reinvestition von Liquiditätsüberschüssen – Berechnung						
aus [2] II d) Liquiditätsüberschuss Verrechnungskonto kum.	279,72 €	572,41 €	1.115,57 €	116.532,50 €	234.389,37 €	354.720,44 €
[1] IV f) Habenzinsen aus Verrechnungskonto	-	-	0,57 €	1,12 €	116,53 €	234,72 €
IV g) Gewerbesteuer (GewSt), Körperschaftsteuer (KSt) und Solidaritätszuschlag (SolZ) – Berechnung						
aus Saldo I c) Saldo Ein- und Auszahlungen (Zahlungsfolge)	-908.720,28 €	-2.301.707,31 €	-1.846.457,41 €	296.534,85 €	300.686,33 €	304.895,94 €
aus [2] IV d) Abschreibungsbetrag	-	-	-	136.674,90 €	136.674,90 €	136.674,90 €
aus [1] IV f) Habenzinsen aus Verrechnungskonto	-	-	0,57 €	1,12 €	116,53 €	234,39 €
aus [1] IV e) Kreditzinsen	-	20.820,00 €	48.525,00 €	48.525,00 €	47.069,25 €	45.591,66 €
[1] IV g) Hinzurechnungen	-	-	-	-	-	-
[2] IV g) Kürzungen	-	-	-	-	-	-
[3] IV g) Gewerbeertrag	-	-2.322.527,31 €	-1.894.981,83 €	111.336,06 €	117.058,72 €	122.863,77 €
[4] IV g) Steuermessbetrag GewSt	-	-	-	3.896,76 €	4.097,06 €	4.300,23 €
[5] IV g) GewSt	-	-	-	17.925,11 €	18.846,45 €	19.781,07 €
aus [3] IV g) Bemessungsgrundlage KSt	-	-2.322.527,31 €	-1.894.981,83 €	111.336,06 €	117.058,72 €	122.863,77 €
[6] IV g) KSt	-	-	-	16.700,41 €	17.558,81 €	18.429,57 €
[7] IV g) SolZ	-	-	-	918,52 €	965,73 €	1.013,63 €
Σ IV g) Summe GewSt, KSt und SolZ	-	-	-	35.544,04 €	37.371,00 €	39.224,26 €

156   6 Wirtschaftlichkeitsbetrachtung

Tabelle 6-38: Beispielberechnung VoFi (Teil 2/6)

LZ-phase	Erstnutzung (15 Jahre)					
Jahr	6	7	8	9	10	11
Zeitpunkt	31.12.	31.12	31.12.	31.12.	31.12.	31.12.
Ereignis	4. Jahr Nutzung	5. Jahr Nutzung	6. Jahr Nutzung	7. Jahr Nutzung	8. Jahr Nutzung	9. Jahr Nutzung
I Originäre Zahlungen						
I a) Auszahlungen						
[1] I a) Grundstückskosten	-	-	-	-	-	-
[2] I a) Realisierungskosten	-	-	-	-	-	-
aus Σ IV b) Betriebskosten	-251.829,99 €	-255.355,61 €	-258.930,59 €	-262.555,62 €	-266.231,40 €	-269.958,64 €
[3] I a) Objektmanagementkosten	-25.505,07 €	-25.862,14 €	-26.224,21 €	-26.591,35 €	-26.963,63 €	-27.341,12 €
[4] I a) Instandsetzungskosten	-	-	-	-	-785.304,92 €	-
Σ I a) Summe Auszahlungen p. a.	-277.335,06 €	-281.217,75 €	-285.154,80 €	-289.146,96 €	-1.078.499,94 €	-297.299,75 €
I b) Einzahlungen						
aus Σ IV a) Erlöse Vermietung	586.499,54 €	594.710,54 €	603.036,49 €	611.479,00 €	620.039,70 €	628.720,26 €
aus Σ IV c) Erlöse Verkauf Gebäude und Grundstück	-	-	-	-	-	-
Σ I b) Summe Einzahlungen p. a.	586.499,54 €	594.710,54 €	603.036,49 €	611.479,00 €	620.039,70 €	628.720,26 €
I c) Saldo Ein- und Auszahlungen (Zahlungsfolge Investition)						
Saldo I c) Saldo Ein- und Auszahlungen p. a.	309.164,49 €	313.492,79 €	317.881,69 €	322.332,03 €	-458.460,24 €	331.420,51 €
II Derivative Zahlungen						
II a) Fremdkapital (FK)						
[1] II a) Anteil FK an Investitionssumme	0,0 %	0,0 %	0,0 %	0,0 %	0,0 %	0,0 %
[2] II a) Aufnahme Kredit (aufgerundet)						
aus [1] IV e) Kreditzinsen	88.183,83 €	86.420,15 €	84.603,56 €	82.732,48 €	80.805,26 €	105.093,64 €
aus [2] IV e) Kredittilgung	58.789,22 €	60.552,89 €	62.369,48 €	64.240,57 €	66.167,78 €	52.546,82 €
II b) Eigenkapital (EK)						
[1] II b) EK-Einsatz an Investitionssumme (ohne Zinsen)	-	-	-	-	-	-
[2] II b) EK-Einsatz an Investitionssumme (mit Zinsen)	-	-	-	-	-	-
[3] II b) Barwert EK-Einsatz	-	-	-	-	-	-
[4] II b) Reinvestition aus Verrechnungskonto	-	-	-	-	605.433,29 €	-
II c) Steuerzahlungen						
aus Σ IV g) Steuerzahlungen	27.027,86 €	29.642,02 €	31.845,53 €	34.090,65 €	-	29.532,43 €
[1] II c) Steuererstattungen	-	-	-	-	-	-
II d) Überschüsse und Zinsen						
aus [1] IV f) Habenzinsen aus Verrechnungskonto	354,72 €	2.451,19 €	3.147,84 €	3.858,89 €	4.584,53 €	1.580,29 €
[1] II d) Liquiditätsüberschuss Verrechnungskonto	135.518,30 €	139.328,92 €	142.210,95 €	145.127,23 €	4.584,53 €	145.827,90 €
[2] II d) Liquiditätsüberschuss Verrechnungskonto kum.	490.238,75 €	629.567,66 €	771.778,62 €	916.905,85 €	316.057,09 €	461.884,99 €
III Zusatzinformationen						
[1] III Finanzierungssaldo (Kontrolle)	0,00 €	0,00 €	0,00 €	0,00 €	0,00 €	0,00 €
aus Δ IV e) Kreditstand	2.880.671,70 €	2.820.118,80 €	2.757.749,32 €	2.693.508,75 €	2.627.340,97 €	2.574.794,15 €
aus [2] II d) Liquiditätsüberschuss Verrechnungskonto kum.	490.238,75 €	629.567,66 €	771.778,62 €	916.905,85 €	316.057,09 €	461.884,99 €
Saldo III Saldo aus Kredit und Liquidität	-2.390.432,95 €	-2.190.551,14 €	-1.985.970,70 €	-1.776.602,90 €	-2.311.283,88 €	-2.112.909,16 €
IV Nebenrechnungen						
IV a) Erlöse aus Vermietung – Berechnung						
[1] IV a) Erlöse durch Vermietung (Halle)	291.486,79 €	295.567,60 €	299.705,55 €	303.901,43 €	308.156,05 €	312.470,23 €
[2] IV a) Erlöse durch Vermietung (Büro)	43.182,76 €	43.787,32 €	44.400,35 €	45.021,95 €	45.652,26 €	46.291,39 €
aus [1] IV b) Umlage Betriebskosten (Halle)	233.108,46 €	236.371,98 €	239.681,19 €	243.036,73 €	246.439,24 €	249.889,39 €
aus [2] IV b) Umlage Betriebskosten (Büro)	18.721,53 €	18.983,63 €	19.249,40 €	19.518,89 €	19.792,16 €	20.069,25 €
Σ IV a) Summe Erlöse p. a.	586.499,54 €	594.710,54 €	603.036,49 €	611.479,00 €	620.039,70 €	628.720,26 €
IV b) Betriebskosten – Berechnung						
[1] IV b) Betriebskosten (Halle)	-233.108,46 €	-236.371,98 €	-239.681,19 €	-243.036,73 €	-246.439,24 €	-249.889,39 €
[2] IV b) Betriebskosten (Büro)	-18.721,53 €	-18.983,63 €	-19.249,40 €	-19.518,89 €	-19.792,16 €	-20.069,25 €
Σ IV b) Summe Betriebskosten p. a.	-251.829,99 €	-255.355,61 €	-258.930,59 €	-262.555,62 €	-266.231,40 €	-269.958,64 €
IV c) Verkaufserlös Gebäude – Berechnung						
[1] IV c) Ermittlung Verkaufswert Gebäude	-	-	-	-	-	-
[2] IV c) Ersparte Instandsetzungskosten im Jahr 30	-	-	-	-	-	-
Σ IV c) Summe Verkaufserlös	-	-	-	-	-	-
IV d) Steuerliche Abschreibung der Investition – Berechnung						
[1] IV d) Bemessungsgrundlage Abschreibung	-	-	-	-	-	-
[2] IV d) Abschreibungsbetrag	136.674,90 €	136.674,90 €	136.674,90 €	136.674,90 €	136.674,90 €	136.674,90 €
Δ IV d) Restbuchwert	4.009.130,40 €	3.872.455,50 €	3.735.780,60 €	3.599.105,70 €	3.462.430,80 €	3.325.755,90 €
IV e) FK – Berechnung						
aus Δ IV e) Kreditstand (Jahresbeginn) aus Vorjahr	2.939.460,91 €	2.880.671,70 €	2.820.118,80 €	2.757.749,32 €	2.693.508,75 €	2.627.340,97 €
aus [2] II a) Kreditaufnahme im Betrachtungsjahr						
[1] IV e) Kreditzinsen	88.183,83 €	86.420,15 €	84.603,56 €	82.732,48 €	80.805,26 €	105.093,64 €
[2] IV e) Kredittilgung	58.789,22 €	60.552,89 €	62.369,48 €	64.240,57 €	66.167,78 €	52.546,82 €
aus [1/2] IV e) Annuität für Kredit	146.973,05 €	146.973,05 €	146.973,05 €	146.973,05 €	146.973,05 €	157.640,46 €
Δ IV e) Kreditstand (Jahresende)	2.880.671,70 €	2.820.118,80 €	2.757.749,32 €	2.693.508,75 €	2.627.340,97 €	2.574.794,15 €
IV f) Reinvestition von Liquiditätsüberschüssen – Berechnung						
aus [2] II d) Liquiditätsüberschuss Verrechnungskonto kum.	490.238,75 €	629.567,66 €	771.778,62 €	916.905,85 €	316.057,09 €	461.884,99 €
[1] IV f) Habenzinsen aus Verrechnungskonto	2.451,19 €	3.147,84 €	3.858,89 €	4.584,53 €	1.580,29 €	2.309,42 €
IV g) Gewerbesteuer (GewSt), Körperschaftssteuer (KSt) und Solidaritätszuschlag (SolZ) – Berechnung						
aus Saldo I c) Saldo Ein- und Auszahlungen (Zahlungsfolge)	309.164,49 €	313.492,79 €	317.881,69 €	322.332,03 €	-458.460,24 €	331.420,51 €
aus [2] IV d) Abschreibungsbetrag	136.674,90 €	136.674,90 €	136.674,90 €	136.674,90 €	136.674,90 €	136.674,90 €
aus [1] IV f) Habenzinsen aus Verrechnungskonto	354,72 €	2.451,19 €	3.147,84 €	3.858,89 €	4.584,53 €	1.580,29 €
aus [1] IV e) Kreditzinsen	88.183,83 €	86.420,15 €	84.603,56 €	82.732,48 €	80.805,26 €	105.093,64 €
[1] IV g) Hinzurechnungen	-	-	-	-	-	1.273,41 €
[2] IV g) Kürzungen	-	-	-	-	-	-
[3] IV g) Gewerbeertrag	84.660,48 €	92.848,93 €	99.751,06 €	106.783,55 €	-671.355,87 €	2.505,66 €
[4] IV g) Steuermessbetrag GewSt	2.963,12 €	3.249,71 €	3.491,29 €	3.737,42 €	-	1.237,70 €
[5] IV g) GewSt	13.630,34 €	14.948,68 €	16.059,92 €	17.192,15 €	-	14.893,41 €
aus [3] IV g) Bemessungsgrundlage KSt	84.660,48 €	92.848,93 €	99.751,06 €	106.783,55 €	-671.355,87 €	92.505,66 €
[6] IV g) KSt	12.699,07 €	13.927,34 €	14.962,66 €	16.017,53 €	-	13.875,85 €
[7] IV g) SolZ	698,45 €	766,00 €	822,95 €	880,96 €	-	763,17 €
Σ IV g) Summe GewSt, KSt und SolZ	27.027,86 €	29.642,02 €	31.845,53 €	34.090,65 €	-	29.532,43 €

Tabelle 6-39: Beispielberechnung VoFi (Teil 3/6)

LZ-phase	Erstnutzung (15 Jahre)					
Jahr	12	13	14	15	16	17
Zeitpunkt	31.12.	31.12	31.12.	31.12.	31.12.	31.12.
Ereignis	10. Jahr Nutzung	11. Jahr Nutzung	12. Jahr Nutzung	13. Jahr Nutzung	14. Jahr Nutzung	15. Jahr Nutzung
I Originäre Zahlungen						
I a) Auszahlungen						
[1] I a) Grundstückskosten	-	-	-	-	-	-
[2] I a) Realisierungskosten	-	-	-	-	-	-
aus Σ IV b) Betriebskosten	-273.738,06 €	-277.570,39 €	-281.456,37 €	-285.396,76 €	-289.392,32 €	-293.443,81 €
[3] I a) Objektmanagementkosten	-27.723,89 €	-28.112,03 €	-28.505,59 €	-28.904,67 €	-29.309,34 €	-29.719,67 €
[4] I a) Instandsetzungskosten	-	-	-	-	-	-
Σ I a) Summe Auszahlungen p. a.	-301.461,95 €	-305.682,42 €	-309.961,97 €	-314.301,44 €	-318.701,66 €	-323.163,48 €
I b) Einzahlungen						
aus Σ IV a) Erlöse Vermietung	637.522,34 €	646.447,65 €	655.497,92 €	664.674,89 €	673.980,34 €	683.416,07 €
aus Σ IV c) Erlöse Verkauf Gebäude und Grundstück	-	-	-	-	-	-
Σ I b) Summe Einzahlungen p. a.	637.522,34 €	646.447,65 €	655.497,92 €	664.674,89 €	673.980,34 €	683.416,07 €
I c) Saldo Ein- und Auszahlungen (Zahlungsfolge Investition)						
Saldo I c) Saldo Ein- und Auszahlungen p. a.	336.060,39 €	340.765,24 €	345.535,95 €	350.373,46 €	355.278,68 €	360.252,59 €
II Derivative Zahlungen						
II a) Fremdkapital (FK)						
[1] II a) Anteil FK an Investitionssumme	0,0 %	0,0 %	0,0 %	0,0 %	0,0 %	0,0 %
[2] II a) Aufnahme Kredit (aufgerundet)	-	-	-	-	-	-
aus [1] IV e) Kreditzinsen	102.991,77 €	100.805,82 €	98.532,43 €	96.168,11 €	93.709,22 €	91.835,03 €
aus [2] IV e) Kredittilgung	54.648,69 €	56.834,64 €	59.108,03 €	61.472,35 €	46.854,61 €	48.728,79 €
II b) Eigenkapital (EK)						
[1] II b) EK-Einsatz an Investitionssumme (ohne Zinsen)	-	-	-	-	-	-
[2] II b) EK-Einsatz an Investitionssumme (mit Zinsen)	-	-	-	-	-	-
[3] II b) Barwert EK-Einsatz	-	-	-	-	-	-
[4] II b) Reinvestition aus Verrechnungskonto	-	-	-	-	-	-
II c) Steuerzahlungen						
aus Σ IV g) Steuerzahlungen	31.749,76 €	34.012,99 €	36.440,40 €	38.987,43 €	41.591,17 €	46.065,89 €
[1] II c) Steuererstattungen	-	-	-	-	-	-
II d) Überschüsse und Zinsen						
aus [1] IV f) Habenzinsen aus Verrechnungskonto	2.309,42 €	3.054,32 €	3.815,15 €	4.591,50 €	5.383,19 €	12.551,45 €
[1] II d) Liquiditätsüberschuss Verrechnungskonto	148.979,60 €	152.166,11 €	155.270,25 €	158.357,07 €	178.506,83 €	186.174,32 €
[2] II d) Liquiditätsüberschuss Verrechnungskonto kum.	610.864,59 €	763.030,71 €	918.300,95 €	1.076.638,02 €	1.255.144,90 €	1.441.319,21 €
III Zusatzinformationen						
[1] III Finanzierungssaldo (Kontrolle)	0,00 €	0,00 €	0,00 €	0,00 €	0,00 €	0,00 €
aus Δ IV e) Kreditstand	2.520.145,46 €	2.463.310,82 €	2.404.202,79 €	2.342.730,45 €	2.295.875,84 €	2.247.147,04 €
aus [2] II d) Liquiditätsüberschuss Verrechnungskonto kum.	610.864,59 €	763.030,71 €	918.300,95 €	1.076.638,02 €	1.255.144,90 €	1.441.319,21 €
Saldo III Saldo aus Kredit und Liquidität	-1.909.280,87 €	-1.700.280,11 €	-1.485.901,84 €	-1.266.092,42 €	-1.040.730,94 €	-805.827,83 €
IV Nebenrechnungen						
IV a) Erlöse aus Vermietung – Berechnung						
[1] IV a) Erlöse durch Vermietung (Halle)	316.844,82 €	321.280,64 €	325.778,57 €	330.339,47 €	334.964,23 €	339.653,72 €
[2] IV a) Erlöse durch Vermietung (Büro)	46.939,47 €	47.596,62 €	48.262,97 €	48.938,66 €	49.623,80 €	50.318,53 €
aus [1] IV b) Umlage Betriebskosten (Halle)	253.387,84 €	256.935,27 €	260.532,36 €	264.179,82 €	267.878,33 €	271.628,63 €
aus [2] IV b) Umlage Betriebskosten (Büro)	20.350,22 €	20.635,12 €	20.924,01 €	21.216,93 €	21.513,98 €	21.815,18 €
Σ IV a) Summe Erlöse p. a.	637.522,34 €	646.447,65 €	655.497,92 €	664.674,89 €	673.980,34 €	683.416,07 €
IV b) Betriebskosten – Berechnung						
[1] IV b) Betriebskosten (Halle)	-253.387,84 €	-256.935,27 €	-260.532,36 €	-264.179,82 €	-267.878,33 €	-271.628,63 €
[2] IV b) Betriebskosten (Büro)	-20.350,22 €	-20.635,12 €	-20.924,01 €	-21.216,95 €	-21.513,98 €	-21.815,18 €
Σ IV b) Summe Betriebskosten p. a.	-273.738,06 €	-277.570,39 €	-281.456,37 €	-285.396,76 €	-289.392,32 €	-293.443,81 €
IV c) Verkaufserlös Gebäude – Berechnung						
[1] IV c) Ermittlung Verkaufswert Gebäude	-	-	-	-	-	-
[2] IV c) Ersparte Instandsetzungskosten im Jahr 30	-	-	-	-	-	-
Σ IV c) Summe Verkaufserlös	-	-	-	-	-	-
IV d) Steuerliche Abschreibung der Investition – Berechnung						
[1] IV d) Bemessungsgrundlage Abschreibung						
[2] IV d) Abschreibungsbetrag	136.674,90 €	136.674,90 €	136.674,90 €	136.674,90 €	136.674,90 €	136.674,90 €
Δ IV d) Restbuchwert	3.189.081,00 €	3.052.406,10 €	2.915.731,20 €	2.779.056,30 €	2.642.381,40 €	2.505.706,50 €
IV e) FK – Berechnung						
aus Δ IV e) Kreditstand (Jahresbeginn) aus Vorjahr	2.574.794,15 €	2.520.145,46 €	2.463.310,82 €	2.404.202,79 €	2.342.730,45 €	2.295.875,84 €
aus [2] II a) Kreditaufnahme im Betrachtungsjahr	-	-	-	-	-	-
[1] IV e) Kreditzinsen	102.991,77 €	100.805,82 €	98.532,43 €	96.168,11 €	93.709,22 €	91.835,03 €
[2] IV e) Kredittilgung	54.648,69 €	56.834,64 €	59.108,03 €	61.472,35 €	46.854,61 €	48.728,79 €
aus [1/2] IV e) Annuität für Kredit	157.640,46 €	157.640,46 €	157.640,46 €	157.640,46 €	140.563,83 €	140.563,83 €
Δ IV e) Kreditstand (Jahresende)	2.520.145,46 €	2.463.310,82 €	2.404.202,79 €	2.342.730,45 €	2.295.875,84 €	2.247.147,04 €
IV f) Reinvestition von Liquiditätsüberschüssen – Berechnung						
aus [2] II d) Liquiditätsüberschuss Verrechnungskonto kum.	610.864,59 €	763.030,71 €	918.300,95 €	1.076.638,02 €	1.255.144,90 €	1.441.319,21 €
[1] IV f) Habenzinsen aus Verrechnungskonto	3.054,32 €	3.815,15 €	4.591,50 €	5.383,19 €	12.551,45 €	14.413,19 €
IV g) Gewerbesteuer (GewSt), Körperschaftsteuer (KSt) und Solidaritätszuschlag (SolZ) – Berechnung						
aus Saldo I c) Saldo Ein- und Auszahlungen (Zahlungsfolge)	336.060,39 €	340.765,24 €	345.535,95 €	350.373,46 €	355.278,68 €	360.252,59 €
aus [2] IV d) Abschreibungsbetrag	136.674,90 €	136.674,90 €	136.674,90 €	136.674,90 €	136.674,90 €	136.674,90 €
aus [1] IV f) Habenzinsen aus Verrechnungskonto	2.309,42 €	3.054,32 €	3.815,15 €	4.591,50 €	5.383,19 €	12.551,45 €
aus [1] IV e) Kreditzinsen	102.991,77 €	100.805,82 €	98.532,43 €	96.168,11 €	93.709,22 €	91.835,03 €
[1] IV g) Hinzurechnungen	747,94 €	201,45 €	-	-	-	-
[2] IV g) Kürzungen	-	-	-	-	-	-
[3] IV g) Gewerbeertrag	99.451,09 €	106.540,30 €	114.143,77 €	122.121,95 €	130.277,76 €	144.294,10 €
[4] IV g) Steuermessbetrag GewSt	3.480,79 €	3.728,91 €	3.995,03 €	4.274,27 €	4.559,72 €	5.050,29 €
[5] IV g) GewSt	16.011,63 €	17.152,99 €	18.377,15 €	19.661,63 €	20.974,72 €	23.231,35 €
aus [3] IV g) Bemessungsgrundlage KSt	99.451,09 €	106.540,30 €	114.143,77 €	122.121,95 €	130.277,76 €	144.294,10 €
[6] IV g) KSt	14.917,66 €	15.981,04 €	17.121,57 €	18.318,29 €	19.541,66 €	21.644,12 €
[7] IV g) SolZ	820,47 €	878,96 €	941,69 €	1.007,51 €	1.074,79 €	1.190,43 €
Σ IV g) Summe GewSt, KSt und SolZ	31.749,76 €	34.012,99 €	36.440,40 €	38.987,43 €	41.591,17 €	46.065,89 €

Tabelle 6-40: Beispielberechnung VoFi (Teil 4/6)

LZ-phase	Vermarktung (0,5 Jahre)	1. Folgenutzung (12,5 Jahre)				
Jahr	18	19	20	21	22	23
Zeitpunkt	31.12.	31.12	31.12.	31.12.	31.12.	31.12.
Ereignis	16. Jahr Nutzung	17. Jahr Nutzung	18. Jahr Nutzung	19. Jahr Nutzung	20. Jahr Nutzung	21. Jahr Nutzung
I Originäre Zahlungen						
I a) Auszahlungen						
[1] I a) Grundstückskosten	-	-	-	-	-	-
[2] I a) Realisierungskosten	-	-	-	-	-	-
aus Σ IV b) Betriebskosten	-230.602,82 €	-301.717,75 €	-305.941,80 €	-310.224,99 €	-314.568,14 €	-318.972,09 €
[3] I a) Objektmanagementkosten	-30.135,74 €	-30.557,64 €	-30.985,45 €	-31.419,25 €	-31.859,12 €	-32.305,15 €
[4] I a) Instandsetzungskosten	-	-	-902.439,03 €	-	-	-
Σ I a) Summe Auszahlungen p. a.	-260.738,56 €	-332.275,40 €	-1.239.366,28 €	-341.644,23 €	-346.427,25 €	-351.277,24 €
I b) Einzahlungen						
aus Σ IV a) Erlöse Vermietung	297.062,96 €	602.443,69 €	610.877,90 €	619.430,19 €	628.102,21 €	636.895,64 €
aus Σ IV c) Erlöse Verkauf Gebäude und Grundstück	-	-	-	-	-	-
Σ I b) Summe Einzahlungen p. a.	297.062,96 €	602.443,69 €	610.877,90 €	619.430,19 €	628.102,21 €	636.895,64 €
I c) Saldo Ein- und Auszahlungen (Zahlungsfolge Investition)						
Saldo I c) Saldo Ein- und Auszahlungen p. a.	36.324,40 €	270.168,29 €	-628.488,38 €	277.785,95 €	281.674,96 €	285.618,41 €
II Derivative Zahlungen						
II a) Fremdkapital (FK)						
[1] II a) Anteil FK an Investitionssumme	0,0 %	0,0 %	0,0 %	0,0 %	0,0 %	0,0 %
[2] II a) Aufnahme Kredit (aufgerundet)	-	-	-	-	-	-
aus [1] IV e) Kreditzinsen	89.885,88 €	87.858,76 €	85.750,56 €	104.447,54 €	102.358,59 €	100.165,19 €
aus [2] IV e) Kredittilgung	50.677,95 €	52.705,06 €	54.813,27 €	41.779,02 €	43.867,97 €	46.061,36 €
II b) Eigenkapital (EK)						
[1] II b) EK-Einsatz an Investitionssumme (ohne Zinsen)	-	-	-	-	-	-
[2] II b) EK-Einsatz an Investitionssumme (mit Zinsen)	-	-	-	-	-	-
[3] II b) Barwert EK-Einsatz	-	-	-	-	-	-
[4] II b) Reinvestition aus Verrechnungskonto	-	-	769.052,21 €	-	-	-
II c) Steuerzahlungen						
aus Σ IV g) Steuerzahlungen	-	18.883,50 €	-	14.362,97 €	16.501,89 €	18.692,76 €
[1] II c) Steuererstattungen	-	-	-	-	-	-
II d) Überschüsse und Zinsen						
aus [1] IV f) Habenzinsen aus Verrechnungskonto	14.413,19 €	13.514,93 €	14.757,29 €	7.214,34 €	8.458,45 €	9.732,50 €
[1] II d) Liquiditätsüberschuss Verrechnungskonto	-89.826,24 €	124.235,90 €	14.757,29 €	124.410,77 €	127.404,96 €	130.431,59 €
[2] II d) Liquiditätsüberschuss Verrechnungskonto kum.	1.351.492,98 €	1.475.728,87 €	721.433,95 €	845.844,72 €	973.249,68 €	1.103.681,27 €
III Zusatzinformationen						
[1] III Finanzierungssaldo (Kontrolle)	0,00 €	0,00 €	0,00 €	0,00 €	0,00 €	0,00 €
aus Δ IV e) Kreditstand	2.196.469,10 €	2.143.764,04 €	2.088.950,77 €	2.047.171,76 €	2.003.303,79 €	1.957.242,42 €
aus [2] II d) Liquiditätsüberschuss Verrechnungskonto kum.	1.351.492,98 €	1.475.728,87 €	721.433,95 €	845.844,72 €	973.249,68 €	1.103.681,27 €
Saldo III Saldo aus Kredit und Liquidität	-844.976,12 €	-668.035,16 €	-1.367.516,82 €	-1.201.327,04 €	-1.030.054,11 €	-853.561,16 €
IV Nebenrechnungen						
IV a) Erlöse aus Vermietung – Berechnung						
[1] IV a) Erlöse durch Vermietung (Halle)	129.153,33 €	261.922,95 €	265.589,87 €	269.308,13 €	273.078,44 €	276.901,54 €
[2] IV a) Erlöse durch Vermietung (Büro)	19.133,62 €	38.802,98 €	39.346,23 €	39.897,07 €	40.455,63 €	41.022,01 €
aus [1] IV b) Umlage Betriebskosten (Halle)	137.715,72 €	279.287,47 €	283.197,50 €	287.162,26 €	291.182,53 €	295.259,09 €
aus [2] IV b) Umlage Betriebskosten (Büro)	11.060,30 €	22.430,28 €	22.744,30 €	23.062,72 €	23.385,60 €	23.713,00 €
Σ IV a) Summe Erlöse p. a.	297.062,96 €	602.443,69 €	610.877,90 €	619.430,19 €	628.102,21 €	636.895,64 €
IV b) Betriebskosten – Berechnung						
[1] IV b) Betriebskosten (Halle)	-213.459,36 €	-279.287,47 €	-283.197,50 €	-287.162,26 €	-291.182,53 €	-295.259,09 €
[2] IV b) Betriebskosten (Büro)	-17.143,46 €	-22.430,28 €	-22.744,30 €	-23.062,72 €	-23.385,60 €	-23.713,00 €
Σ IV b) Summe Betriebskosten p. a.	-230.602,82 €	-301.717,75 €	-305.941,80 €	-310.224,99 €	-314.568,14 €	-318.972,09 €
IV c) Verkaufserlös Gebäude – Berechnung						
[1] IV c) Ermittlung Verkaufswert Gebäude	-	-	-	-	-	-
[2] IV c) Ersparte Instandsetzungskosten im Jahr 30	-	-	-	-	-	-
Σ IV c) Summe Verkaufserlös	-	-	-	-	-	-
IV d) Steuerliche Abschreibung der Investition – Berechnung						
[1] IV d) Bemessungsgrundlage Abschreibung	-	-	-	-	-	-
[2] IV d) Abschreibungsbetrag	136.674,90 €	136.674,90 €	136.674,90 €	136.674,90 €	136.674,90 €	136.674,90 €
Δ IV d) Restbuchwert	2.369.031,60 €	2.232.356,70 €	2.095.681,80 €	1.959.006,90 €	1.822.332,00 €	1.685.657,10 €
IV e) FK – Berechnung						
aus Δ IV e) Kreditstand (Jahresbeginn) aus Vorjahr	2.247.147,04 €	2.196.469,10 €	2.143.764,04 €	2.088.950,77 €	2.047.171,76 €	2.003.303,79 €
aus [2] II a) Kreditaufnahme im Betrachtungsjahr	-	-	-	-	-	-
[1] IV e) Kreditzinsen	89.885,88 €	87.858,76 €	85.750,56 €	104.447,54 €	102.358,59 €	100.165,19 €
[2] IV e) Kredittilgung	50.677,95 €	52.705,06 €	54.813,27 €	41.779,02 €	43.867,97 €	46.061,36 €
aus [1/2] IV e) Annuität für Kredit	140.563,83 €	140.563,83 €	140.563,83 €	146.226,55 €	146.226,55 €	146.226,55 €
Δ IV e) Kreditstand (Jahresende)	2.196.469,10 €	2.143.764,04 €	2.088.950,77 €	2.047.171,76 €	2.003.303,79 €	1.957.242,42 €
IV f) Reinvestition von Liquiditätsüberschüssen – Berechnung						
aus [2] II d) Liquiditätsüberschuss Verrechnungskonto kum.	1.351.492,98 €	1.475.728,87 €	721.433,95 €	845.844,72 €	973.249,68 €	1.103.681,27 €
[1] IV f) Habenzinsen aus Verrechnungskonto	13.514,93 €	14.757,29 €	7.214,34 €	8.458,45 €	9.732,50 €	11.036,81 €
IV g) Gewerbesteuer (GewSt), Körperschaftssteuer (KSt) und Solidaritätszuschlag (SolZ) – Berechnung						
aus Saldo I c) Saldo Ein- und Auszahlungen (Zahlungsfolge)	36.324,40 €	270.168,29 €	-628.488,38 €	277.785,95 €	281.674,96 €	285.618,41 €
aus [2] IV d) Abschreibungsbetrag	136.674,90 €	136.674,90 €	136.674,90 €	136.674,90 €	136.674,90 €	136.674,90 €
aus [1] IV f) Habenzinsen aus Verrechnungskonto	14.413,19 €	13.514,93 €	14.757,29 €	7.214,34 €	8.458,45 €	9.732,50 €
aus [1] IV e) Kreditzinsen	89.885,88 €	87.858,76 €	85.750,56 €	104.447,54 €	102.358,59 €	100.165,19 €
[1] IV g) Hinzurechnungen	-	-	-	1.111,88 €	589,65 €	41,30 €
[2] IV g) Kürzungen	-	-	-	-	-	-
[3] IV g) Gewerbeertrag	-175.823,19 €	59.149,56 €	-836.156,56 €	44.989,74 €	51.689,56 €	58.552,11 €
[4] IV g) Steuermessbetrag GewSt	-	2.070,23 €	-	1.574,64 €	1.809,13 €	2.049,32 €
[5] IV g) GewSt	-	9.523,08 €	-	7.243,35 €	8.322,02 €	9.426,89 €
aus [3] IV g) Bemessungsgrundlage KSt	-175.823,19 €	59.149,56 €	-836.156,56 €	44.989,74 €	51.689,56 €	58.552,11 €
[6] IV g) KSt	-	8.872,43 €	-	6.748,46 €	7.753,43 €	8.782,82 €
[7] IV g) SolZ	-	487,98 €	-	371,17 €	426,44 €	483,05 €
Σ IV g) Summe GewSt, KSt und SolZ	-	18.883,50 €	-	14.362,97 €	16.501,89 €	18.692,76 €

Tabelle 6-41: Beispielberechnung VoFi (Teil 5/6)

LZ-phase		\multicolumn{6}{c}{1. Folgenutzung (12 Jahre)}					
Jahr		24	25	26	27	28	29
Zeitpunkt		31.12.	31.12	31.12.	31.12.	31.12.	31.12.
Ereignis		22. Jahr Nutzung	23. Jahr Nutzung	24. Jahr Nutzung	25. Jahr Nutzung	26. Jahr Nutzung	27. Jahr Nutzung
I Originäre Zahlungen							
I a) Auszahlungen							
[1] I a)	Grundstückskosten	-	-	-	-	-	-
[2] I a)	Realisierungskosten	-	-	-	-	-	-
aus Σ IV b)	Betriebskosten	-323.437,70 €	-327.965,83 €	-332.557,35 €	-337.213,15 €	-341.934,14 €	-346.721,21 €
[3] I a)	Objektmanagementkosten	-32.757,42 €	-33.216,02 €	-33.681,05 €	-34.152,58 €	-34.630,72 €	-35.115,55 €
[4] I a)	Instandsetzungskosten	-	-	-	-	-	-
Σ I a)	Summe Auszahlungen p. a.	-356.195,12 €	-361.181,85 €	-366.238,39 €	-371.365,73 €	-376.564,85 €	-381.836,76 €
I b) Einzahlungen							
aus Σ IV a)	Erlöse Vermietung	645.812,18 €	654.853,55 €	664.021,50 €	673.317,80 €	682.744,25 €	692.302,67 €
aus Σ IV c)	Erlöse Verkauf Gebäude und Grundstück	-	-	-	-	-	-
Σ I b)	Summe Einzahlungen p. a.	645.812,18 €	654.853,55 €	664.021,50 €	673.317,80 €	682.744,25 €	692.302,67 €
I c) Saldo Ein- und Auszahlungen (Zahlungsfolge Investition)							
Saldo I c)	Saldo Ein- und Auszahlungen p. a.	289.617,07 €	293.671,70 €	297.783,11 €	301.952,07 €	306.179,40 €	310.465,91 €
II Derivative Zahlungen							
II a) Fremdkapital (FK)							
[1] II a)	Anteil FK an Investitionssumme	0,0 %	0,0 %	0,0 %	0,0 %	0,0 %	0,0 %
[2] II a)	Aufnahme Kredit (aufgerundet)	-	-	-	-	-	-
aus [1] IV e)	Kreditzinsen	97.862,12 €	95.443,90 €	92.904,77 €	91.046,67 €	89.095,67 €	87.047,12 €
aus [2] IV e)	Kredittilgung	48.364,43 €	50.782,65 €	37.161,91 €	39.020,00 €	40.971,00 €	43.019,55 €
II b) Eigenkapital (EK)							
[1] II b)	EK-Einsatz an Investitionssumme (ohne Zinsen)	-	-	-	-	-	-
[2] II b)	EK-Einsatz an Investitionssumme (mit Zinsen)	-	-	-	-	-	-
[3] II b)	Barwert EK-Einsatz	-	-	-	-	-	-
[4] II b)	Reinvestition aus Verrechnungskonto	-	-	-	-	-	-
II c) Steuerzahlungen							
aus Σ IV g)	Steuerzahlungen	21.107,81 €	23.599,89 €	26.157,94 €	28.577,84 €	31.056,58 €	33.596,00 €
[1] II c)	Steuererstattungen	-	-	-	-	-	-
II d) Überschüsse und Zinsen							
aus [1] IV f)	Habenzinsen aus Verrechnungskonto	11.036,81 €	12.370,01 €	13.732,16 €	15.285,07 €	16.870,99 €	18.490,26 €
[1] II d)	Liquiditätsüberschuss Verrechnungskonto	133.319,52 €	136.215,27 €	155.290,65 €	158.592,62 €	161.927,14 €	165.293,30 €
[2] II d)	Liquiditätsüberschuss Verrechnungskonto kum.	1.237.000,78 €	1.373.216,05 €	1.528.506,70 €	1.687.099,32 €	1.849.026,46 €	2.014.319,96 €
III Zusatzinformationen							
[1] III	Finanzierungssaldo (Kontrolle)	0,00 €	0,00 €	0,00 €	0,00 €	0,00 €	0,00 €
aus Δ IV e)	Kreditstand	1.908.877,99 €	1.858.095,34 €	1.820.933,43 €	1.781.913,43 €	1.740.942,43 €	1.697.922,87 €
aus [2] II d)	Liquiditätsüberschuss Verrechnungskonto kum.	1.237.000,78 €	1.373.216,05 €	1.528.506,70 €	1.687.099,32 €	1.849.026,46 €	2.014.319,96 €
Saldo III	Saldo aus Kredit und Liquidität	-671.877,21 €	-484.879,29 €	-292.426,73 €	-94.814,10 €	108.084,03 €	316.397,09 €
IV Nebenrechnungen							
IV a) Erlöse aus Vermietung – Berechnung							
[1] IV a)	Erlöse durch Vermietung (Halle)	280.778,16 €	284.709,06 €	288.694,99 €	292.736,71 €	296.835,03 €	300.990,72 €
[2] IV a)	Erlöse durch Vermietung (Büro)	41.596,32 €	42.178,67 €	42.769,17 €	43.367,94 €	43.975,09 €	44.590,74 €
aus [1] IV b)	Umlage Betriebskosten (Halle)	299.392,72 €	303.584,21 €	307.834,39 €	312.144,07 €	316.514,09 €	320.945,29 €
aus [2] IV b)	Umlage Betriebskosten (Büro)	24.044,98 €	24.381,61 €	24.722,96 €	25.069,08 €	25.420,04 €	25.775,92 €
Σ IV a)	Summe Erlöse p. a.	645.812,18 €	654.853,55 €	664.021,50 €	673.317,80 €	682.744,25 €	692.302,67 €
IV b) Betriebskosten – Berechnung							
[1] IV b)	Betriebskosten (Halle)	-299.392,72 €	-303.584,21 €	-307.834,39 €	-312.144,07 €	-316.514,09 €	-320.945,29 €
[2] IV b)	Betriebskosten (Büro)	-24.044,98 €	-24.381,61 €	-24.722,96 €	-25.069,08 €	-25.420,04 €	-25.775,92 €
Σ IV b)	Summe Betriebskosten p. a.	-323.437,70 €	-327.965,83 €	-332.557,35 €	-337.213,15 €	-341.934,14 €	-346.721,21 €
IV c) Verkaufserlös Gebäude – Berechnung							
[1] IV c)	Ermittlung Verkaufswert Gebäude	-	-	-	-	-	-
[2] IV c)	Ersparte Instandsetzungskosten im Jahr 30	-	-	-	-	-	-
Σ IV c)	Summe Verkaufserlös	-	-	-	-	-	-
IV d) Steuerliche Abschreibung der Investition – Berechnung							
[1] IV d)	Bemessungsgrundlage Abschreibung	-	-	-	-	-	-
[2] IV d)	Abschreibungsbetrag	136.674,90 €	136.674,90 €	136.674,90 €	136.674,90 €	136.674,90 €	136.674,90 €
Δ IV d)	Restbuchwert	1.548.982,20 €	1.412.307,30 €	1.275.632,40 €	1.138.957,50 €	1.002.282,60 €	865.607,70 €
IV e) FK – Berechnung							
aus Δ IV e)	Kreditstand (Jahresbeginn) aus Vorjahr	1.957.242,42 €	1.908.877,99 €	1.858.095,34 €	1.820.933,43 €	1.781.913,43 €	1.740.942,43 €
aus [2] II a)	Kreditaufnahme im Betrachtungsjahr	-	-	-	-	-	-
[1] IV e)	Kreditzinsen	97.862,12 €	95.443,90 €	92.904,77 €	91.046,67 €	89.095,67 €	87.047,12 €
[2] IV e)	Kredittilgung	48.364,43 €	50.782,65 €	37.161,91 €	39.020,00 €	40.971,00 €	43.019,55 €
aus [1/2] IV e)	Annuität für Kredit	146.226,55 €	146.226,55 €	130.066,67 €	130.066,67 €	130.066,67 €	130.066,67 €
Δ IV e)	Kreditstand (Jahresende)	1.908.877,99 €	1.858.095,34 €	1.820.933,43 €	1.781.913,43 €	1.740.942,43 €	1.697.922,87 €
IV f) Reinvestition von Liquiditätsüberschüssen – Berechnung							
aus [2] II d)	Liquiditätsüberschuss Verrechnungskonto kum.	1.237.000,78 €	1.373.216,05 €	1.528.506,70 €	1.687.099,32 €	1.849.026,46 €	2.014.319,96 €
[1] IV f)	Habenzinsen aus Verrechnungskonto	12.370,01 €	13.732,16 €	15.285,07 €	16.870,99 €	18.490,26 €	20.143,20 €
IV g) Gewerbesteuer (GewSt), Körperschaftssteuer (KSt) und Solidaritätszuschlag (SolZ) – Berechnung							
aus Saldo I c)	Saldo Ein- und Auszahlungen (Zahlungsfolge)	289.617,07 €	293.671,70 €	297.783,11 €	301.952,07 €	306.179,40 €	310.465,91 €
aus [2] IV d)	Abschreibungsbetrag	136.674,90 €	136.674,90 €	136.674,90 €	136.674,90 €	136.674,90 €	136.674,90 €
aus [1] IV f)	Habenzinsen aus Verrechnungskonto	11.036,81 €	12.370,01 €	13.732,16 €	15.285,07 €	16.870,99 €	18.490,26 €
aus [1] IV e)	Kreditzinsen	97.862,12 €	95.443,90 €	92.904,77 €	91.046,67 €	89.095,67 €	87.047,12 €
[1] IV g)	Hinzurechnungen	-	-	-	-	-	-
[2] IV g)	Kürzungen	-	-	-	-	-	-
[3] IV g)	Gewerbeertrag	66.116,86 €	73.922,91 €	81.935,60 €	89.515,57 €	97.279,82 €	105.234,16 €
[4] IV g)	Steuermessbetrag GewSt	2.314,09 €	2.587,30 €	2.867,75 €	3.133,04 €	3.404,79 €	3.683,20 €
[5] IV g)	GewSt	10.644,81 €	11.901,59 €	13.191,63 €	14.412,01 €	15.662,05 €	16.942,70 €
aus [3] IV g)	Bemessungsgrundlage KSt	66.116,86 €	73.922,91 €	81.935,60 €	89.515,57 €	97.279,82 €	105.234,16 €
[6] IV g)	KSt	9.917,53 €	11.088,44 €	12.290,34 €	13.427,34 €	14.591,97 €	15.785,12 €
[7] IV g)	SolZ	545,46 €	609,86 €	675,97 €	738,50 €	802,56 €	868,18 €
Σ IV g)	Summe GewSt, KSt und SolZ	21.107,81 €	23.599,89 €	26.157,94 €	28.577,84 €	31.056,58 €	33.596,00 €

Tabelle 6-42: Beispielberechnung VoFi (Teil 6/6)

LZ-phase		1. Folgenutzung (12 Jahre)
Jahr		30
Zeitpunkt		31.12.
Ereignis		28. Jahr Nutzung
I Originäre Zahlungen		
I a) Auszahlungen		
[1] I a)	Grundstückskosten	-
[2] I a)	Realisierungskosten	-
aus Σ IV b)	Betriebskosten	-351.575,31 €
[3] I a)	Objektmanagementkosten	-35.607,16 €
[4] I a)	Instandsetzungskosten	-
Σ I a)	Summe Auszahlungen p. a.	-387.182,47 €
I b) Einzahlungen		
aus Σ IV a)	Erlöse Vermietung	701.994,91 €
aus Σ IV c)	Erlöse Verkauf Gebäude und Grundstück	4.803.282,08 €
Σ I b)	Summe Einzahlungen p. a.	5.505.276,99 €
I c) Saldo Ein- und Auszahlungen (Zahlungsfolge Investition)		
Saldo I c)	Saldo Ein- und Auszahlungen p. a.	5.118.094,51 €
II Derivative Zahlungen		
II a) Fremdkapital (FK)		
[1] II a)	Anteil FK an Investitionssumme	0,0 %
[2] II a)	Aufnahme Kredit (aufgerundet)	-
aus [1] IV e)	Kreditzinsen	84.896,14 €
aus [2] IV e)	Kredittilgung	45.170,53 €
II b) Eigenkapital (EK)		
[1] II b)	EK-Einsatz an Investitionssumme (ohne Zinsen)	-
[2] II b)	EK-Einsatz an Investitionssumme (mit Zinsen)	-
[3] II b)	Barwert EK-Einsatz	-
[4] II b)	Reinvestition aus Verrechnungskonto	-
II c) Steuerzahlungen		
aus Σ IV g)	Steuerzahlungen	1.569.645,83 €
[1] II c)	Steuererstattungen	-
II d) Überschüsse und Zinsen		
aus [1] IV f)	Habenzinsen aus Verrechnungskonto	20.143,20 €
[1] II d)	Liquiditätsüberschuss Verrechnungskonto	3.438.525,21 €
[2] II d)	Liquiditätsüberschuss Verrechnungskonto kum.	5.452.845,17 €
III Zusatzinformationen		
[1] III	Finanzierungssaldo (Kontrolle)	0,00 €
aus Δ IV e)	Kreditstand	1.652.752,34 €
aus [2] II d)	Liquiditätsüberschuss Verrechnungskonto kum.	5.452.845,17 €
Saldo III	Saldo aus Kredit und Liquidität	**3.800.092,82 €**
IV Nebenrechnungen		
IV a) Erlöse aus Vermietung – Berechnung		
[1] IV a)	Erlöse durch Vermietung (Halle)	305.204,59 €
[2] IV a)	Erlöse durch Vermietung (Büro)	45.215,01 €
aus [1] IV b)	Umlage Betriebskosten (Halle)	325.438,52 €
aus [2] IV b)	Umlage Betriebskosten (Büro)	26.136,79 €
Σ IV a)	Summe Erlöse p. a.	701.994,91 €
IV b) Betriebskosten – Berechnung		
[1] IV b)	Betriebskosten (Halle)	-325.438,52 €
[2] IV b)	Betriebskosten (Büro)	-26.136,79 €
Σ IV b)	Summe Betriebskosten p. a.	-351.575,31 €
IV c) Verkaufserlös Gebäude – Berechnung		
[1] IV c)	Ermittlung Verkaufswert Gebäude	5.840.326,64 €
[2] IV c)	Ersparte Instandsetzungskosten im Jahr 30	-1.037.044,56 €
Σ IV c)	Summe Verkaufserlös	4.803.282,08 €
IV d) Steuerliche Abschreibung der Investition – Berechnung		
[1] IV d)	Bemessungsgrundlage Abschreibung	-
[2] IV d)	Abschreibungsbetrag	136.674,90 €
Δ IV d)	Restbuchwert	728.932,80 €
IV e) FK – Berechnung		
aus Δ IV e)	Kreditstand (Jahresbeginn) aus Vorjahr	1.697.922,87 €
aus [2] II a)	Kreditaufnahme im Betrachtungsjahr	-
[1] IV e)	Kreditzinsen	84.896,14 €
[2] IV e)	Kredittilgung	45.170,53 €
aus [1/2] IV e)	Annuität für Kredit	130.066,67 €
Δ IV e)	Kreditstand (Jahresende)	1.652.752,34 €
IV f) Reinvestition von Liquiditätsüberschüssen – Berechnung		
aus [2] II d)	Liquiditätsüberschuss Verrechnungskonto kum.	5.452.845,17 €
[1] IV f)	Habenzinsen aus Verrechnungskonto	54.528,45 €
IV g) Gewerbesteuer (GewSt), Körperschaftssteuer (KSt) und Solidaritätszuschlag (SolZ) – Berechnung		
aus Saldo I c)	Saldo Ein- und Auszahlungen (Zahlungsfolge)	5.118.094,51 €
aus [2] IV d)	Abschreibungsbetrag	136.674,90 €
aus [1] IV f)	Habenzinsen aus Verrechnungskonto	20.143,20 €
aus [1] IV e)	Kreditzinsen	84.896,14 €
[1] IV g)	Hinzurechnungen	-
[2] IV g)	Kürzungen	-
[3] IV g)	Gewerbeertrag	4.916.666,67 €
[4] IV g)	Steuermessbetrag GewSt	172.083,33 €
[5] IV g)	GewSt	791.583,33 €
aus [3] IV g)	Bemessungsgrundlage KSt	4.916.666,67 €
[6] IV g)	KSt	737.500,00 €
[7] IV g)	SolZ	40.562,50 €
Σ IV g)	Summe GewSt, KSt und SolZ	1.569.645,83 €

6.4.3.10 Ermittlung der Zielgröße zur Ergebnisinterpretation

Aus dem Kreditstand und dem Liquiditätsüberschuss ergibt sich ein jährlicher Bestandssaldo (siehe Abschnitt 6.4.3.8). Dieser entspricht im Jahr 30 dem Endwert von 3.800.092,82 € (siehe Zeile *Saldo III* in Tabelle 6-42). Anhand dieser Kennzahl und des eingesetzten Eigenkapitals (siehe Abschnitt 6.4.3.5) kann nun die Eigenkapitalrendite des Referenzgebäudes Variante 4 (siehe Abschnitt 5.4, Tabelle 5-2), Szenario 1 (siehe Abschnitt 6.2.2, Tabelle 6-3) ermittelt werden. Diese ergibt sich nach Formel 6-1 (siehe Abschnitt 6.2.1) zu folgendem Prozentsatz:

$$r_{EK} = \sqrt[30]{\frac{3.800.092,82 \ €}{1.878.107,52 \ €}} - 1 = 0,0238 = 2,38 \ \%$$

Da in das Berechnungsmodell stochastische Annahmen eingebunden wurden, kann neben der deterministischen Ergebnisermittlung eine stochastische Auswertung durchgeführt werden. In Abbildung 6-14 und Abbildung 6-15 sind die Ergebnisse der durchgeführten Simulation durch eine Dichte- und Verteilungsfunktion der Zielgröße r_{EK} dargestellt.[691] Es ist zu erkennen, dass die Zielgröße einen Mittelwert von 2,36% aufweist und zwischen 1,72 % (5 %-Quantil) und 2,95 % (95 %-Quantil) variiert. Die Differenz zwischen der deterministisch und stochastisch ermittelten Eigenkapitalrentabilität von 0,02 % ergibt sich durch die unterschiedlichen rechts- und linksschiefen Verteilungsfunktionen der Eingangsparameter.

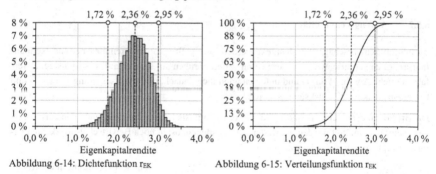

Abbildung 6-14: Dichtefunktion r_{EK} Abbildung 6-15: Verteilungsfunktion r_{EK}

Um die Vorteilhaftigkeit einer geplanten Investition in vollem Umfang beurteilen zu können, ist die berechnete Eigenkapitalrendite Alternativinvestitionen gegenüberzustellen. Die in der Hypothese 2 formulierte Forschungsfrage (siehe Abschnitt 1.2) geht davon aus, dass die Rentabilität und Vermarktungsfähigkeit verbessert werden kann, indem Kriterien der Anpassungs- und Umnutzungsfähigkeit berücksichtigt werden, obwohl diese zu höheren Anfangsinvestitionen führen. Daher werden im folgenden Abschnitt die Ergebnisse der fünf Varianten des Referenzgebäudes (siehe Abschnitt 5.4, Tabelle 5-2) in Kombination mit den drei erstellten Szenarien (siehe Abschnitt 6.2.2, Tabelle 6-2, Tabelle 6-3 und Tabelle 6-4) vorgestellt und ausgewertet. Insgesamt ergeben sich 15 VoFi.

---

[691] Die methodische Vorgehensweise zur Zielgrößeninterpretation ist in Abschnitt 6.2.3.4 dokumentiert.

6.5   Ergebnisse der Variantenuntersuchung

6.5.1   Grundlagen

Zur Einordnung der Ergebnisse der lebenszyklusorientierten Wirtschaftlichkeitsbetrachtung werden zunächst allgemein anerkannte immobilienwirtschaftliche Kennzahlen (Bruttoanfangsrendite r_{BA} und Nettoanfangsrendite r_{NA}) für die fünf verschiedenen Varianten des Referenzgebäudes ermittelt. Diese werden mit den in Marktberichten verfügbaren Kennzahlen verglichen und bewertet. Aufbauend darauf wird eine umfassende Analyse der Eigenkapitalrenditen auf Grundlage des vorgestellten Wirtschaftlichkeitsmodells (siehe Abschnitt 6.4.3) durchgeführt. Dabei werden die Szenarien 0, 1 und 2 (siehe Abschnitt 6.2.2, Tabelle 6-2, Tabelle 6-3 und Tabelle 6-4) mit den fünf Varianten des Referenzgebäudes (siehe Abschnitt 5.4, Tabelle 5-2) kombiniert und in insgesamt 15 verschiedenen VoFi zusammengestellt. Auf Basis der ermittelten Endwerte werden die Eigenkapitalrenditen berechnet und verglichen. Zudem wird eine Risikoprofilierung vorgenommen, um die Auswirkungen der Eintrittswahrscheinlichkeiten von Szenario 0, 1 und 2 auf die Eigenkapitalrentabilität zu simulieren. Weiterhin werden Sensitivitätsanalysen durchgeführt. Diese dienen dazu, die Stabilität der Eingangsparameter zu beurteilen und die Relevanz für die Wirtschaftlichkeitsbetrachtung zu bewerten.

6.5.2   Anfangsrentabilität

Im immobilienwirtschaftlichen Kontext werden häufig Bruttoanfangsrenditen r_{BA} und Nettoanfangsrenditen r_{NA} ausgewiesen. Diese Kennzahlen beruhen auf statischen Investitionsrechenverfahren (siehe Abschnitt 6.2.1) und unterscheiden sich danach, ob Bewirtschaftungskosten[692] und Erwerbsnebenkosten berücksichtigt werden.[693]

Die Bruttoanfangsrendite r_{BA} ist die in der Praxis gängigste Renditekennzahl und kann vergleichsweise einfach ermittelt werden, da weder Erwerbsnebenkosten noch Bewirtschaftungskosten berücksichtigt werden (siehe Formel 6-14).[694]

$$r_{BA} = \frac{M_{Netto}}{P_{Netto}} \cdot 100$$ Formel 6-14: Bruttoanfangsrendite

r_{BA}	Bruttoanfangsrendite [%]
M_{Netto}	Jahresnettomiete [€]
P_{Netto}	Nettokaufpreis [€]

---

[692] Die Bewirtschaftungskosten werden in § 19 ImmoWertV und § 24 II. BV definiert und beinhalten Verwaltungskosten, Instandhaltungskosten, Mietausfallwagnis und Betriebskosten. Nach Definition des § 24 II. BV werden zu den Bewirtschaftungskosten außerdem die Abschreibungen gezählt. Im Rahmen der vorliegenden Arbeit wird allerdings die Definition der Nutzungskosten (siehe Abschnitt 6.4.2.7) als Grundlage verwendet.

[693] Vgl. SCHOLZ ET AL. (2017), S. 211.

[694] Vgl. GEYER (2014), S. 168; GLATTE (2014a), S. 198 und GESELLSCHAFT FÜR IMMOBILIENWIRTSCHAFT-LICHE FORSCHUNG (2007), S. 30.

Die Nettoanfangsrendite r_{NA} kann als Erweiterung der Bruttoanfangsrendite angesehen werden und berücksichtigt sowohl die nicht umlagefähigen Bewirtschaftungskosten als auch die Erwerbsnebenkosten (siehe Formel 6-15).[695]

$$r_{NA} = \frac{M_{Netto} - K_{Bew, NU}}{P_{Netto} + K_{EN}} \cdot 100 \qquad \text{Formel 6-15: Nettoanfangsrendite}$$

r_{NA} Nettoanfangsrendite [%]

$K_{Bew, NU}$ Nicht umlagefähige jährliche Bewirtschaftungskosten [€]

K_{EN} Erwerbsnebenkosten [€]

Zur Plausibilisierung der Annahmen im Rahmen des erstellten Wirtschaftlichkeitsmodells werden die Brutto- und Nettoanfangsrenditen der fünf Varianten des Referenzgebäudes mit den ausgewählten Eingangsparametern des Szenarios 0 (siehe Abschnitt 6.2.2, Tabelle 6-2) ermittelt.[696] Diese werden im Anschluss mit Kennzahlen aus aktuellen Marktberichten verglichen.

In Abbildung 6-16 sind die ermittelten Brutto- und Nettoanfangsrenditen dargestellt. Es ist zu erkennen, dass mit den Annahmen des Szenarios 0 die Variante 1 die höchste Rendite ($r_{BA} = 7,11\,\%$ und $r_{NA} = 6,50\,\%$) und Variante 5 die niedrigste Rendite ($r_{BA} = 5,87\,\%$ und $r_{NA} = 5,38\,\%$) erzielt. Dies ist plausibel, da die Erlöse für alle Varianten identisch sind und die Realisierungskosten von Variante 1 bis 5 ansteigen. Somit wird die Aussage aus Abschnitt 2.3.4 bestätigt, dass geringe Realisierungskosten zu hohen Anfangsrenditen und hohe Realisierungskosten zu geringen Anfangsrenditen führen. Außerdem ist zu erkennen, dass die Anfangsrendite durch den geringen Abstand der Realisierungskosten zwischen Variante 3 ($r_{BA} = 6,26\,\%$ und $r_{NA} = 5,73\,\%$) und Variante 4 ($r_{BA} = 6,20\,\%$ und $r_{NA} = 5,67\,\%$) annähernd gleich ausfällt. Überdies ist ersichtlich, dass die Nettoanfangsrendite unterhalb der Bruttoanfangsrendite liegt.[697] Dieser Sachverhalt kann damit begründet werden, dass bei der Ermittlung der Nettoanfangsrendite zusätzlich die nicht umlagefähigen Bewirtschaftungskosten und die Erwerbsnebenkosten einbezogen werden.

---

[695] Vgl. GEYER (2014), S. 169; GLATTE (2014a), S. 199 und GESELLSCHAFT FÜR IMMOBILIENWIRTSCHAFT-LICHE FORSCHUNG (2007), S. 31.

[696] Die Szenarien 1 und 2 können mithilfe der Anfangsrenditen nicht abgebildet werden, da die formelbasierte Berechnung keine differenzierte Berücksichtigung der lebenszyklusbezogenen Entwicklungen und angenommenen Folgenutzungen zulässt.

[697] Nach Angaben von BALLING ET AL. liegt die Bruttoanfangsrendite bei neuwertigen Logistikimmobilien ca. 8 bis 10 % über der Nettoanfangsrendite (vgl. BALLING ET AL. (2013), S. 32). Diese Aussage kann auch auf das vorliegende Referenzgebäude übertragen werden. Beispielsweise ergibt sich für Variante 1 eine Rendite von $r_{BA} = 7,11\,\%$ und $r_{NA} = 6,50\,\%$. Daraus resultiert ein prozentualer Abstand von 9,38 % zwischen r_{BA} und r_{NA}.

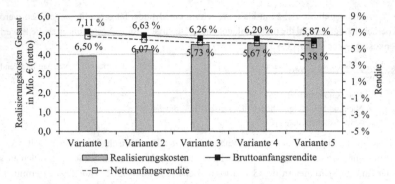

Abbildung 6-16: Ergebnisse der Brutto- und Nettoanfangsrendite

Die ermittelten Kennzahlen werden in einem weiteren Schritt mit den verfügbaren Daten aus Marktberichten verglichen. Hierfür können beispielsweise die Ausführungen der INITIATIVE UN-TERNEHMENSIMMOBILIEN herangezogen werden (siehe Tabelle 6-43).[698] Anhand der Daten wird ersichtlich, dass die berechneten Bruttoanfangsrenditen nicht wesentlich von den angegebenen marktbezogenen Spannbreiten der Bruttoanfangsrendite abweichen. Somit kann resümiert werden, dass die getroffenen Annahmen der vorliegenden Wirtschaftlichkeitsbetrachtung auf marktspezifischen Ausgangskennwerten beruhen.

Tabelle 6-43: Bruttoanfangsrenditen ausgewählter Objektkategorien (H1 2017)

Objektkategorie	Bruttoanfangsrenditen in %			
	min.	von	bis	max.
Produktionsimmobilien	4,50	5,50	8,00	9,00
Lager-/Logistikimmobilien	5,00	6,00	9,00	11,00

6.5.3 Eigenkapitalrentabilität

In einem ersten Schritt wird die Eigenkapitalrendite unter der Annahme ermittelt, dass eine vollständige Eigenfinanzierung erfolgt.[699] Diese Untersuchung wird für alle Varianten des Referenzgebäudes in Szenario 0 („Best-Case" – siehe Abschnitt 6.2.2) durchgeführt, um die Ergebnisse zwischen der lebenszyklusbasierten Wirtschaftlichkeitsbetrachtung und den berechneten Anfangsrenditen in Abschnitt 6.5.2 zu vergleichen. Anhand der Ergebnisse in Abbildung 6-17 ist zu erkennen, dass die erzielbaren Renditen bei einer lebenszyklusbasierten Wirtschaftlichkeitsbetrachtung wesentlich geringer als bei der Ermittlung der Anfangsrenditen ausfallen. Allerdings erzielt Variante 1 nach wie vor die höchste mittlere Rendite mit 3,40 % und Variante 5 die geringste mittlere Rendite mit 2,67 %. Da das Berechnungsmodell auf stochastischen Annahmen beruht, sind neben der mittleren Rendite zusätzlich das 5 %- und das 95 %-Quantil angegeben. Es ist zu erkennen, dass die Rendite für Variante 1 zwischen 3,14 % und 3,64 % ($\Delta r_{EK} = 0{,}50$ %)

---

[698] Vgl. INITIATIVE UNTERNEHMENSIMMOBILIEN (2017), S. 16 f.
[699] Bei der vollständigen Eigenfinanzierung wird davon ausgegangen, dass kein Fremdkapital benötigt wird. Daher stimmt bei dieser Betrachtung die Eigenkapitalrendite mit der Gesamtkapitalrendite überein (vgl. GROB (2015), S. 160).

und für Variante 5 zwischen 2,43 % und 2,90 % (Δr_{EK} = 0,47 %) schwankt. Damit stellt sich die Schwankungsbreite relativ gering dar.

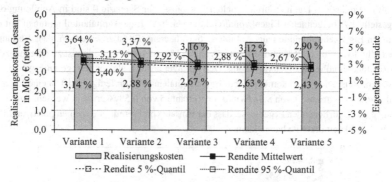

Abbildung 6-17: Lebenszyklusbasierte Eigenkapitalrendite bei vollst. Eigenfinanzierung

Im nächsten Schritt werden die Eigenkapitalrenditen der einzelnen Varianten des Referenzgebäudes für alle Szenarien unter der Annahme einer gemischten Finanzierung berechnet. Hierzu wird ein Eigenkapitalanteil an den Realisierungskosten von 40 % festgelegt (siehe Abschnitt 6.4.2.4).

Die Ergebnisse für Szenario 0 („Best-Case" – siehe Abschnitt 6.2.2) sind in Abbildung 6-18 dargestellt. Es ist zu erkennen, dass Variante 1 weiterhin die höchste mittlere Rendite mit 5,10 % und Variante 5 die niedrigste mittlere Rendite mit 3,77 % ausweist. Es fällt auf, dass die ermittelten Eigenkapitalrenditen unter der Annahme eines Eigenkapitaleinsatzes von 40 % höher ausfallen, als die berechneten Eigenkapitalrenditen bei vollständiger Eigenfinanzierung (siehe Abbildung 6-17). Dieser Sachverhalt ist auf die Hebelwirkung des sogenannten Leverage-Effekts zurückzuführen. Dieser Effekt beschreibt die Möglichkeit, die Eigenkapitalrendite durch den Einsatz von Fremdkapital zu erhöhen. Voraussetzung für einen positiven Leverage-Effekt ist, dass der Fremdkapitalzinssatz niedriger als die berechnete Rendite ausfällt und damit die Erhöhung des Verschuldungsgrades eine Steigerung der Eigenkapitalrentabilität zu Folge hat.[700]

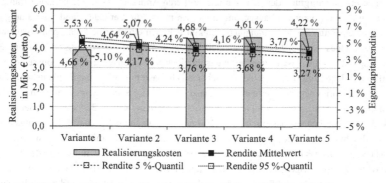

Abbildung 6-18: Lebenszyklusbasierte Eigenkapitalrendite für Szenario 0 („Best-Case")

---

[700] Vgl. SCHÄFERS ET AL. (2016), S. 486 und BÖTTCHER/BLATTNER (2013), S. 20.

Zur Wirkung des Leverage-Effekts werden separate Berechnungen durchgeführt. Hierzu wird der festgelegte Eigenkapitalanteil von 40 % der variantenbezogenen Realisierungskosten schrittweise erhöht und reduziert. Die hierdurch erzielten Ergebnisse für Szenario 0 sind in Abbildung 6-19 dargestellt. Die berechneten Eigenkapitalrenditen bei 40 % Eigenkapitalanteil stimmen mit den mittleren Eigenkapitalrenditen aus Abbildung 6-18 überein. Es ist zu erkennen, dass Variante 1 einen Mittelwert von 5,10 % und Variante 5 von 3,77 % aufweist. Weiterhin ist zu erkennen, dass die Rendite bei höheren Eigenkapitaleinsätzen geringer ausfällt als bei geringeren Eigenkapitaleinsätzen. Beispielsweise kann bei einem Eigenkapitaleinsatz von lediglich 10 % eine Eigenkapitalrendite für Variante 1 von 8,84 % und für Variante 5 von 6,58 % erreicht werden. Somit verdeutlichen die vorliegenden Ergebnisse, dass der Einsatz von Fremdmitteln einen positiven Effekt auf die Eigenkapitalrendite haben kann.

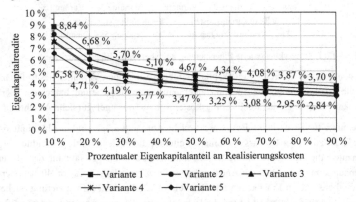

Abbildung 6-19: Einfluss Eigenkapitaleinsatz auf lebenszyklusbasierte Eigenkapitalrendite

In Szenario 1 („Base-Case" – siehe Abschnitt 6.2.2) wird davon ausgegangen, dass die ursprünglich geplante Erstnutzung nach 15 Jahren entfällt und das Referenzgebäude nach einer Vermarktungsphase folgegenutzt wird. Für die Varianten 1 bis 3 wird eine Vermarktungsphase von einem Jahr angesetzt, da aufgrund der geringen und mittleren Anpassungs- und Umnutzungsfähigkeit von einem längeren Leerstand ausgegangen werden muss. Für Variante 4 und 5 wird aufgrund der hohen Anpassungs- und Umnutzungsfähigkeit lediglich eine Vermarktungsphase von einem halben Jahr angesetzt. Der Eigenkapitalanteil beträgt 40 %. Bei Betrachtung der Ergebnisse in Abbildung 6-20 ist die Auswirkung der unterschiedlich gewählten Vermarktungsphasen deutlich zu erkennen. Lagen die Renditen bei der lebenszyklusbasierten Wirtschaftlichkeitsbetrachtung ohne Berücksichtigung einer Vermarktungsphase für Variante 3 und 4 eng zusammen, kann nun ein sprunghafter Anstieg von Variante 3 mit 1,56 % zu Variante 4 mit 2,36 % verzeichnet werden. Außerdem ist zu erkennen, dass im internen Variantenvergleich die Variante 1 die geringste mittlere Rendite mit 1,30 % und Variante 5 die höchste mittlere Rendite mit 2,46 % ausweist. Somit ist zu beobachten, dass im Gegensatz zu den Ergebnissen für Szenario 0, mit steigenden Realisierungskosten auch die Eigenkapitalrenditen ansteigen. Bei Betrachtung der Quantile ist zu erkennen, dass die Spreizungen der Ergebnisse zwischen dem 5 %- und 95 %-Quantil wesentlich höher als bei Szenario 0 ausfallen. Hier variieren die Eigenkapitalrenditen für Variante 1 zwischen 0,36 % und 2,05 % (Δr_{EK} = 1,69 %) und für Variante 5 zwischen 1,83 % und 3,02 %

(Δr_{EK} = 1,19 %). Dies erklärt sich aus der Tatsache, dass sich bei Szenario 1, bedingt durch die Folgenutzung, höhere Risiken in den Eigenkapitalrenditen abbilden.

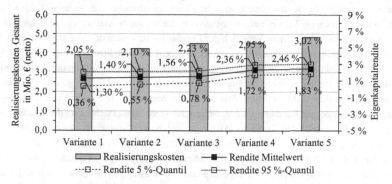

Abbildung 6-20: Lebenszyklusbasierte Eigenkapitalrendite für Szenario 1 („Base-Case")

In Szenario 2 („Worst-Case" – siehe Abschnitt 6.2.2) wird über den Betrachtungszeitraum von zwei Folgenutzungen ausgegangen. Die Vermarktungsphasen werden für die Varianten 1 bis 3 wieder mit einem Jahr und für die Varianten 4 und 5 mit einem halben Jahr angesetzt. Der Eigenkapitalanteil bleibt bei 40 %. Die ermittelten Ergebnisse sind in Abbildung 6-21 dargestellt. Es ist zu erkennen, dass die Eigenkapitalrenditen für alle Varianten des Referenzgebäudes im Vergleich zu den vorherigen Szenarien weiter absinken. Insbesondere die Eigenkapitalrenditen der Varianten 1 bis 3 sinken stärker als die Eigenkapitalrenditen der Varianten 4 und 5. Für Variante 1 ergibt sich eine mittlere Eigenkapitalrendite von -1,39 %, für Variante 2 von -0,69 % und für Variante 3 von -0,08 %. Die mittleren Renditen für Variante 4 mit 1,34 % und Variante 5 mit 1,71 % liegen im positiven Bereich, fallen jedoch im Vergleich zu den berechneten Renditen in den Szenarien 0 und 1 geringer aus. Bei Betrachtung des 5 %- und 95 %-Quantils ist festzustellen, dass die Spreizungen der Ergebnisse ähnlich wie bei Szenario 1 ausfallen. Für Variante 1 variieren die Eigenkapitalrenditen zwischen -2,31 % und -0,56 % (Δr_{EK} = 1,75 %) und für Variante 5 zwischen 1,01 % und 2,38 % (Δr_{EK} = 1,37 %). Die im Vergleich zu Szenario 1 etwas größeren Schwankungsbreiten spiegeln die zusätzlichen Risiken in Szenario 2 wider.

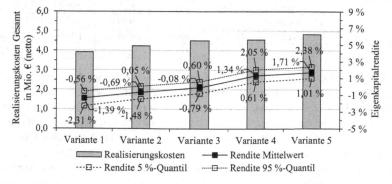

Abbildung 6-21: Lebenszyklusbasierte Eigenkapitalrendite für Szenario 2 („Worst-Case")

Zum Vergleich der Ergebnisse sind die berechneten Mittelwerte der Eigenkapitalrenditen und die zugehörigen 5 %- und 95 %-Quantile der Varianten und jeweiligen Szenarien in Tabelle 6-44 zusammengestellt. Es ist zu erkennen, dass die Eigenkapitalrenditen für Szenario 1 (eine Folgenutzung) und Szenario 2 (zwei Folgenutzungen) in Bezug auf Szenario 0 (keine Folgenutzung) insgesamt absinken. Bei einem Vergleich der Ergebnisse innerhalb der Szenarien kann für Szenario 0 festgestellt werden, dass die berechneten Eigenkapitalrenditen von Variante 1 bis 5 abnehmen. Das heißt, dass in diesem Szenario Variante 1 die höchste und Variante 5 die geringste Rendite erzielt. Bei Betrachtung der Ergebnisse für Szenario 1 und 2 ist festzustellen, dass sich dieser Trend umkehrt. Das bedeutet, dass bei diesen Szenarien nicht mehr Variante 1, sondern Variante 5 die höchste Rendite ausweist. Bei zusätzlicher Berücksichtigung der Realisierungskosten wird festgestellt, dass für Szenario 0 die geringsten Realisierungskosten zur höchsten Rendite führen. Für Szenario 1 und 2 ergeben sich für die höchsten Realisierungskosten die besten Renditen. Dieser Effekt wird von Szenario 1 zu Szenario 2 sogar weiter verstärkt. Außerdem wird ersichtlich, dass die Differenzen der Eigenkapitalrenditen zwischen den Szenarien 0 und 2 sowie den Varianten 1, 2 und 3 sehr deutlich ausfallen. Beispielsweise sinkt die mittlere Rendite für Variante 1 von 5,10 % (Szenario 0) auf -1,39 % (Szenario 2). Im Gegensatz dazu sind die Differenzen für die mittleren Eigenkapitalrenditen der Varianten 4 und 5 deutlich geringer und stellen sich somit stabiler dar. Beispielsweise sinkt die mittlere Rendite für Variante 5 von 3,77 % (Szenario 0) auf 1,71 % (Szenario 2). In Bezug auf die Variation der Ergebnisse zwischen dem 5 %- und 95 %-Quantil ist zu erkennen, dass die Spreizung für die Varianten 1 bis 5 bei Szenario 0 geringer ausfällt, als bei den Szenarien 1 und 2. Darin zeigt sich, dass der Leerstand und damit der Erlösausfall einen signifikanten Einfluss auf die Eigenkapitalrentabilität hat.

Tabelle 6-44: Ergebniszusammenfassung der Eigenkapitalrenditen in den Szenarien[701]

Anpassungs-/Umnutzungsfähigkeit		gering	mittel	mittel	hoch	hoch
Szenario	Renditewert	Variante 1	Variante 2	Variante 3	Variante 4	Variante 5
Szenario 0 ("Best-Case")	5 %-Quantil	4,66 %	4,17 %	3,76 %	3,68 %	3,27 %
	Mittelwert	5,10 %	4,64 %	4,24 %	4,16 %	3,77 %
	95 %-Quantil	5,53 %	5,07 %	4,68 %	4,61 %	4,22 %
Szenario 1 ("Base-Case")	5 %-Quantil	0,36 %	0,55 %	0,78 %	1,72 %	1,83 %
	Mittelwert	1,30 %	1,40 %	1,56 %	2,36 %	2,46 %
	95 %-Quantil	2,05 %	2,10 %	2,23 %	2,95 %	3,02 %
Szenario 2 ("Worst-Case")	5 %-Quantil	-2,31 %	-1,48 %	-0,79 %	0,61 %	1,01 %
	Mittelwert	-1,39 %	-0,69 %	-0,08 %	1,35 %	1,71 %
	95 %-Quantil	-0,56 %	0,05 %	0,60 %	2,05 %	2,38 %

Die Analyse der Eigenkapitalrenditen in den festgelegten Szenarien zeigt, dass in Szenario 0 insgesamt die höchsten und in Szenario 2 die niedrigsten Renditen erzielt werden können. Allerdings stellt sich in diesem Zusammenhang die Frage nach der Eintrittswahrscheinlichkeit der einzelnen Szenarien. Aufgrund dynamischer Marktentwicklungen und sich ändernder Nutzerbedingungen über den Lebenszyklus von Hallenbauwerken (siehe Abschnitt 1.1) ist die Wahrscheinlichkeit einer Folgenutzung relativ hoch. Das heißt, dass die Eintrittswahrscheinlichkeit von Szenario 0 eher gering und von Szenario 1 und 2 eher hoch ausfallen wird. Aus diesem Grund werden die

---

[701] Die Mittelwerte sind zur besseren Lesbarkeit in fetter Schriftart dargestellt.

Szenarien im folgenden Abschnitt in ausgewählten Risikoprofilen kombiniert und die Ergebnisse erneut ausgewertet.

6.5.4 Risikoprofilierung

Neben der Ergebnisauswertung für die einzelnen Szenarien (siehe Abschnitt 6.5.3) können zusätzliche Risikoprofile erstellt werden. Diese dienen dazu, den separat betrachteten Szenarien unterschiedliche Eintrittswahrscheinlichkeiten zuzuordnen, diese miteinander zu kombinieren und die Wirkung auf die Eigenkapitalrentabilität zu überprüfen.

Im Rahmen der vorliegenden Arbeit werden insgesamt vier Risikoprofile erstellt (siehe Tabelle 6-45). In den Risikoprofilen 1, 2 und 3 wird jeweils ein Szenario mit 80 % und die beiden weiteren Szenarien mit 10 % gewichtet. In Risikoprofil 4 wird von einer gleichen Eintrittswahrscheinlichkeit für alle Szenarien ausgegangen. Ziel dieser Untersuchung ist es, die Ergebnisse aus Abschnitt 6.5.3 in Bezug auf die Eintrittswahrscheinlichkeit der Szenarien nochmals neu zu beurteilen.

Tabelle 6-45: Ausgewählte Risikoprofile

Szenario	Risikoprofil 1	Risikoprofil 2	Risikoprofil 3	Risikoprofil 4
Szenario 0	80 %	10 %	10 %	33 %
Szenario 1	10 %	80 %	10 %	33 %
Szenario 2	10 %	10 %	80 %	33 %

In Abbildung 6-22 sind die Ergebnisse für das Risikoprofil 1 dargestellt. Aus der Grafik kann abgelesen werden, dass die Eigenkapitalrenditen für die Varianten 1 bis 3 leicht absinken. Für Variante 1 kann eine mittlere Eigenkapitalrendite von 4,07 %, für Variante 2 von 3,78 % und für Variante 3 von 3,54 % erzielt werden. Die Eigenkapitalrendite für Variante 4 steigt im Vergleich zu Variante 3 leicht an und wird durch den Mittelwert von 3,70 % gekennzeichnet. Variante 5 erzielt mit 3,43 % insgesamt die niedrigste Eigenkapitalrendite. Allerdings fällt die Differenz zu Variante 1 mit 4,07 % eher gering aus ($\Delta r_{EK} = 0,64$ %). Bei Betrachtung der 5 %- und 95 %-Quantile variieren die Ergebnisse für Variante 1 zwischen 3,53 % und 4,57 % ($\Delta r_{EK} = 1,04$ %) und für Variante 5 zwischen 2,90 % und 3,92 % ($\Delta r_{EK} = 1,02$ %). Alle Ergebnisse können somit als relativ stabil angesehen werden.

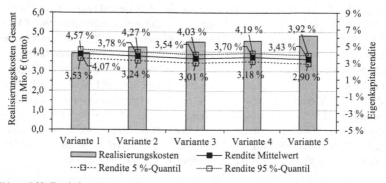

Abbildung 6-22: Ergebnisse Risikoprofil 1

Die Ergebnisse des Risikoprofils 2 sind in Abbildung 6-23 zusammengefasst. Es ist zu erkennen, dass die Eigenkapitalrenditen für die Varianten 1, 2 und 3 auf annähernd gleichem Niveau liegen. Für Variante 1 kann eine mittlere Rendite von 1,41 %, für Variante 2 von 1,52 % und für Variante 3 von 1,66 % abgelesen werden. Die mittlere Rendite für Variante 4 steigt im Vergleich zu den Varianten 1, 2 und 3 sprunghaft auf 2,44 % an. Variante 5 liegt auf einem ähnlichen Niveau mit 2,52 %. Bei Betrachtung der 5 %- und 95 %-Quantile variieren die Ergebnisse für Variante 1 zwischen 0,52 % und 2,14 % (Δr_{EK} = 1,62 %) und für Variante 5 zwischen 1,89 % und 3,08 % (Δr_{EK} = 1,19 %). Im Vergleich zu Risikoprofil 1 ist festzustellen, dass die mittleren Renditen für die Varianten 1 bis 5 aufgrund der zusätzlichen Realisierungskosten für eine verbesserte Anpassungs- und Umnutzungsfähigkeit insgesamt sinken. Gleichzeitig vergrößern sich die Schwankungsbreiten, da im Risikoprofil höhere Risiken abgebildet werden. Allerdings erhöhen sich die Eigenkapitalrenditen mit steigender Anpassungs- und Umnutzungsfähigkeit (siehe Abschnitt 5.3), insbesondere für die Varianten 4 und 5. Dies erklärt sich durch die verbesserte Vermarktungsfähigkeit, bedingt durch die erwartete kürzere Leerstandsdauer und die bessere Marktgängigkeit.

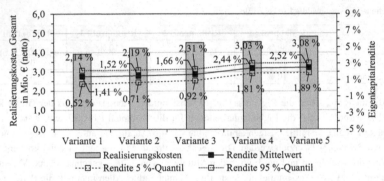

Abbildung 6-23: Ergebnisse Risikoprofil 2

In Abbildung 6-24 sind die Ergebnisse für Risikoprofil 3 dargestellt. Es ist zu erkennen, dass die Renditen im Vergleich zu Risikoprofil 2 weiter absinken. Die Variante 1 (geringe Anpassungs- und Umnutzungsfähigkeit) weist in Bezug auf den berechneten Mittelwert sogar eine negative Eigenkapitalrendite mit -0,47 % aus. Nur das ermittelte 95 %-Quantil liegt im positiven Bereich bei 0,31 %. Für Variante 2 und Variante 3 ergeben sich leichte positive Renditen von 0,05 % (Variante 2) und 0,52 % (Variante 3). Allerdings liegen die berechneten Werte für das 5 %-Quantil weiterhin im negativen Bereich mit -0,71 % (Variante 2) und -0,18 % (Variante 3). Die mittlere Eigenkapitalrendite für Variante 4 liegt bei 1,72 % und steigt im Vergleich zu den Ergebnissen für die Varianten 1, 2 und 3 sprunghaft an. Das 5 %-Quantil liegt mit 1,03 % ebenfalls im positiven Bereich. Für Variante 5 (hohe Anpassungs- und Umnutzungsfähigkeit) kann die beste mittlere Rendite mit 1,99 % erzielt werden. Bei Betrachtung der 5 %- und 95 %-Quantile variieren die Ergebnisse für Variante 1 zwischen -1,35 % und 0,31 % (Δr_{EK} = 1,66 %) und für Variante 5 zwischen 1,32 % und 2,63 % (Δr_{EK} = 1,31 %). Anhand der Schwankungsbreiten ist zu erkennen, dass die Risiken im Vergleich zu den Risikoprofilen 1 und 2 weiter ansteigen.

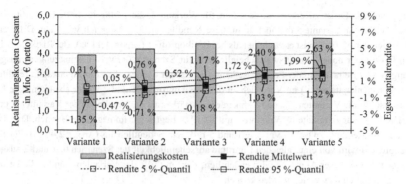

Abbildung 6-24: Ergebnisse Risikoprofil 3

Die Ergebnisse des Risikoprofils 4 sind in Abbildung 6-25 dargestellt. Es ist zu erkennen, dass für die Varianten 1, 2 und 3 annähernd gleiche Eigenkapitalrenditen erzielt werden können. Diese variieren im Mittel zwischen 1,67 % für Variante 1 (geringe Anpassungs- und Umnutzungsfähigkeit), 1,78 % für Variante 2 und 1,91 % für Variante 3. Für Variante 4 ist ein sprunghafter Anstieg der Eigenkapitalrendite auf 2,62 % zu verzeichnen. Variante 5 (hohe Anpassungs- und Umnutzungsfähigkeit) liegt auf annähernd gleichem Niveau mit 2,65 %. Bei Betrachtung der 5 %- und 95 %-Quantile variieren die Ergebnisse für Variante 1 zwischen 0,90 % und 2,34 % (Δr_{EK} = 1,44 %) und für Variante 5 zwischen 1,58 % und 3,21 % (Δr_{EK} = 1,63 %).

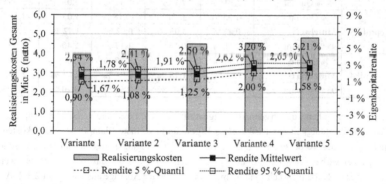

Abbildung 6-25: Ergebnisse Risikoprofil 4

Zum Vergleich der vorgestellten Ergebnisse sind die berechneten Mittelwerte und die zugehörigen 5 %- und 95 %-Quantile der Risikoprofile in Tabelle 6-46 zusammengefasst. Es ist zu erkennen, dass die Renditen für Risikoprofil 1 am höchsten und für Risikoprofil 3 am niedrigsten ausfallen. Die Eigenkapitalrenditen der Risikoprofile 2 und 4 liegen zwischen den Ergebnissen der Risikoprofile 1 und 3. Bei Risikoprofil 1 wird von einer hohen Eintrittswahrscheinlichkeit für Szenario 0 (keine Folgenutzung) ausgegangen. Bei dieser Betrachtung ergibt sich für Variante 1 die höchste Rendite mit 4,07 % und für Variante 5 die niedrigste Rendite mit 3,43 %. Allerdings fällt die Differenz zwischen den Varianten (Δr_{EK} = 0,64 %) eher gering aus. Bei Risikoprofil 2 wird von einer hohen Eintrittswahrscheinlichkeit für Szenario 1 (eine Folgenutzung)

ausgegangen. Es ist zu erkennen, dass nun für Variante 1 die geringste mittlere Rendite mit 1,41 % und für Variante 5 die höchste mittlere Rendite mit 2,52 % erzielt wird. Die Differenz zwischen den Varianten ist etwas höher als bei Risikoprofil 1 (Δr_{EK} = 1,11 %). Bei Risikoprofil 3 wird von einer hohen Eintrittswahrscheinlichkeit für Szenario 2 (zwei Folgenutzungen) ausgegangen. Bei Betrachtung der Ergebnisse kann festgestellt werden, dass die Eigenkapitalrenditen (40 % Eigenkapitalanteil) im Vergleich zu den Risikoprofilen 1 und 2 weiter absinken. Die Ergebnisse für die Varianten 1, 2 und 3 sinken dabei stärker als die Ergebnisse der Varianten 4 und 5. Die Eigenkapitalrendite für Variante 1 mit -0,47 % liegt sogar im negativen Bereich. Die Differenz der Renditen zwischen Variante 1 und 5 fällt relativ deutlich aus (Δr_{EK} = 2,46 %). Für Risikoprofil 4 wird von einer gleichen Eintrittswahrscheinlichkeit der Szenarien 0, 1 und 2 ausgegangen. Unter dieser Annahme wird ersichtlich, dass mithilfe der Varianten 4 und 5 die besten Eigenkapitalrenditen erzielt werden können.

Tabelle 6-46: Zusammenfassung der lebenszyklusbasierten Eigenkapitalrenditen[702]

Anpassungs-/Umnutzungsfähigkeit		gering	mittel	mittel	hoch	hoch
Risikoprofil	**Renditewert**	**Variante 1**	**Variante 2**	**Variante 3**	**Variante 4**	**Variante 5**
	5 %-Quantil	3,53 %	3,24 %	3,01 %	3,18 %	2,90 %
Risikoprofil 1	**Mittelwert**	**4,07 %**	**3,78 %**	**3,54 %**	**3,70 %**	**3,43 %**
	95 %-Quantil	4,57 %	4,27 %	4,03 %	4,19 %	3,92 %
	5 %-Quantil	0,52 %	0,71 %	0,92 %	1,81 %	1,89 %
Risikoprofil 2	**Mittelwert**	**1,41 %**	**1,52 %**	**1,66 %**	**2,44 %**	**2,52 %**
	95 %-Quantil	2,14 %	2,19 %	2,31 %	3,03 %	3,08 %
	5 %-Quantil	-1,35 %	-0,71 %	-0,18 %	1,03 %	1,32 %
Risikoprofil 3	**Mittelwert**	**-0,47 %**	**0,05 %**	**0,52 %**	**1,72 %**	**1,99 %**
	95 %-Quantil	0,31 %	0,76 %	1,17 %	2,40 %	2,63 %
	5 %-Quantil	0,90 %	1,08 %	1,25 %	2,00 %	2,04 %
Risikoprofil 4	**Mittelwert**	**1,67 %**	**1,78 %**	**1,91 %**	**2,62 %**	**2,65 %**
	95 %-Quantil	2,34 %	2,41 %	2,50 %	3,20 %	3,21 %

Insgesamt kann anhand der Ergebnisse festgestellt werden, dass eine verbesserte Anpassungs- und Umnutzungsfähigkeit das Risiko eines Eigenkapitalverlustes dämpft. Die Mehrkosten zur Realisierung einer verbesserten Anpassungs- und Umnutzungsfähigkeit führen insbesondere dann zu einer verbesserten Rendite über den Lebenszyklus, wenn davon ausgegangen werden muss, dass es zu Nutzungswechseln kommt. Somit kann der Aussage aus Abschnitt 2.3.4, Abbildung 2-3 zugestimmt werden, dass eine verbesserte Anpassungs- und Umnutzungsfähigkeit die Risikosituation wegen der erhöhten Vermarktungsfähigkeit reduziert. Gleichzeitig konnte bei den Modellbetrachtungen festgestellt werden, dass sich trotz einer reduzierten Anfangsrendite die lebenszyklusbasierten Renditen verbessern.

---

[702] Die Mittelwerte sind zur besseren Lesbarkeit in fetter Schriftart dargestellt.

6.5.5 Sensitivitätsanalyse

6.5.5.1 Allgemein

Zusätzlich zu den berechneten Eigenkapitalrenditen und den erstellten Risikoprofilen wird die Stabilität der Eingangsparameter auf die Zielgröße untersucht. Dies wird mithilfe von Sensitivitätsanalysen durchgeführt. In den folgenden Abschnitten werden die methodische Vorgehensweise erläutert, ausgewählte Sensitivitätsanalysen durchgeführt und die Ergebnisse ausgewertet.

6.5.5.2 Methodische Vorgehensweise

Sensitivitätsanalysen geben Aufschluss darüber, in welcher Intensität die festgelegte Zielgröße von den gewählten Eingangsgrößen abhängt.[703] Hierfür können zwei verschiedene Verfahren angewendet werden:

- Methode der kritischen Werte und
- Methode der Alternativrechnung.[704]

Bei Anwendung der Methode der kritischen Werte wird die Eingangsgröße solange variiert, bis die Zielgröße einen definierten Grenzwert erreicht. Damit kann ermittelt werden, wie weit die angegebenen Eingangsgrößen vom ursprünglichen Wert abweichen dürfen, ohne dass sich eine Änderung der absoluten oder relativen Vorteilhaftigkeit der gewählten Zielgröße ergibt.[705]

Bei der Methode der Alternativrechnung wird die Stabilität der festgelegten Zielgröße durch eine systematische Variation der Eingangsgrößen getestet. Hierbei wird die jeweilige Eingangsgröße entweder punktuell oder schrittweise verändert und die Auswirkung auf die Zielgröße dokumentiert.[706] Durch die prozentuale Änderung in definierten Abständen (z. B. ±10 %, ±20 %, ±30 %) kann der kontinuierliche Einfluss der Eingangsgröße nachgewiesen werden.[707]

Die mithilfe der vorgestellten Methoden ermittelten Ergebnisse geben Aufschluss darüber, inwieweit die risikobehafteten Eingangsgrößen die Zielgröße beeinflussen und ob mögliche Fehleinschätzungen der Eingangsgrößen signifikanten Einfluss auf die Zielgröße ausüben.[708] Das heißt, dass Sensitivitätsanalysen generell nicht dafür geeignet sind, Entscheidungsprobleme unter Unsicherheit zu lösen. Allerdings können Aussagen dazu getroffen werden, ob die Unsicherheit für die Lösung des Entscheidungsproblems bedeutend ist.[709]

---

[703] Vgl. KRUSCHWITZ (2014), S. 312 f. und HELLERFORTH (2008), S. 33.
[704] Vgl. ERMSCHEL/MÖBIUS/WENGERT (2016), S. 83; SCHÄFERS/WURSTBAUER (2016), S. 1051; GÖTZE (2014), S. 388, HELLERFORTH (2008), S. 33; GONDRING (2007), S. 87 und ROPETER (1998), S. 211.
[705] Vgl. KRIMMLING (2018), S. 29; ERMSCHEL/MÖBIUS/WENGERT (2016), S. 83; SCHÄFERS/WURSTBAUER (2016), S. 1051; GÖTZE (2014), S. 388 und ROPETER (1998), S. 212.
[706] Vgl. GÖTZE (2014), S. 388 und ROPETER (1998), S. 218 f.
[707] Vgl. GONDRING (2007), S. 91.
[708] Vgl. GÖTZE (2014), S. 399 f.
[709] Vgl. KRUSCHWITZ (2014), S. 317.

Im Rahmen der vorliegenden Arbeit wird die Sensitivität für ausgewählte Varianten des Referenzgebäudes und der zugehörigen Szenarien durchgeführt. Dadurch ist es möglich, den Einfluss der risikobehafteten Eingangsgrößen abzuschätzen und zu beurteilen.

6.5.5.3 Ergebnisse der Sensitivitätsanalyse

Zunächst wird die Sensitivitätsanalyse für die vorgestellte Beispielberechnung für Variante 4 (siehe Abschnitt 5.4, Tabelle 5-2), Szenario 1(siehe Abschnitt 6.2.2, Tabelle 6-3) durchgeführt. Hierbei wird untersucht, wie sich Änderungen aus der Vielzahl der möglichen Ausgangsgrößen auf die Eigenkapitalrendite auswirken. Den größten Einfluss auf die Zielgröße haben die Eingangsparameter Preissteigerung, Grundstückskosten, Realisierungskosten, Betriebskosten, Projektgesellschaftskosten, Instandsetzungskosten, Erlöse Erstnutzung, Erlöse Folgenutzung und Verkaufserlös Gebäude. Die Ergebnisse sind in Abbildung 6-26 dargestellt. Als Basiswert kann die berechnete Eigenkapitalrendite von 2,38 % abgelesen werden (siehe Abschnitt 6.4.3.10). Alle Eingangsparameter werden um jeweils ±10 %, ±20 % und ±30 % variiert und die Auswirkungen ermittelt. Die Ergebnisse zeigen, dass die Realisierungskosten und die Erlöse der Folgenutzung zum stärksten Anstieg oder Abfall der Eigenkapitalrendite führen. Sinken die Realisierungskosten um 30 %, erhöht sich die Eigenkapitalrendite von 2,38 % auf 4,90 %. Bei Erhöhung der Realisierungskosten um 30 % sinkt die Eigenkapitalrendite von 2,38 % auf -0,52 %. Als zweitstärkste Einflussgröße stellen sich die Erlöse der Folgenutzung heraus. Bei sinkenden Folgenutzungserlösen von 30 % verringert sich auch die Eigenkapitalrendite von 2,38 % auf 0,07 %. Werden die Erlöse der Folgenutzung um 30 % erhöht, steigt die Eigenkapitalrendite von 2,38 % auf 3,73 %. Außerdem kann abgelesen werden, dass die Erlöse der Erstnutzung, der Verkaufserlös des Gebäudes und des Grundstücks, die Instandsetzungskosten und die Preissteigerung ebenfalls einen großen Einfluss auf die Eigenkapitalrendite haben. Die Grundstückskosten, die Betriebskosten und die Kosten der Projektgesellschaft haben einen geringen Einfluss auf die Eigenkapitalrendite.

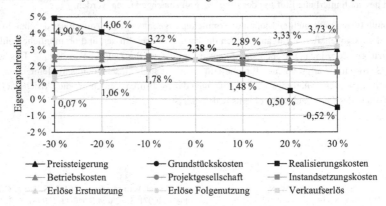

Abbildung 6-26: Sensitivität der Eingangsparameter (Variante 4, Szenario 1)

Um zu überprüfen, ob der Einfluss der Eingangsparameter auf die Eigenkapitalrendite der anderen Szenarien gleich oder verändert ausfallen, wird in einem nächsten Schritt die Sensitivität weiterer Varianten und ausgewählter Szenarien durchgeführt. Hierfür werden die Ergebnisse der

Sensitivitätsanalyse für die Variante 1 (siehe Abschnitt 5.4, Tabelle 5-2), Szenario 0 (siehe Abschnitt 6.2.2, Tabelle 6-2) sowie Variante 5 (siehe Abschnitt 5.4, Tabelle 5-2), Szenario 2 (siehe Abschnitt 6.2.2, Tabelle 6-4) vertiefend ausgewertet.

In Abbildung 6-27 sind die Ergebnisse der Sensitivitätsanalyse für die Variante 1, Szenario 0 dargestellt. Anhand der Darstellung kann abgelesen werden, dass die Realisierungskosten sowie die Erlöse der Erstnutzung[710] den höchsten Einfluss auf die Eigenkapitalrendite haben. Bei Reduzierung der Realisierungskosten um 30 % kann eine Eigenkapitalrendite von 7,01 % erreicht werden. Bei Erhöhung der Realisierungskosten um 30 % sinkt dieser Wert von 5,10 % auf 3,39 %. Bei Betrachtung der Erstnutzungserlöse ist bei einer Reduktion um 30 % eine sinkende Eigenkapitalrendite von 5,10 % auf 2,73 % zu verzeichnen. Bei Steigerung der Erstnutzungserlöse um 30 % steigt die Eigenkapitalrendite von 5,10 % auf 6,52 %. Die restlichen Eingangsparameter haben einen geringeren Einfluss. Hierbei variiert die Eigenkapitalrendite zwischen 4,0 % und 6,0 %.

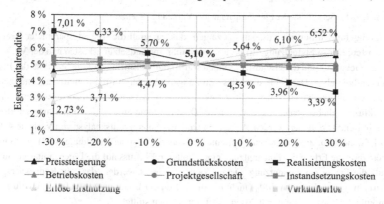

Abbildung 6-27: Sensitivität der Eingangsparameter (Variante 1, Szenario 0)

In Abbildung 6-28 ist die Sensitivität der Variante 5, Szenario 2 dargestellt. Es wird deutlich, dass wiederum die Realisierungskosten sowie die Erlöse der Folgenutzung den größten Einfluss auf die Eigenkapitalrendite haben. Bei sinkenden Realisierungskosten um 30 % kann die Eigenkapitalrendite von 1,71 % auf 4,50 % gesteigert werden. Bei Erhöhung der Realisierungskosten um 30 % sinkt die Zielgröße auf eine negative Eigenkapitalrendite von -0,98 %. Als zweitwichtigster Parameter zeigen sich wiederum die Erlöse der Folgenutzung. Bei geringeren Erlösen von 30 % ist eine negative Eigenkapitalrendite von -1,81 % zu erkennen. Bei um 30 % höheren Erlösen kann eine Eigenkapitalrendite von 3,75 % erzielt werden. Bei diesem Szenario ist insbesondere der Einfluss der Erlöse für die Erstnutzung auf die Eigenkapitalrendite eher gering und im Vergleich zu den möglichen Erlösen der Folgenutzung von untergeordneter Bedeutung. Einen größeren Einfluss haben noch die Instandsetzungskosten und der erzielbare Verkaufserlös des Gebäudes und des Grundstücks.

---

[710] Die Erlöse der Folgenutzung sind nicht angegeben, da in Szenario 0 davon ausgegangen wird, dass das betreffende Referenzgebäude über den gesamten Betrachtungszeitraum nicht angepasst oder umgenutzt wird.

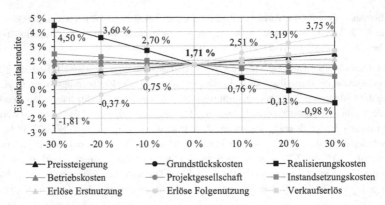

Abbildung 6-28: Sensitivität der Eingangsparameter (Variante 5, Szenario 2)

Die durchgeführten Sensitivitätsanalysen zeigen, dass speziell die Eingangsparameter Realisierungskosten, Erlöse Erstnutzung, Erlöse Folgenutzung, Instandsetzungskosten und der Verkaufserlös des Gebäudes und des Grundstücks einen signifikanten Einfluss auf die Stabilität der Eigenkapitalrendite haben. Das heißt, dass diese Eingangsparameter auf die Renditeberechnungen einen großen Einfluss haben. Daher sollten diese Parameter bei der Projektrealisierung und im Lebenszyklus möglichst genau gesteuert werden. Dadurch kann eine negative Wirkung auf die Eigenkapitalrendite reduziert werden. Außerdem kann der Sensitivitätsanalyse von Variante 4, Szenario 1 (siehe Abbildung 6-26) und Variante 5, Szenario 2 (siehe Abbildung 6-28) entnommen werden, dass die Erlöse der Folgenutzung einen höheren Einfluss auf die Eigenkapitalrendite haben als die Erlöse der Erstnutzung. Daraus kann abgeleitet werden, dass zur Reduzierung des Risikos eines Eigenkapitalverlustes nicht nur die Erlöse der Erstnutzung sondern auch die erzielbaren Folgenutzungserlöse möglichst gut verfolgt werden sollten.

6.6   Handlungsempfehlungen und Zusammenfassung zu Kapitel 6

In der Wirtschaftlichkeitsuntersuchung wurde anhand eines festgelegten Referenzgebäudes für eine Produktionshalle untersucht, wie sich eine geänderte Anpassungs- und Umnutzungsfähigkeit auf die Eigenkapitalrendite auswirkt. Hierzu wurden insgesamt fünf verschiedene Varianten eines Referenzgebäudes erarbeitet, mit drei ausgewählten Nutzungsszenarien kombiniert und über einen Betrachtungszeitraum von 30 Jahren analysiert. Zusätzlich wurde eine Risikoprofilierung vorgenommen und eine Sensitivitätsanalyse durchgeführt. Anhand der erzielten Ergebnisse lassen sich Handlungsempfehlungen für Investitionsentscheidungen ableiten. Diese werden im Folgenden zusammenfassend dargestellt.

Die Ergebnisse aus Abschnitt 6.5.2 zeigen zunächst, dass die Anwendung der Brutto- und Nettoanfangsrendite zur Beurteilung von Immobilien einen Ansatz darstellt, der den Lebenszyklus eines Gebäudes nicht umfassend berücksichtigt. Die Ergebnisse solcher Berechnungen sollten daher äußerst kritisch angesehen werden. Die Bewertung einer verbesserten Anpassungs- und Umnutzungsfähigkeit kann durch diese Kennzahlen nicht abgebildet werden. Dies liegt insbesondere daran, dass in den Anfangsrenditen nur die Randbedingungen im ersten Jahr einbezogen werden.

Zwar bietet die Nettoanfangsrendite die Möglichkeit, über die Bewirtschaftungskosten die jährlich anfallenden Verwaltungskosten, Instandhaltungskosten und Betriebskosten sowie das Mietausfallrisiko in die Berechnung zu integrieren. Allerdings kann eine differenzierte Gegenüberstellung über den Lebenszyklus nicht realisiert werden.

Anhand der Ergebnisse aus Abschnitt 6.5.3 ist zu erkennen, dass der Leerstand von Hallenflächen über den Lebenszyklus einen großen Einfluss auf die Eigenkapitalrendite hat. Problematisch ist dabei die Dauer des Leerstandes. Schon Leerstandsperioden von länger als einem halben Jahr führen zu signifikant schlechteren Eigenkapitalrenditen. Außerdem wird durch die Sensitivitätsanalysen in Abschnitt 6.5.5 deutlich, dass die Folgenutzungserlöse einen größeren Einfluss auf die Eigenkapitalrenditen haben als die erzielbaren Erstnutzungserlöse. Diese Erkenntnis führt zu dem Schluss, dass eine ausschließliche Ausrichtung der Halle auf die geplante Erstnutzung nicht zu empfehlen ist. Vielmehr sollten mögliche Folgenutzungen und die hierdurch erzielbaren Erlöse berücksichtigt werden. Welche konstruktiven und bautechnischen Maßnahmen sich hierfür besonders eignen, können Abschnitt 5.2 entnommen werden.

Die Ergebnisse der Risikoprofilierung in Abschnitt 6.5.4 verdeutlichen, dass eine verbesserte Anpassungs- und Umnutzungsfähigkeit das Risiko eines Eigenkapitalverlustes dämpft. Bestätigt wird diese Erkenntnis dadurch, dass die Ausrichtung einer Produktionshalle auf eine lang andauernde Erstnutzung (Variante 1, Risikoprofil 1) zu der höchsten Eigenkapitalrendite von 4,07 % bei den geringsten Realisierungskosten führt. Ein anpassungs- und umnutzungsfähigerer Entwurf (Variante 5) führt unter dem gleichen Risikoprofil zu einer Reduktion der erwarteten Eigenkapitalrendite um moderate 0,64 % auf 3,43 %. Falls sich jedoch das Risikoprofil 3 realisieren sollte, so führt die Variante 1 (geringe Anpassungs- und Umnutzungsfähigkeit) zu einer negativen Eigenkapitalrendite von -0,47 %. Bei Realisierung eines hohen anpassungs- und umnutzungsfähigen Gebäudeentwurfe, verbunden mit höheren Realisierungskosten (Variante 5), reduziert sich die Eigenkapitalrendite jedoch nur auf 1,99 %. Die bei höherer Anpassungs- und Umnutzungsfähigkeit bedingten Mehrkosten führen vornehmlich dann zu einer verbesserten Rendite über den Lebenszyklus, wenn davon ausgegangen werden muss, dass es zu einem Ausfall der Erstnutzung kommt und Folgenutzungen gesucht werden müssen.

Insgesamt zeigt die Ergebnisauswertung, dass eine verbesserte Anpassungs- und Umnutzungsfähigkeit von Produktionshallen die Vermarktungsfähigkeit über den Lebenszyklus positiv beeinflusst und das Risiko eines Eigenkapitalverlustes reduziert. Außerdem wird deutlich, dass die damit verbundenen höheren Realisierungskosten insbesondere dann zu einer besseren Eigenkapitalrendite führen, wenn es zum Ausfall der geplanten Erstnutzung kommt und das Hallenbauwerk folgegenutzt werden muss. Damit kann Hypothese 2 *„Unter Ansatz von Risikobetrachtungen und der Berücksichtigung von marktrelevanten Anpassungs- und Umnutzungskriterien kann die Rentabilität und Vermarktungsfähigkeit von Produktionshallen über den Lebenszyklus verbessert werden.“* (siehe Abschnitt 1.2) unter der Voraussetzung bestätigt werden, dass die geplante Erstnutzung über die wirtschaftliche Lebensdauer der Produktionshalle nicht aufrechterhalten werden kann und einer Folgenutzung zugeführt werden muss. Wie in Abschnitt 1.1 dargestellt wurde, ist ein derartiges Szenario jedoch nicht unwahrscheinlich. Aus dieser Erkenntnis ist jedem Unternehmen zu empfehlen, über eine verbesserte Anpassungs- und Umnutzungsfähigkeit beim Entwurf seiner Produktionshallen nachzudenken und diese unter Berücksichtigung der branchen- und standortspezifischen Randbedingungen umzusetzen.

7 Schlussbetrachtung

7.1 Zusammenfassung und Ergebnisse

Industrieunternehmen unterliegen aufgrund der Globalisierung einem stetig steigenden Konkurrenzdruck. Durch die Verschiebung von Produktionskapazitäten oder die strategische Neuausrichtung kann es dazu kommen, dass Produktionshallen an neue Anforderungen angepasst oder auf dem Immobilienmarkt verwertet werden müssen. An dieser Stelle setzt die vorliegende Arbeit an und entwickelt ein geeignetes Bewertungsmodell zur qualitativen und quantitativen Beurteilung einer verbesserten Anpassungs- und Umnutzungsfähigkeit von Produktionshallen. Ziel ist es, wichtige bautechnische und konstruktive Kriterien zu definieren und den monetären Mehrwert der Maßnahmen aufzuzeigen.

Um die vorgestellten Ziele zu erreichen, unterteilt sich die Arbeit in zwei thematische Schwerpunkte. Der erste Schwerpunkt liegt in der Erarbeitung relevanter bautechnischer und konstruktiver Kriterien für eine verbesserte Anpassungs- und Umnutzungsfähigkeit. Hierfür wird eine umfangreiche Expertenbefragung durchgeführt. Aufbauend darauf fokussiert der zweite Schwerpunkt die ökonomische Bewertung der Anpassungs- und Umnutzungsfähigkeit. Hierzu wird ein lebenszyklusorientiertes Wirtschaftlichkeitsmodell entwickelt und ausgewählte Gebäudeentwürfe in stochastischen Szenarioanalysen bewertet.

Insgesamt unterteilt sich die vorliegende Arbeit in sieben Kapitel. Kapitel 1 und Kapitel 7 bilden den einleitenden und abschließenden Rahmen.

In Kapitel 2 werden die theoretischen Grundlagen vorgestellt. Um den aktuellen Forschungsbedarf aufzuzeigen, wird zunächst der Stand der Forschung dargestellt. In der Ausarbeitung kann gezeigt werden, dass die Anpassungs- und Umnutzungsfähigkeit in der aktuellen Forschungslandschaft einen hohen Stellenwert einnimmt. Die Ergebnisse basieren allerdings hauptsächlich auf qualitativen Aussagen für Büro- und Wohngebäude. Eine monetäre Bewertung erfolgt nur vereinzelt und auf Grundlage vereinfachter Annahmen. Aufbauend darauf werden wichtige Begriffe definiert und die Bedeutung der Anpassungs- und Umnutzungsfähigkeit in Bezug auf die Nachhaltigkeitsbewertung, den Lebenszyklus, die Realisierungskosten, die Anfangsrendite, die Vermarktungsfähigkeit und das damit einhergehende Risiko hervorgehoben. Es wird deutlich, dass die Beurteilung von Gebäuden über den gesamten Lebenszyklus erfolgen muss. Nur dann können fundierte Aussagen zur funktionalen und ökonomischen Vorteilhaftigkeit einer verbesserten Anpassungs- und Umnutzungsfähigkeit getroffen werden. Außerdem werden mögliche Folgenutzungsarten definiert und in Bezug auf die spezifischen Marktbedingungen erläutert.

In Kapitel 3 werden die gesetzlichen und planerischen Rahmenbedingungen vorgestellt. Hierbei wird vertiefend auf die relevanten Regelungen des Bauplanungs-, Bauordnungs- und Baunebenrechts eingegangen. Außerdem werden die bautechnischen und konstruktiven Anforderungen an Hallenbauwerke spezifiziert und die möglichen technischen Ausprägungsgrade definiert. Es wird speziell auf den Brand-, Schall- und Wärmeschutz, das Grundstück und die notwendigen Flächen, die Gebäudegeometrie und -struktur, das Tragwerk, die Andienung, die Bodenplatte, die Gebäudehülle, die technische Gebäudeausrüstung sowie den nutzerspezifischen Ausbau eingegangen. Der sich daraus ergebende Anforderungskatalog bildet die Grundlage, um in Kapitel 4 die

ausschlaggebenden Anforderungen an eine verbesserte Anpassungs- und Umnutzungsfähigkeit von Produktionshallen zu bestimmen.

In Kapitel 4 wird eine umfassende Sekundär- und Primärdatenerhebung durchgeführt. Hierzu werden zunächst die methodischen Grundlagen vorgestellt. Die Sekundärdatenerhebung basiert auf der Auswertung geeigneter Fachliteratur. Diese wird in Bezug auf das vorliegende Forschungsfeld neu zusammengestellt und ausgewertet. Allerdings sind die ermittelten Daten für die Definition einer verbesserten Anpassungs- und Umnutzungsfähigkeit von Produktionshallen zu wenig konkret und weisen nicht den erforderlichen Detaillierungsgrad auf. Daher wird zusätzlich eine Primärdatenerhebung durchgeführt. Hierfür werden teilstandardisierte Fragebögen für zwei verschiedene Adressatengruppen – betriebliche und institutionelle Marktteilnehmer – entwickelt und im Rahmen einer Expertenbefragung verwendet. Die Auswertung der Ergebnisse zeigt, wie die betrieblichen und institutionellen Marktteilnehmer die Bedeutung der Anpassungs- und Umnutzungsfähigkeit gegenwärtig und zukünftig einschätzen. Außerdem können Aussagen zur Relevanz von bautechnischen und konstruktiven Teilaspekten getroffen werden. Es wird deutlich, dass der Brandschutz, die Traglast der Bodenplatte, die Hallenhöhe, das Stützenraster, die Anzahl der Ladetore, die Grundversorgung der technischen Gebäudeausrüstung, die Traglastreserve des Tragwerks, das Vorhandensein von Erweiterungsflächen und die Dichtigkeit der Bodenplatte nach den Vorgaben des § 62 WHG ausschlaggebende Kriterien bilden. Zudem werden die nutzungsspezifischen Ausprägungsgrade der einzelnen bautechnischen und konstruktiven Kriterien von Produktions-, Lager- und Distributionshallen näher bestimmt. Die Erkenntnisse können dazu genutzt werden, verschiedene Grade der Anpassungs- und Umnutzungsfähigkeit von Produktionshallen zu definieren.

In Kapitel 5 wird auf Grundlage der Erkenntnisse aus Kapitel 4 ein Referenzgebäudemodell entwickelt. Dieses wird zunächst so modelliert, dass die Anforderungen eines Erstnutzers bestmöglich erfüllt werden. Aufbauend darauf wird das Referenzgebäudemodell um ausgewählte bautechnische und konstruktive Kriterien modifiziert. Daraus resultieren insgesamt fünf Varianten des Referenzgebäudes, die verschiedene Grade der Anpassungs- und Umnutzungsfähigkeit aufweisen. Die erstellten Varianten bilden die Grundlage, um in Kapitel 6 lebenszyklusbasierte Wirtschaftlichkeitsbetrachtungen durchzuführen und Erkenntnisse zum monetären Mehrwert einer verbesserten Anpassungs- und Umnutzungsfähigkeit zu erlangen.

In Kapitel 6 wird ein stochastisches Wirtschaftlichkeitsmodell auf Basis von Vollständigen Finanzplänen erarbeitet. Da Anpassungen und Umnutzungen nur bedingt direkt abgebildet werden können, wird das lebenszyklusbasierte Wirtschaftlichkeitsmodell mit der Szenariobetrachtung verknüpft. Insgesamt wird den Betrachtungen ein Zeitraum von 30 Jahren zugrunde gelegt und ein „Best-Case" Szenario, ein „Base-Case" Szenario sowie ein „Worst-Case" Szenario definiert. Außerdem werden die methodischen Grundlagen zur stochastischen Abbildung von risikobehafteten Eingangsgrößen dargelegt. Dies bildet die Basis, um in einem nächsten Schritt die stochastischen Realisierungskosten der fünf Varianten des Referenzgebäudes aus Kapitel 5 zu ermitteln. Die Ergebnisse zeigen, dass die Realisierungskosten für eine verbesserte Anpassungs- und Umnutzungsfähigkeit ansteigen. In Bezug auf die Kosten für die Baukonstruktion (KG 300) steigen die Realisierungskosten von Variante 1 (geringe Anpassungs- und Umnutzungsfähigkeit) zu Variante 5 (hohe Anpassungs- und Umnutzungsfähigkeit) um ca. 25 %. In einem weiteren Schritt werden die weiteren wichtigen Eingangsparameter für die lebenszyklusbasierte

Wirtschaftlichkeitsbetrachtung bestimmt. Dazu gehören beispielsweise der Preisindex zur Abschätzung zukünftiger Preisentwicklungen, der Eigen- und Fremdkapitalanteil, die Grundstückskosten und Grundstücksnebenkosten, die Nutzungskosten, die erzielbaren Erlöse, die Finanzierungsart und die Steuerbelastung. Die genannten Eingangsparameter werden in das stochastische Wirtschaftlichkeitsmodell integriert und insgesamt 15 separate VoFi (Kombination der fünf Varianten des Referenzgebäudes und der drei festgelegten Szenarien) aufgestellt. Als Zielgröße wird die Eigenkapitalrendite ausgewählt, da für Investoren regelmäßig die Verzinsung des eingesetzten Eigenkapitals von Bedeutung ist. Die erzielten Ergebnisse werden umfassend ausgewertet und mit üblichen immobilienwirtschaftlichen Kennzahlen (Anfangsrenditen) verglichen. Es wird deutlich, dass mithilfe einer verbesserten Anpassungs- und Umnutzungsfähigkeit das Risiko eines Eigenkapitalverlustes verringert werden kann und die Mehrkosten zur Realisierung einer verbesserten Anpassungs- und Umnutzungsfähigkeit insbesondere dann zu einer verbesserten Rendite über den Lebenszyklus führen, wenn von einem Ausfall der Erstnutzung auszugehen ist. Zwar führt ein wenig anpassungs- und umnutzungsfähiges Gebäude unter der Annahme einer langfristigen Nutzung auch bei einer lebenszyklusbezogenen Betrachtung zu den höchsten Renditen. Inwieweit dies jedoch langfristig gesichert ist, unterliegt vielen Einflüssen, die nur bedingt durch den Investor beeinflusst werden können.

7.2   Ausblick

Mit der vorliegenden Arbeit konnte der Nachweis erbracht werden, dass eine verbesserte Anpassungs- und Umnutzungsfähigkeit von Produktionshallen unter Risikoansätzen langfristig zu den besten Renditen führen kann. Allerdings basieren die Ergebnisse auf ausgewählten Varianten eines Referenzgebäudemodells. Um die Betrachtungen zu erweitern, könnten in ergänzenden Untersuchungen zusätzliche Gebäudemodelle entwickelt und analysiert werden. Weiterhin könnte n auf Grundlage des entwickelten Wirtschaftlichkeitsmodells weitere Gebäudearten beurteilt werden. Hierzu müssten die nutzungsspezifischen bautechnischen und konstruktiven Parameter für eine verbesserte Anpassungs- und Umnutzungsfähigkeit definiert und in das Wirtschaftlichkeitsmodell integriert werden. Außerdem könnten digitale Werkzeuge, wie beispielsweise Building Information Modeling (BIM), genutzt und mit dem entwickelten Wirtschaftlichkeitsmodell verknüpft werden.

Die bei der Modellbetrachtung verwendeten Eingangsgrößen (z. B. Eigen- und Fremdkapitalanteil, Nutzungskosten und erzielbare Erlöse) wurden unter Einbeziehung von Expertenwissen und auf Grundlage einer intensiven Literaturrecherche abgeschätzt. Für eine projektbezogene Einzelfallbetrachtung könnten die Eingangsgrößen durch vertiefende Expertenbefragungen spezifiziert werden. In weiterführenden Untersuchungen könnten zudem die Korrelationen zwischen mehreren Eingangsparametern definiert werden, um vorhandene Abhängigkeiten zu berücksichtigen.

Als Zielgröße für die vorliegende Wirtschaftlichkeitsbetrachtung wurde die Eigenkapitalrendite ausgewählt. Sind für einen Investor darüber hinaus weitere Kennzahlen von Interesse (z. B. regelmäßige Entnahme), ist der VoFi entsprechend anzupassen.

Es ist darauf hinzuweisen, dass dem entwickelten Wirtschaftlichkeitsmodell keine Entscheidungsregel zugrunde liegt und die Ergebnisse nicht generalisiert werden können. Um

praxisrelevante Projekte hinsichtlich der Anpassungs- und Umnutzungsfähigkeit zu beurteilen, bedarf es einer spezifischen Einzelfallbetrachtung. Hierzu sind ergänzend die investorenbezogenen Randbedingungen (z. B. Standort und Marktumfeld) in die Entscheidungsfindung einzubeziehen.

Vor dem Hintergrund des steigenden politischen und gesellschaftlichen Bewusstseins für eine nachhaltige Entwicklung sollte zukünftig auch der Einsatz von nachhaltigen Baustoffen berücksichtigt werden. Dabei sollte das lebenszyklusorientierte und nicht ressourcenverschwendende Bauen in den Vordergrund gerückt werden. Beispielsweise sollte überprüft werden, inwieweit die tragende Konstruktion aus Bauteilen des konstruktiven Holzbaus hergestellt werden kann und welche Randbedingungen zu beachten sind. Dies gilt selbstverständlich nicht nur für Produktionshallen, sondern sollte auch für weitere Gebäudearten überprüft und umgesetzt werden.

Es bleibt zu wünschen, dass das entwickelte Wirtschaftlichkeitsmodell in der Praxis Anwendung findet und zukünftig vermehrt Gebäude mit einer verbesserten Anpassung- und Umnutzungsfähigkeit realisiert werden.

Literaturverzeichnis

A

ALDA/HIRSCHNER (2016): Alda, W./Hirschner, J.: Projektentwicklung in der Immobilienwirtschaft. Grundlagen für die Praxis, 6. Auflage, Springer Vieweg, Wiesbaden, 2016.

ALTMANNSHOFER (2015): Altmannshofer, R.: Tageslicht. Lüftung und Brandschutz in einem System, In: industrieBAU, 61(5), 2015, S. 60 bis 63.

Arbeitsschutzgesetz (ArbSchG), in der Fassung vom 07.08.1996, zuletzt geändert am 31.08.2015.

Arbeitsstättenverordnung (ArbStättV), in der Fassung vom 12.08.2004, zuletzt geändert am 18.10.2017.

ARENS (2016): Arens, J.: Unterscheidung nach Immobilienarten, In: Schulte, K.-W./Bone-Winkel, S./Schäfers, W. (Hrsg.): Immobilienökonomie I. Betriebswirtschaftliche Grundlagen, 5. grundl. überarb. Auflage, Oldenbourg De Gruyter, Berlin, Boston, 2016, S. 83 bis 107.

B

BAHNSEN (2011): Bahnsen, K.: Der Bestandsschutz im öffentlichen Baurecht, zugl. Dissertation Univ. Frankfurt (Oder), 1. Auflage, Nomos, Baden-Baden, 2011.

BALLING ET AL. (2013): Balling, T./Felbert, A./Gallina, G./Hellkötter, C./Hofmann, H./Hollung, B./Howahl, V./Paumen, J./Pfreundtner, P./Schneider, A./Thelosen, H.: Bewertung von Logistikimmobilien, Berlin, 2013.

BAUER/MÖSLE/SCHWARZ (2013): Bauer, M./Mösle, P./Schwarz, M.: Green Building. Leitfaden für nachhaltiges Bauen, 2. Auflage, Springer Vieweg, Berlin, 2013.

BAUFORUMSTAHL (2017): Bauforumstahl: Kosten im Stahlbau 2017. Basisinformationen zur Kalkulation, Eigenverlag, Düsseldorf, 2017.

Baugesetzbuch (BauGB), in der Fassung vom 23.06.1960, zuletzt geändert am 03.11.2017.

BAUKOSTENINFORMATIONSZENTRUM (2016): Positionen Ausschreibungstexte mit aktuellen Baupreisen, Version 4, Einzelplatzlizenz, 2016.

BAUMANN (2016): Baumann, G.: Logistische Prozesse. Berufe der Lagerlogistik, 19. Auflage, Bildungsverlag EINS, Köln, 2016.

Baunutzungsverordnung (BauNVO), in der Fassung vom 26.06.1962, zuletzt geändert am 21.11.2017.

BEREKOVEN/ECKERT/ELLENRIEDER (2009): Berekoven, L./Eckert, W./Ellenrieder, P.: Marktforschung. Methodische Grundlagen und praktische Anwendung, 12. überarb. und erw. Auflage, Gabler, Wiesbaden, 2009.

BERNER/KOCHENDÖRFER/SCHACH (2013): Berner, F./Kochendörfer, B./Schach, R.: Grundlagen der Baubetriebslehre 1. Baubetriebswirtschaft, 2. aktual. Auflage, Springer, Wiesbaden, 2013.

Betriebskostenverordnung (BetrKV), in der Fassung vom 25.11.2003, zuletzt geändert am 03.05.2012.

BIBLIOGRAPHISCHES INSTITUT & F. A. BROCKHAUS AG (2006): Bibliographisches Institut & F. A. Brockhaus AG: Duden. Das Bedeutungswörterbuch, 3. neu bearb. und erw. Auflage, Dudenverlag, Mannheim, 2006.

© Der/die Herausgeber bzw. der/die Autor(en), exklusiv lizenziert durch
Springer Fachmedien Wiesbaden GmbH, ein Teil von Springer Nature 2020
A. Harzdorf, *Anpassungs- und Umnutzungsfähigkeit von Produktionshallen*,
Baubetriebswesen und Bauverfahrenstechnik,
https://doi.org/10.1007/978-3-658-31658-7

BIENERT (2005): Bienert, S.: Bewertung von Spezialimmobilien. Risiken, Benchmarks und Methoden, 1. Auflage, Gabler, Wiesbaden, 2005.

BLAUROCK ET AL. (2017): Blaurock, D./Georgi, S./Grandjean, M./Grief, M./Hörndler, I./Molter, R./Peter, L./Vusatiuk, N.: Richtlinie zur Berechnung der Mietfläche für gewerblichen Raum (MFG), Wiesbaden, 2017.

BOEGER (2015): Boeger, M.: Plötz Immobilienführer Deutschland. Immobilienpreise, Standortanalysen, Rankinglisten für alle wichtigen Städte 2015, Immobilien Manager Verlag, Berlin, 2015.

BONE-WINKEL ET AL. (2016): Bone-Winkel, S./Isenhöfer, B./Hofmann, P./Franz, M.: Projektentwicklung, In: Schulte, K.-W./ Bone-Winkel, S./Schäfers, W. (Hrsg.): Immobilienökonomie I. Betriebswirtschaftliche Grundlagen, 5. grundl. überarb. Auflage, Oldenbourg De Gruyter, Berlin, Boston, 2016, S. 171 bis 247.

BONE-WINKEL/FOCKE/SCHULTE (2016): Bone-Winkel, S./Focke, C./Schulte, K.-W.: Begriff und Besonderheiten der Immobilie als Wirtschaftsgut, In: Schulte, K.-W./ Bone-Winkel, S./Schäfers, W. (Hrsg.): Immobilienökonomie I. Betriebswirtschaftliche Grundlagen, 5. grundl. überarb. Auflage, Oldenbourg De Gruyter, Berlin, Boston, 2016, S. 3 bis 24.

BÖSCH (2016): Bösch, M.: Finanzwirtschaft. Investition, Finanzierung, Finanzmärkte und Steuerung, 3. aktual. und erw. Auflage, Franz Vahlen, München, 2016.

BÖTTCHER/BLATTNER (2013): Böttcher, J./Blattner, P.: Projektfinanzierung. Risikomanagement und Finanzierung, 3. überarb. Auflage, Oldenbourg, München, 2013.

BRACKMANN (2012): Brackmann, U.: Die bautechnische Realisierung einer Logistikimmobilie, In: Münchow, M.-M. (Hrsg.): Kompendium der Logistikimmobilie. Entwicklung, Nutzung und Investment, 1. Auflage, IZ Immobilien Zeitung, Wiesbaden, 2012, S. 271 bis 292.

BRAUER (2013): Brauer, K. U. : Grundlagen der Immobilienwirtschaft. Recht - Steuern - Marketing - Finanzierung - Bestandsmanagement - Projektentwicklung, 8. Auflage, Springer Gabler, Wiesbaden, 2013.

BROSIUS (2017): Brosius, F.: SPSS 24 für Dummies, 1. Auflage, Wiley-VCH, Weinheim, 2017.

BULWIENGESA (2018): BulwienGesa: Initiative Unternehmensimmobilien, [online] www.unternehmensimmobilien.net/, Stand 16.08.2018.

Bundes-Immissionsschutzgesetz (BImSchG), in der Fassung vom 15.03.1974, zuletzt geändert am 18.07.2017.

BUNDESMINISTERIUM DER FINANZEN (2017): Bundesministerium der Finanzen (BMF): Steuern von A bis Z, Berlin, 2017.

BUNDESMINISTERIUM FÜR UMWELT, NATURSCHUTZ UND NUKLEARE SICHERHEIT (2019): Bundesministerium für Umwelt, Naturschutz und nukleare Sicherheit (BMU): Klimaschutzplan 2050. Klimapolitische Grundsätze und Ziele der Bundesregierung, 2. Auflage, Berlin, 2019.

BUNDESMINISTERIUM FÜR UMWELT, NATURSCHUTZ, BAU UND REAKTORSICHERHEIT (2016): Bundesministerium für Umwelt, Naturschutz, Bau und Reaktorsicherheit (BMUB): Leitfaden Nachhaltiges Bauen. Zukunftsfähiges Planen, Bauen und Betreiben von Gebäuden, 2. aktual. Auflage, Berlin, 2016.

Bundesnaturschutzgesetz (BNatSchG), in der Fassung vom 29.07.2009, zuletzt geändert am 15.09.2017.

C

COLLIERS (2018): Colliers: Industrie- und Logistikmärkte im Überblick. Marktbericht Deutschland 2017/2018, Eigenverlag, München, 2018.

COTTIN/DÖHLER (2009): Cottin, C./Döhler, S.: Risikoanalyse. Modellierung, Beurteilung und Management von Risiken mit Praxisbeispielen, Vieweg + Teubner, Wiesbaden, 2009.

D

DAMMERT (2013): Dammert, B.: Öffentliches und privates Baurecht, In: Brauer, K. U. (Hrsg.): Grundlagen der Immobilienwirtschaft. Recht - Steuern - Marketing - Finanzierung - Bestandsmanagement - Projektentwicklung, 8. Auflage, Springer Gabler, Wiesbaden, 2013, S. 119 bis 203.

DANGELMAIER (2001): Dangelmaier, W.: Fertigungsplanung. Planung von Aufbau und Ablauf der Fertigung, 2. Auflage, Springer, Berlin, 2001.

DECHENT (2006): Dechent, J.: Zur Entwicklung eines Baukostenindex, In: Wirtschaft und Statistik, (2), 2006, S. 172 bis 181.

DEUTSCHE BUNDESBANK (2019): Deutsche Bundesbank: Effektivzinssätze Banken DE, Neugeschäft, besicherte Kredite an nichtfinanzielle Kapitalgesellschaften über 1 Mio EUR, Zinsbindung über 10 Jahre, [online] www.bundesbank.de/de/statistiken/geld--und-kapitalmaerkte/zinssaetze-und-renditen/mfi-zinsstatistik--bestaende--neugeschaeft--650658, Stand 11.02.2019.

DEUTSCHE BUNDESBANK (2019): Deutsche Bundesbank: Effektivzinssätze Banken DE, Neugeschäft, besicherte Kredite an nichtfinanzielle Kapitalgesellschaften über 1 Mio EUR, Zinsbindung über 3 bis 5 Jahre, [online] www.bundesbank.de/de/statistiken/geld--und-kapitalmaerkte/zinssaetze-und-renditen/mfi-zinsstatistik--bestaende--neugeschaeft 650658, Stand 11.02.2019.

DEUTSCHE BUNDESBANK (2019): Deutsche Bundesbank: Effektivzinssätze Banken DE, Neugeschäft, besicherte Kredite an nichtfinanzielle Kapitalgesellschaften über 1 Mio EUR, Zinsbindung über 5 bis 10 Jahre, [online] https://www.bundesbank.de/de/statistiken/geld--und-kapitalmaerkte/zinssaetze-und-renditen/mfi-zinsstatistik--bestaende--neugeschaeft--650658,   Stand 11.02.2019.

DEUTSCHE GESETZLICHE UNFALLVERSICHERUNG (2015): Deutsche gesetzliche Unfallversicherung: DGUV Information 201-056. Planungsgrundlagen von Anschlageinrichtungen auf Dächern, Eigenverlag, Berlin, 2015.

DEUTSCHE VEREINIGUNG FÜR WASSERWIRTSCHAFT, ABWASSER UND ABFALL (2005): Deutsche Vereinigung für Wasserwirtschaft, Abwasser und Abfall: Arbeitsblatt DWA-A 786, Technische Regel wassergefährdender Stoffe (TRwS). Ausführung von Dichtflächen, Eigenverlag, Hennef, 2005.

DEUTSCHER BETON- UND BAUTECHNIK-VEREIN (2017): Deutscher Beton- und Bautechnik-Verein: Industrieböden aus Beton, Eigenverlag, Wiesbaden, 2017.

DEUTSCHER VERGABE- UND VERTRAGSAUSSCHUSS FÜR BAULEISTUNGEN (2012): Deutscher Vergabe- und Vertragsausschuss für Bauleistungen: VOB. Vergabe- und Vertragsordnung für Bauleistungen, Beuth, Berlin, Wien, Zürich, 2012.

DIN 32736:2000-08: Deutsches Institut für Normung e. V. (DIN 32736): Gebäudemanagement, Begriffe und Leistungen, Beuth, Berlin, 2000.

DIN 18560-7:2004-04: Deutsches Institut für Normung e. V. (DIN 18560-7): Estriche im Bauwesen - Teil 7: Hochbeanspruchbare Estriche (Industrieestriche), Beuth, Berlin, 2004.

DIN 18960:2008-02: Deutsches Institut für Normung e. V. (DIN 18960): Nutzungskosten im Hochbau, Beuth, Berlin, 2008.

DIN 276-1:2008-12: Deutsches Institut für Normung e. V. (DIN 276-1): Kosten im Bauwesen, Teil 1: Hochbau, Beuth, Berlin, 2008.

DIN 18230-1:2010-09: Deutsches Institut für Normung e. V. (DIN 18230-1): Baulicher Brandschutz im Industriebau - Teil 1: Rechnerisch erforderliche Feuerwiderstandsdauer, Beuth, Berlin, 2010.

DIN 31051:2012-09: Deutsches Institut für Normung e. V. (DIN 31051): Grundlagen der Instandhaltung, Beuth, Berlin, 2012.

DIN 1986-100:2012-12: Deutsches Institut für Normung e. V. (DIN 1986-100): Entwässerungsanlagen für Gebäude und Grundstücke - Teil 100: Bestimmungen in Verbindung mit DIN EN 752 und DIN EN 12056, Beuth, Berlin, 2012.

DIN 277-1:2016-01: Deutsches Institut für Normung e. V. (DIN 277-1): Grundflächen und Rauminhalte im Bauwesen - Teil 1: Hochbau, Beuth, Berlin, 2016.

DIN 276:2018-12: Deutsches Institut für Normung e. V. (DIN 276): Kosten im Bauwesen, Beuth, Berlin, 2018.

DIETRICH (2005): Dietrich, R.: Entwicklung werthaltiger Immobilien. Einflussgrößen Methoden Werkzeuge, 1. Auflage, Teubner, Stuttgart, 2005.

DOMBROWSKI ET AL. (2011): Dombrowski, U./Hennersdorf, S./Celik, M./Weckenborg, S./Mielke, T./Roth, C./Voigt, A./Sonntag, R./Kaag, W./Laviola, C./Rustom, S.: Planungsleitfaden Zukunft Industriebau. Ganzheitliche Integration und Optimierung des Planungs- und Realisierungsprozesses für zukunftsweisende und nachhaltige Industriegebäude, Fraunhofer IRB, Stuttgart, 2011.

DONATH/FISCHER/HAUKE (2011): Donath, C./Fischer, D./Hauke, B.: Nachhaltige Gebäude - Planen, Bauen, Betreiben, Düsseldorf, 2011.

DRAEGER (2010): Draeger, S.: Vergleich des Systems des Deutschen Gütesiegels Nachhaltiges Bauen mit internationalen Systemen, Berlin, 2010.

DUDEN (2018): Duden (2018): Werkstatt, [online] www.duden.de/rechtschreibung/Werkstatt, Stand 22.08.2018.

E

Einkommenssteuergesetz (EStG), in der Fassung vom 16.10.1934, zuletzt geändert am 19.12.2018.

Energieeinspargesetz (EnEG), in der Fassung vom 22.07.1976, zuletzt geändert am 04.07.2013.

Energieeinsparverordnung (EnEV), in der Fassung vom 24.07.2007, zuletzt geändert am 24.10.2015.

Erbbaurechtsgesetz (ErbbauRG), in der Fassung vom 15.01.1919, zuletzt geändert am 01.10.2013.

ERMSCHEL/MÖBIUS/WENGERT (2016): Ermschel, U./Möbius, C./Wengert, H. M.: Investition und Finanzierung, 4. aktual. und korr. Auflage, Springer Gabler, Berlin, Heidelberg, 2016.

Erneuerbare-Energien-Wärmegesetz (EEWärmeG), in der Fassung vom 07.08.2008, zuletzt geändert am 20.10.2015.

F

F:DATA (2017): f:data: Baupreislexikon, [online] www.baupreislexikon.de, Stand 12.10.2017.

FELD ET AL. (2017): Feld, L./Schulten, A./Jahn, M./Simons, H.: Frühjahrsgutachten Immobilienwirtschaft 2017, Zentraler Immobilien Ausschuss, Berlin, 2017.

FENNEN (2016): Fennen, M.: Flächen für die Feuerwehr, Löschwasserversorgung und Löschwasserrückhaltung, In: Fouad, N. A. (Hrsg.): Bauphysik-Kalender 2016, Brandschutz, Ernst & Sohn, Berlin, 2016, S. 491 bis 514.

FETZER ET AL. (2017): Fetzer, R./Luther, J./Letsch, J./Wagner, A.: Baukosten Positionen Neubau. Statistische Kostenkennwerte, Eigenverlag, Stuttgart, 2017.

FISCHER-APPELT ET AL. (2014): Fischer-Appelt, D./Gallina, G./Habbes, W./Hahnke, O./Ksiazek, C./Möllers, R./Wölfl, T./Wortha, H.: Bewertung von Industrieimmobilien, Berlin, 2014.

FLEMMING (2012): Flemming, C.: Modifikation der Vergütungsform beim Einheitspreisvertrag, zugl. Dissertation Univ. Dresden, expert, Renningen, 2012.

FREIDANK (2012): Freidank, C.-C.: Kostenrechnung. Grundlagen des innerbetrieblichen Rechnungswesens und Überblick zu Konzepten des Kostenmanagements, 9. Auflage, De Gruyter, München, 2012.

FRITSCH ET AL. (2011): Fritsch, P./Knaus, W./Merkl, G./Preininger, E./Rautenberg, J./Weiß, M./Wricke, B.: Taschenbuch der Wasserversorgung, 15. vollst. überarb. und aktual. Auflage, Vieweg + Teubner, Wiesbaden, 2011.

G

GEFMA 100-1:2004-07: German Facility Management Association (GEFMA 100-1): Facility Managemement - Grundlagen, Eigenverlag, o. O., 2004.

GEFMA 220-1:2010-09: German Facility Management Association (GEFMA 220-1): Lebenszykluskosten-Ermittlung im FM, Eigenverlag, o. O., 2010.

GESELLSCHAFT FÜR IMMOBILIENWIRTSCHAFTLICHE FORSCHUNG (2007): Gesellschaft für Immobilienwirtschaftliche Forschung: Rendite-Definitionen Real Estate Investment Management, Eigenverlag, Wiesbaden, 2007.

GESELLSCHAFT FÜR IMMOBILIENWIRTSCHAFTLICHE FORSCHUNG (2016): Gesellschaft für Immobilienwirtschaftliche Forschung: Redevelopment. Leitfaden für den Umgang mit vorgenutzten Grundstücken und Gebäuden, Eigenverlag, Wiesbaden, 2016.

Gewerbesteuergesetz (GewStG), in der Fassung vom 01.12.1936, zuletzt geändert am 27.06.2017.

GEYER (2014): Geyer, H.: Kennzahlen für die Bau- und Immobilienwirtschaft, 1. Auflage, Haufe, Freiburg, 2014.

GIRMSCHEID/MOTZKO (2013): Girmscheid, G./Motzko, C.: Kalkulation, Preisbildung und Controlling in der Bauwirtschaft. Produktionsprozessorientierte Kostenberechnung und Kostensteuerung, 2. Auflage, Springer Vieweg, Berlin, Heidelberg, 2013.

GLATTE (2014a): Glatte, T.: Entwicklung betrieblicher Immobilien. Beschaffung und Verwertung von Immobilien im Corporate Real Estate Management, Springer Vieweg, Wiesbaden, 2014.

GLATTE (2017b): Glatte, T.: Kompendium Standortstrategien für Unternehmensimmobilien. Die Standortplanung als Teil der internationalen Unternehmensführung, Springer Vieweg, Wiesbaden, 2017.

GLEIßNER (2017): Gleißner, W.: Grundlagen des Risikomanagements, 3. vollst. überarb. und erw. Auflage, Vahlen, München, 2017.

GONDRING (2007): Gondring, H.: Risiko Immobilie. Methoden und Techniken der Risikomessung bei Immobilieninvestitionen, 1. Auflage, Oldenbourg, München, 2007.

GONDRING (2013): Gondring, H.: Immobilienwirtschaft. Handbuch für Studium und Praxis, 3. vollst. überarb. Auflage, Vahlen, München, 2013.

GÖTZE (2014): Götze, U.: Investitionsrechnung. Modelle und Analysen zur Beurteilung von Investitionsvorhaben, 7. Auflage, Springer Gabler, Berlin, 2014.

GRIMM (2013): Grimm, R.: Freispiegel- und Druckentwässerung auf dem Flachdach, [online] www.baustoffwissen.de/wissen-baustoffe/baustoffknowhow/grundlagen/entwaesserung/freispiegel-und-druckentwaesserung-auf-dem-flachdach/, Stand 18.10.2018.

GRIMM/KOCKER (2011): Grimm, F./Kocker, R.: Hallen aus Stahl. Planungsleitfaden, Eigenverlag, Düsseldorf, 2011.

GROB (2015): Grob, H. L.: Einführung in die Investitionsrechnung. Eine Fallstudiengeschichte, 5. vollst. überarb. und erw. Auflage, Vahlen, München, 2015.

GROENMEYER (2012): Groenmeyer, T.: Logistikimmobilien vom Band. Standardisierung im gewerblichen Hochbau am Beispiel von Warehouse-Logistikimmobilien, zugl. Dissertation Univ. Kassel, Kassel University Press, Kassel, 2012.

GROMER (2012): Gromer, C.: Die Bewertung von nachhaltigen Immobilien. Ein kapitalmarkttheoretischer Ansatz basierend auf dem Realoptionsgedanken, zugl. Dissertation Univ. Stuttgart, Springer Gabler, Wiesbaden, 2012.

GRUNDIG (2015): Grundig, C.-G.: Fabrikplanung. Planungssystematik Methoden Anwendungen, 5. aktual. Auflage, Hanser, München, 2015.

GUDAT/VOß (2011): Gudat, R./Voß, W.: Weiterentwicklung der Markttransparenz am Grundstücks- und Immobilienmarkt, Hannover, 2011.

GÜRTLER (2007): Gürtler, V.: Stochastische Risikobetrachtung bei PPP-Projekten, zugl. Dissertation Univ. Dresden, expert, Renningen, 2007.

H

HABEDANK (2014): Habedank, P.: Für alle Fälle gerüstet, In: gefahrgut-online.de, 10, 2014, S. 25 bis 26.

HACKEL (2017): Hackel, A.: Immobilienfinanzierung, In: Scholz, S./ Wellner, K./Zeitner, R./Schramm, C./Hackel, M./Hackel, A. (Hrsg.): Architekturpraxis Bauökonomie. Grundlagenwissen für die Planungs-, Bau- und Nutzungsphase sowie Wirtschaftlichkeit im Planungsbüro, Springer Vieweg, Wiesbaden, 2017, S. 227 bis 236.

HÄDER (2010): Häder, M.: Empirische Sozialforschung, 2. überarb. Auflage, VS Verlag für Sozialwissenschaften, Wiesbaden, 2010.

HANDSCHUMACHER (2014): Handschumacher, J.: Immobilienrecht praxisnah. Basiswissen für Planer, Springer Vieweg, Wiesbaden, 2014.

HARLFINGER (2006): Harlfinger, T.: Referenzvorgehensmodell zum Redevelopment von Bürobestandsimmobilien, zugl. Dissertation Univ. Leipzig, Books on Demand, Norderstedt, 2006.

HAUFF (1987): Hauff, V.: Unsere gemeinsame Zukunft. Der Brundtland-Bericht der Weltkommission für Umwelt und Entwicklung, Eggenkamp, Greven, 1987.

HAUSER/EßIG/EBERT (2010): Hauser, G./Eßig, N./Ebert, T.: Zertifizierungssysteme für Gebäude. Nachhaltigkeit bewerten, Internationaler Systemvergleich, Zertifizierung und Ökonomie, Detail, Berlin, München, 2010.

HEILAND (2017): Heiland, A.: Durchsturzsicherheit auf Flachdächern, In: Bauportal, 129(4), 2017, S. 53 bis 56.

HELLERFORTH (2006a): Hellerforth, M.: Handbuch Facility Management für Immobilienunternehmen, Springer, Berlin, Heidelberg, 2006.

HELLERFORTH (2008): Hellerforth, M.: Immobilieninvestition und -finanzierung kompakt, De Gruyter, München, 2008.

HELLERFORTH (2012b): Hellerforth, M.: BWL für die Immobilienwirtschaft. Eine Einführung, 2. vollst. überarb. Auflage, Oldenbourg, München, 2012.

HENN (1955): Henn, W.: Bauten der Industrie. Planung, Entwurf, Konstruktion, Callwey, München, 1955.

HENZE (2017): Henze, N.: Stochastik für Einsteiger. Eine Einführung in die faszinierende Welt des Zufalls, 11. überarb. Auflage, Springer, Wiesbaden, 2017.

HESS ET AL. (2012): Hess, R./Schlaich, J./Schneider, K.-J./Volz, H./Widjaja, E.: Entwurfshilfen für Architekten und Bauingenieure. Faustformeln für die Vorbemessung, Vorbemessungstafeln, Bauwerksaussteifung, 2. Auflage, Beuth, Berlin, 2012.

HESTERMANN ET AL. (2013): Hestermann, U./Rongen, L./Frick, O./Knöll, K.: Baukonstruktionslehre, 34. überarb. und aktual. Auflage, Springer Vieweg, Wiesbaden, 2013.

HESTERMANN ET AL. (2015): Hestermann, U./Rongen, L./Frick, O./Knöll, K./Dahlem, K.-H./Feist, W./Richter, T./Kieser, A.: Baukonstruktionslehre, 36. vollst. überarb. und aktual. Auflage, Springer Vieweg, Wiesbaden, 2015.

HIERLEIN ET AL. (2009): Hierlein, E./Tillmann, M./Brandt, J./Rösel, W./Schwerm, D./Stöffler, J.: Betonfertigteile im Geschoss- und Hallenbau. Grundlagen für die Planung, Bau + Technik, Düsseldorf, 2009.

HOFSTADLER/KUMMER (2017): Hofstadler, C./Kummer, M.: Chancen- und Risikomanagement in der Bauwirtschaft. Für Auftraggeber und Auftragnehmer in Projektmanagement, Baubetrieb und Bauwirtschaft, Springer Vieweg, Berlin, 2017.

HOLLUNG (2012): Hollung, B.: Logistikimmobilien in der Bewertungspraxis, In: Münchow, M.-M. (Hrsg.): Kompendium der Logistikimmobilie. Entwicklung, Nutzung und Investment, 1. Auflage, IZ Immobilien Zeitung, Wiesbaden, 2012, S. 227 bis 254.

HÖLSCHER/KALHÖFER (2015): Hölscher, R./Kalhöfer, C.: Mathematik und Statistik in der Finanzwirtschaft. Grundlagen, Anwendungen, Fallstudien, De Gruyter Oldenbourg, Berlin, München, Boston, 2015.

HORNUNG/SALASTOWITZ (2014): Hornung, R./Salastowitz, P.: Marktreport Industrieimmobilien. Logistik-, Lager- und Produktionshallen Hallentyp A, Eschborn/Idstein, 2014.

HORNUNG/SALASTOWITZ (2015): Hornung, R./Salastowitz, P.: Marktreport Industrieimmobilien. Logistik-, Lager- und Produktionshallen Hallentyp C, Eschborn/Idstein, 2015.

I

Immobilienwertermittlungsverordnung (ImmoWertV), in der Fassung vom 19.05.2010, zuletzt geändert am 19.05.2010.

INITIATIVE UNTERNEHMENSIMMOBILIEN (2017): Initiative Unternehmensimmobilien: Marktbericht Nr. 8. Transparenz auf dem deutschen Markt der Unternehmensimmobilien, Berlin, 2017.

ISO 15686-5:2017-07: International Organization for Standardization (ISO 15686-5): Building and Constructed Assets - Service Life Planning - Life-Cycle-Costing, Eigenverlag, Geneva, 2017.

ISO 15686-5:2017-07: International Organization for Standardization (ISO 15686-5): Building and constructes assets, Service-life planning, Part 5: Life-cycle costing, Eigenverlag, Geneva, 2017.

J

JACOB/HEINZ/DÉCIEUX (2013): Jacob, R./Heinz, A./Décieux, J. P.: Umfrage. Einführung in die Methoden der Umfrageforschung, 3. überarb. Auflage, Oldenbourg, München, 2013.

JONES LANG LASALLE (2015): Jones Lang LaSalle: Logistikimmobilienreport. Deutschland Gesamtjahr 2014, Eigenverlag, 2015.

JONES LANG LASALLE (2018): Jones Lang LaSalle: Logistikimmobilienreport. Deutschland Gesamtjahr 2017, Eigenverlag, 2018.

JÜNGER (2012): Jünger, H. C.: Analyse von Öffentlich Privaten Partnerschaftsangeboten. Ein transparentes Verfahren für die Vergabe, Schriftenreihe des Institutes für Baubetriebslehre der Universität Stuttgart, Beuth, Berlin, 2012.

JUST ET AL. (2017): Just, T./Voigtländer, M./Eisfeld, R./Henger, R./Hesse, M./Toschka, A.: Wirtschaftsfaktor Immobilien 2017, Eigenverlag, Regensburg, 2017.

JUST/PFNÜR/BRAUN (2016): Just, T./Pfnür, A./Braun, C.: Aurelis-Praxisstudie. Wie Corporates die Märkte und das Management für produktionsnahe Immobilien einschätzen, Eigenverlag, Darmstadt, 2016.

K

KACZMARCZYK ET AL. (2010): Kaczmarczyk, C./Kuhr, H./Schmidt, A./Schmidt, J./Strupp, P.: Bautechnik für Bauzeichner, 2. überarb. Auflage, Vieweg + Teubner, Wiesbaden, 2010.

KAISER (2014): Kaiser, R.: Qualitative Experteninterviews. Konzeptionelle Grundlagen und praktische Durchführung, Springer VS, Wiesbaden, 2014.

KALUSCHE/HERKE (2017): Kalusche, W./Herke, S.: Baukosten Gebäude Neubau. Statistische Kostenkennwerte, Eigenverlag, Stuttgart, 2017.

KAUTT/WIELAND (2001): Kautt, G./Wieland, F.: Modeling the Future. The Full Monte, the Latin Hypercube and Other Curiosities, In: Journal of Financial Planning, 14(12), 2001, S. 78 bis 88.

KELLER (2013): Keller, H.: Praxishandbuch Immobilienanlage. Bewertung - Finanzierung - Steuern, Springer Gabler, Wiesbaden, 2013.

KINDMANN/KRAHWINKEL (2012): Kindmann, R./Krahwinkel, M.: Stahl- und Verbundkonstruktionen. Entwurf, Konstruktion, Berechnungsbeispiele, 2. vollst. überarb. und aktual. Auflage, Springer Vieweg, Wiesbaden, 2012.

KLAUS/KRIEGER (2004): Klaus, P./Krieger, W.: Gabler Lexikon Logistik. Management logistischer Netzwerke und Flüsse, 3. vollst. überarb. und aktual. Auflage, Gabler, Wiesbaden, 2004.

KOCH/GEBHARDT/RIEDMÜLLER (2016): Koch, J./Gebhardt, P./Riedmüller, F.: Marktforschung. Grundlagen und praktische Anwendungen, 7. überarb. und aktual. Auflage, De Gruyter Oldenbourg, Berlin, Boston, 2016.

KOCKER/MÖLLER (2016): Kocker, R./Möller, R. : Typenhallen aus Stahl. Musterstatik, Düsseldorf, 2016.

KOETHER/KURZ/SEIDEL (2010): Koether, R./Kurz, B./Seidel, U. A.: Betriebsstättenplanung und Ergonomie. Planung von Arbeitssystemen, 1. Auflage, Carl Hanser, München, Wien, 2010.

KOLB (2016): Kolb, W.: Dachbegrünung. Planung, Ausführung, Pflege, Ulmer, Stuttgart, 2016.

Körperschaftssteuergesetz (KStG), in der Fassung vom 31.08.1976, zuletzt geändert am 08.07.2017.

KOSOW/GABNER/ERDMANN (2008): Kosow, H./Gaßner, R./Erdmann, L.: Methoden der Zukunfts- und Szenarioanalyse, Überblick, Bewertung und Auswahlkriterien, IZT, Berlin, 2008.

KRIMMLING (2013): Krimmling, J.: Facility Management. Strukturen und methodische Instrumente, 4. aktual. Auflage, Fraunhofer IRB Verlag, Stuttgart, 2013.

KRIMMLING (2018): Krimmling, J.: Wirtschaftlichkeitsbewertung verstehen und anwenden. Für Architekten, Ingenieure, Energieberater und Facility Manager, Springer Vieweg, Wiesbaden, 2018.

KRINGS-HECKEMEIER ET AL. (2013): Krings-Heckemeier, M.-T./Abraham, T./Neuhoff, J./Radermacher, B./Fehrenbach, J./Menrad, M.: Umwandlungsprojekte von Nichtwohngebäuden in Studentenwohnungen, Bonn, 2013.

KRINGS-HECKEMEIER ET AL. (2015): Krings-Heckemeier, M.-T./Abraham, T./Radermacher, B./Neuhoff, J./Menrad, M.: Umwandlung von Nichtwohngebäuden in Wohnimmobilien, Bonn, 2015.

KRUSCHWITZ (2014): Kruschwitz, L.: Investitionsrechnung, 14. aktual. Auflage, De Gruyter Oldenbourg, Berlin, 2014.

KÜPFER (2012): Küpfer, D.: Flexibilität bei Bürohochhaus-Neubauten. Finanzielle Bewertung der Flexibilität, In: Center for Urban and Real Estate Managment Zürich (Hrsg.): Immobilienwirtschaft aktuell, Beiträge zur immobilienwirtschaftlichen Forschung 2012, vdf Hochschulverlag, Zürich, 2012, S. 3 bis 15.

KURZROCK (2017): Kurzrock, B.-M.: Lebenszyklus von Immobilien, In: Rottke, N. B./Thomas, M. (Hrsg.): Immobilienwirtschaftslehre - Management, Springer Gabler, Wiesbaden, 2017, S. 421 bis 479.

KUß/WILDNER/KREIS (2014): Kuß, A./Wildner, R./ Kreis, H.: Marktforschung. Grundlagen der Datenerhebung und Datenanalyse, 5. vollst. überarb. und erw. Auflage, Springer Gabler, Wiesbaden, 2014.

L

LEICHER (2014): Leicher, G.: Tragwerkslehre, 4. überarb. und aktual. Auflage, Bundesanzeiger Verlag, Köln, 2014.

LEMAITRE (2018): Lemaitre, C.: DGNB System. Kriterienkatalog Gebäude Neubau, 2. Auflage, DGNB, Stuttgart, 2018.

LENNERTS/SCHNEIDER (2011): Lennerts, K./Schneider, D.: Lebenszyklusbetrachtung bei nachhaltigen Immobilien, In: Alfen, H. W. (Hrsg.): Perspektiven des Bau-, Immobilien- und Infrastrukturmanagements, Bauhaus Universität Weimar, Weimar, 2011, S. 102 bis 113.

LEOPOLDSBERGER/THOMAS/NAUBEREIT (2016): Leopoldsberger, G./Thomas, M./Naubereit, P.: Immobilienbewertung, In: Schulte, K.-W./ Bone-Winkel, S./Schäfers, W. (Hrsg.): Immobilienökonomie I. Betriebswirtschaftliche Grundlagen, 5. grundl. überarb. Auflage, Oldenbourg De Gruyter, Berlin, Boston, 2016, S. 425 bis 480.

LOHMEYER (1999): Lohmeyer, G.: Betonböden im Industriebau. Hallen- und Freiflächen, 6. Auflage, Bau + Technik, Düsseldorf, 1999.

LOHMEYER/EBELING (2012): Lohmeyer, G./Ebeling, K.: Betonböden für Produktions- und Lagerhallen. Planung, Bemessung, Ausführung, 3. vollst. überarb. Auflage, Bau + Technik, Düsseldorf, 2012.

LORENZ (1993): Lorenz, P.: Gewerbebau Industriebau. Architektur, Planen, Gestalten, 2. Auflage, Alexander Koch, Leinfelden-Echterdingen, 1993.

LÖSER (2017): Löser, J. K.: Die Praxis des Nachhaltigen Bauens. Das Adaptionsniveau der Nachhaltigkeit im Immobiliensektor, zugl. Dissertation Univ. Stuttgart, Springer VS, Wiesbaden, 2017.

M

MAIER/SAMBERG/STÖFFLER (2011): Maier, C./Samberg, S./Stöffler, J.: Tragwerksentwurf für Architekten und Bauingenieure, Beuth, Berlin, 2011.

MARTIN (2016): Martin, H.: Transport- und Lagerlogistik. Systematik, Planung, Einsatz und Wirtschaftlichkeit, 10. Auflage, Springer Vieweg, Wiesbaden, 2016.

MAYER (2013): Mayer, H. O.: Interview und schriftliche Befragung. Grundlagen und Methoden empirischer Sozialforschung, 6. überarb. Auflage, Oldenbourg, München, 2013.

MEINS ET AL. (2011): Meins, E./Lützkendorf, T./Lorenz, D./Leopoldsberger, G./Ok Kyu Frank, S./Burkhard, H.-P./Stoy, C./Bienert, S.: Nachhaltigkeit und Wertermittlung von Immobilien. Leitfaden für Deutschland, Österreich und die Schweiz, Eigenverlag, Zürich, Karlsruhe, Geislingen, Stuttgart, Regensburg, 2011.

MENSINGER ET AL. (2016): Mensinger, M./Stroetmann, R./Eisele, J./Feldmann, M./Pyschny, D./Lang, F./Trautmann, B./Zink, K. J./Baudach, T./Fischer, K./Lingnau, V./Kokot, K./Möller, H./Huang, L./Ritter, F./Podgorski, C./Scheller, J./Faßl, T.: Nachhaltige Büro- und Verwaltungsgebäude in Stahl- und Stahlverbundbauweise. Forschungsvorhaben P 881, IGF-Nr. 373 ZBG, Verlag und Vertriebsgesellschaft, Düsseldorf, 2016.

MERGL (2007): Mergl, O.: Flexibilisierung von Baustrukturen durch Modularisierung zur Verbesserung des Nutzungspotenziales am Beispiel industrieller Produktionsstätten des Automobilbaus, zugl. Dissertation Univ. Kassel, Kassel University Press, Kassel, 2007.

METZNER (2017): Metzner, S.: Planung, In: Rottke, N. B./Thomas, M. (Hrsg.): Immobilienwirtschaftslehre - Management, Springer Gabler, Wiesbaden, 2017, S. 253 bis 285.

MISOCH (2015): Misoch, S.: Qualitative Interviews, De Gruyter, Berlin, München, 2015.

MÖLLER/KALUSCHE (2013): Möller, D.-A./Kalusche, W.: Planungs- und Bauökonomie. Wirtschaftslehre für Bauherren und Architekten, 6. Auflage, De Gruyter, Berlin, Boston, 2013.

MUCKEL/OGOREK (2018): Muckel, S./Ogorek, M.: Öffentliches Baurecht, 3. grundl. überarb. Auflage, C. H. Beck, München, 2018.

MÜNCHOW (2012): Münchow, M.-M.: Logistikimmobilien als Investment. Stärken und Anforderungen, In: Münchow, M.-M. (Hrsg.): Kompendium der Logistikimmobilie. Entwicklung, Nutzung und Investment, 1. Auflage, IZ Immobilien Zeitung, Wiesbaden, 2012, S. 117 bis 137.

Musterbauordnung (MBO), in der Fassung vom 01.11.2002, zuletzt geändert am 21.09.2012.

Musterindustriebaurichtlinie (MIndBauRL), in der Fassung vom 01.07.2014, zuletzt geändert am 01.07.2014.

N

NAUMANN (2007): Naumann, R.: Kosten-Risiko-Analyse für Verkehrsinfrastrukturprojekte, zugl. Dissertation Univ. Dresden, expert, Renningen, 2007.

NEMUTH (2006): Nemuth, T.: Risikomanagement bei internationalen Bauprojekten, zugl. Dissertation Univ. Dresden, expert, Renningen, 2006.

NEUFERT/KISTER (2016): Neufert, E./Kister, J.: Neufert Bauentwurfslehre, 41. überarb. und aktual. Auflage, Springer Vieweg, Wiesbaden, 2016.

O

OSCHATZ/ROSENKRANZ/WEBER (2015): Oschatz, B./Rosenkranz, J./Weber, K.: Leitfaden zur Planung neuer Hallengebäude nach Energieeinsparverordnung EnEV 2014 und Erneuerbare-Energien-Wärmegesetz 2011, Eigenverlag, Köln, 2015.

P

PALISADE CORPORATION (2016): Palisade Corporation: Benutzerhandbuch @Risk. Risikoanalysen- und Simulations-Add-In für Microsoft Excel, Eigenverlag, Ithaca, 2016.

PELZETER (2006): Pelzeter, A.: Lebenszykluskosten von Immobilien. Einfluss von Lage, Gestaltung und Umwelt, zugl. Dissertation Int. Univ. Oestrich-Winkel, Müller, Köln, 2006.

PERRIDON/RATHGEBER/STEINER (2017): Perridon, L./Rathgeber, A. W./Steiner, M.: Finanzwirtschaft der Unternehmung, 17. überarb. und erw. Auflage, Franz Vahlen, München, 2017.

PFNÜR (2014): Pfnür, A.: Volkswirtschaftliche Bedeutung von Corporate Real Estate in Deutschland. Gutachten im Auftrag des Auftraggeberkonsortiums Zentraler Immobilien Ausschuss e.V., CoreNet Global Inc.-Central Europe Chapter, BASF SE, Siemens AG and Eurocres Consulting GmbH, Darmstadt, 2014.

PFNÜR/SEGER (2017): Pfnür, A./Seger, J. (2017): Produktionsnahe Immobilien. Herausforderungen und Entwicklungsperspektiven aus Sicht von Corporates, Investoren und Dienstleistern, In: Arbeitspapiere zur immobilienwirtschaftlichen Forschung und Praxis, 35, 2017, S. 1 bis 40.

PLAGARO COWEE/SCHWEHR (2008): Plagaro Cowee, N./Schwehr, P.: Die Typologie der Flexibilität im Hochbau, Interact, Luzern, 2008.

POGGENSEE (2015): Poggensee, K.: Investitionsrechnung. Grundlagen - Aufgaben - Lösungen, 3. überarb. Auflage, Springer Gabler, Wiesbaden, 2015.

PREUß/SCHÖNE (2016): Preuß, N./Schöne, L. B.: Real Estate und Facility Management. Aus Sicht der Consultingpraxis, 4. Auflage, Springer Vieweg, Berlin, Heidelberg, 2016.

PRZYBORSKI/WOHLRAB-SAHR (2014): Przyborski, A./Wohlrab-Sahr, M.: Qualitative Sozialforschung. Ein Arbeitsbuch, 4. erw. Auflage, Oldenbourg, München, 2014.

Q

QUATEMBER (2017): Quatember, A.: Statistik ohne Angst vor Formeln. Das Studienbuch für Wirtschafts- und Sozialwissenschaftler, 5. aktual. Auflage, Pearson, Hallbergmoos, 2017.

R

RECK (2015): Reck, M.: Optimierung von Arbeitsabläufen im Planungs- und Ausführungsprozess von Industriefassaden, Diplomarbeit am Institut für Baubetriebswesen der TU Dresden, Dresden, 2015.

RIEDIGER (2012): Riediger, N.: Untersuchung des Einflusses von Nutzungskosten auf die Rendite von Immobilien, zugl. Dissertation Univ. Berlin, Universitätsverlag TU Berlin, Berlin, 2012.

RITTER/KALUSCHE/KALUSCHE (2017): Ritter, F./Kalusche, W./Kalusche, A.-K.: Baukosten Bauelemente Neubau. Statistische Kostenkennwerte, Eigenverlag, Stuttgart, 2017.

ROPETER (1998): Ropeter, S.-E.: Investitionsanalyse für Gewerbeimmobilien, zugl. Dissertation Int. Univ. Oestrich-Winkel, 1998.

ROSE (2017): Rose, P. M.: Szenario-Analyse, In: Zerres, C. (Hrsg.): Handbuch Marketing-Controlling, Grundlagen - Methoden - Umsetzung, 4. vollst. überarb. Auflage, Springer Gabler, Berlin, 2017, S. 113 bis 121.

ROTERMUND (2016): Rotermund, U.: fm.benchmarking Bericht. Der FM-Kennzahlenvergleich, Nutzungs- und Lebenszykluskosten zu verschiedenen Gebäudetypen, Ingenieurgesellschaft mbH & Co KG, Höxter, 2016.

ROTH (2011): Roth, C.: Lebenszyklusanalyse von Baukonstruktionen unter Nachhaltigkeitsgesichtspunkten. Ein Beitrag zur Beurteilung der Nachhaltigkeit von Gebäuden bei ungewissem Lebensweg, zugl. Dissertation Int. Univ. Oestrich-Winkel, Darmstadt, 2011.

ROTTKE (2017a): Rottke, N. B.: Immobilienarten, In: Rottke, N. B./Thomas, M. (Hrsg.): Immobilienwirtschaftslehre - Management, Springer Gabler, Wiesbaden, 2017, S. 141 bis 171.

ROTTKE (2017b): Rottke, N. B.: Immobilienfinanzierung, In: Rottke, N. B./Thomas, M. (Hrsg.): Immobilienwirtschaftslehre - Management, Springer Gabler, Wiesbaden, 2017, S. 893 bis 960.

ROTTKE (2017c): Rottke, N. B.: Immobilienrisikomanagement, In: Rottke, N. B./Thomas, M. (Hrsg.): Immobilienwirtschaftslehre - Management, Springer Gabler, Wiesbaden, 2017, S. 961 bis 989.

ROTTKE/LANDGRAF (2010): Rottke, N. B./Landgraf, D.: Ökonomie vs. Ökologie. Nachhaltigkeit in der Immobilienwirtschaft?, 1. Auflage, Immobilien Manager Verlag, Köln, 2010.

S

SAILER ET AL. (2013): Sailer, E./Grabener, H./Matzen, U./Bach, H.: Immobilien-Fachwissen von A-Z. Das Lexikon mit umfassenden Antworten und Erklärungen auf Fragen aus der Immobilienwirtschaft, 9. Auflage, Grabener, Kiel, 2013.

SALASTOWITZ/PILGER (2015): Salastowitz, P./Pilger, R.: Benchmarkreport Hallenimmobilien. Facility-Management-Kosten von Industrieimmobilien, Idstein, 2015.

SCHACH/OTTO (2017): Schach, R./Otto, J.: Baustelleneinrichtung. Grundlagen, Planung, Praxishinweise, Vorschriften und Regeln, 3. überarb. Auflage, Springer Vieweg, Wiesbaden, 2017.

SCHACH/SPERLING (2001): Schach, R./Sperling, W.: Baukosten. Kostensteuerung in Planung und Ausführung, 1. Auflage, Springer, Berlin, Heidelberg, New York, Barcelona, Hongkong, London, Mailand, Paris, Singapur, Tokio, 2001.

SCHÄFERS ET AL. (2016): Schäfers, W./Holzmann, C./Schulte, K.-M./Lang, S./Scholz, A.: Immobilienfinanzierung, In: Schulte, K.-W./Bone-Winkel, S./Schäfers, W. (Hrsg.): Immobilienökonomie I, Betriebswirtschaftliche Grundlagen, 5. grundl. überarb. Auflage, Oldenbourg De Gruyter, Berlin, Boston, 2016, S. 483 bis 577.

SCHÄFERS/WURSTBAUER (2016): Schäfers, W./Wurstbauer, D.: Immobilien-Risikomanagement, In: Schulte, K.-W./Bone-Winkel, S./Schäfers, W. (Hrsg.): Immobilienökonomie I, Betriebswirtschaftliche Grundlagen, 5. grundl. überarb. Auflage, Oldenbourg De Gruyter, Berlin, Boston, 2016, S. 1035 bis 1062.

SCHILLING (2004): Schilling, S.: Beitrag zur Lösung ingenieurtechnischer Entwurfsaufgaben unter Verwendung Evolutionärer Algorithmen, zugl. Dissertation Univ. Weimar, Weimar, 2004.

SCHMUCK (2017): Schmuck, M.: Umsetzbarkeit saisonaler Wärmespeicher, zugl. Dissertation Univ. Dresden, expert, Renningen, 2017.

SCHOLZ ET AL. (2017): Scholz, S./Wellner, K./Zeitner, R./Schramm, C./Hackel, M./Hackel, A.: Architekturpraxis Bauökonomie. Grundlagenwissen für die Planungs-, Bau- und Nutzungsphase sowie Wirtschaftlichkeit im Planungsbüro, Springer Vieweg, Wiesbaden, 2017.

SCHULTE ET AL. (2016): Schulte, K.-W./Sotelo, R./Allendorf, G. J./Ropeter-Ahlers, S.-E./Lang, S.: Immobilieninvestition, In: Schulte, K.-W./Bone-Winkel, S./Schäfers, W. (Hrsg.): Immobilienökonomie I, Betriebswirtschaftliche Grundlagen, 5. grundl. überarb. Auflage, Oldenbourg De Gruyter, Berlin, Boston, 2016, S. 579 bis 649.

SEIFERT ET AL. (2018): Seifert, J./Schinke, L./Meinzenbach, A./Felsmann, C.: Je nachdem. Hallenheizsysteme, In: industrieBAU, 64(5), 2018, S. 32 bis 36.

Solidaritätszuschlaggesetz (SolZG), in der Fassung vom 23.06.1993, zuletzt geändert am 29.11.2018.

SPÄTH (2014): Späth, R.: Frühaufklärungssystem für Immobilienportfolios. Integrativer Ansatz für marktgängige Mietobjekte, Springer Gabler, Wiesbaden, 2014.

STATISTISCHES BUNDESAMT (2017a): Statistisches Bundesamt: Kaufwerte für Bauland. Fachserie 17, Reihe 5, Eigenverlag, o. O., 2017.

STATISTISCHES BUNDESAMT (2017b): Statistisches Bundesamt: Preisindizes für die Bauwirtschaft. Fachserie 17, Reihe 4, Eigenverlag, o. O., 2017.

STATISTISCHES BUNDESAMT (2018): Statistisches Bundesamt: Baupreisindex, [online] www.destatis.de/DE/ZahlenFakten/GesamtwirtschaftUmwelt/Preise/BauImmobilienpreise/Methoden/Baupreisindex.html, Stand 07.12.2018.

STATISTISCHES BUNDESAMT (2018): Statistisches Bundesamt: Verbraucherpreisindex, [online] www.destatis.de/DE/ZahlenFakten/GesamtwirtschaftUmwelt/Preise/Verbraucherpreisindizes/Methoden/verbraucherpreisindex.html, Stand 07.12.2018.

STATISTISCHES BUNDESAMT (2018): Statistisches Bundesamt: Verbraucherpreisindizes für Deutschland. Lange Reihen ab 1948, Eigenverlag, o. O., 2018.

STEINFORTH (2013): Steinforth, M.: Grundstücksrecht, In: Brauer, K. U. (Hrsg.): Grundlagen der Immobilienwirtschaft. Recht - Steuern - Marketing - Finanzierung - Bestandsmanagement - Projektentwicklung, 8. Auflage, Springer Gabler, Wiesbaden, 2013, S. 63 bis 116.

STENZEL (2006): Stenzel, G.: Industriefußböden, In: Bergmeister, K./Wörner, J.-D. (Hrsg.): Beton-Kalender 2006, Turmbauwerke/Industriebauten, Ernst & Sohn, Berlin, 2006, S. 265 bis 288.

STIEFL (2018): Stiefl, J.: Wirtschaftsstatistik, 3. aktual. und erw. Auflage, De Gruyter Oldenbourg, München, Wien, 2018.

STOLLMANN/BEAUCAMP (2017): Stollmann, F./Beaucamp, G.: Öffentliches Baurecht, 11. Auflage, C. H. Beck, München, 2017.

STOPKA/URBAN (2017): Stopka, U./Urban, T.: Investition und Finanzierung. Lehr- und Übungsbuch für Bachelor-Studierende, Springer Gabler, Berlin, 2017.

Straßenverkehrs-Ordnung (StVO), in der Fassung vom 06.03.2013, zuletzt geändert am 06.10.2017.

Straßenverkehrs-Zulassungs-Ordnung (StVZO), in der Fassung vom 26.03.2012, zuletzt geändert am 20.10.2017.

STROETMANN ET AL. (2018): Stroetmann, R./Eisele, J./Otto, J./Hüttig, L./Trautmann, B./Harzdorf, A./Weller, C.: Einflüsse der Stahl- und Verbundbauweise auf die Lebenszykluskosten und Vermarktungsfähigkeit multifunktionaler Büro- und Geschäftshäuser. Forschungsvorhaben P 1118, IGF-Nr. 18659 BG, Verlag und Vertriebsgesellschaft, Düsseldorf, 2018.

T

Technische Anleitung zum Schutz gegen Lärm (TA Lärm), in der Fassung vom 16.07.1968, zuletzt geändert am 01.06.2017.

Technische Anleitung zur Reinhaltung der Luft (TA Luft), in der Fassung vom 08.09.1964, zuletzt geändert am 01.10.2002.

U

Umsatzsteuergesetz (UStG), in der Fassung vom 26.11.1979, zuletzt geändert am 11.12.2018.

V

VDS SCHADENVERHÜTUNG GMBH (2018): VdS Schadenverhütung GmbH: Merkblatt zum Brandschutz. Zusammenwirken von Wasserlöschanlagen und Rauch-/Wärmeabzugsanlagen (RWA), [online] www.shop.vds.de/de/download/a681cf300783829b1fe1fa38291dc6f1/, Stand 19.10.2018.

VERBUNDNETZ GAS AKTIENGESELLSCHAFT (2016): Verbundnetz Gas Aktiengesellschaft: Erdgas.praxis. Hallenheizungen, Eigenverlag, Leipzig, 2016.

VERES-HOMM ET AL. (2015): Veres-Homm, U./Kübler, A./Weber, N./Cäsar, E.: Logistikimmobilien - Markt und Standorte 2015, 4. aktual. Auflage, Fraunhofer IRB, Stuttgart, 2015.

Verordnung über Anlagen zum Umgang mit wassergefährdenden Stoffen (AwSV), in der Fassung vom 18.04.2017, zuletzt geändert am 18.04.2017.

VIERING/RODDE/ZANNER (2015): Viering, M./Rodde, N./Zanner, C.: Immobilien- und Bauwirtschaft aktuell - Entwicklungen und Tendenzen. Festschrift für Professor Bernd Kochendörfer, Springer Vieweg, Wiesbaden, 2015.

W

WACH (2017): Wach, M.: Nachhaltigkeitsmanagement in Bauunternehmen, zugl. Dissertation Techn. Univ. Dresden, expertg, Renningen, 2017.

Wasserhaushaltsgesetz (WHG), in der Fassung vom 31.07.2009, zuletzt geändert am 18.07.2017.

WEKA MEDIA (2014a): Weka Media: Baupreishandbuch 2014. Gebäudetechnik, Eigenverlag, Kissing, 2014.

WEKA MEDIA (2014b): Weka Media: Baupreishandbuch 2014. Neubau, Eigenverlag, Kissing, 2014.

WEKA MEDIA (2019): Weka Media (2019). BitAdos, [online] www.biados.de/, Stand 23.01.2019.

WELLNER (2017): Wellner, K.: Immobilieninvestition und Lebenszyklus, In: Scholz, S./Wellner, K./Zeitner, R./Schramm, C./Hackel, M./Hackel, A. (Hrsg.): Architekturpraxis Bauökonomie. Grundlagenwissen für die Planungs-, Bau- und Nutzungsphase sowie Wirtschaftlichkeit im Planungsbüro, Springer Vieweg, Wiesbaden, 2017, S. 207 bis 236.

WIELAND (2014): Wieland, A.: Projektentwicklung nutzungsgemischter Quartiere. Analyse zur Generierung von Erfolgsfaktoren, zugl. Dissertation Univ. Kassel, Springer VS, Wiesbaden, 2014.

WIENDAHL/REICHARDT/NYHUIS (2014): Wiendahl, H.-P./Reichardt, J./Nyhuis, P.: Handbuch Fabrikplanung. Konzept Gestaltung und Umsetzung wandlungsfähiger Produktionsstätten, 2. überarb. und erw. Auflage, Carl Hanser, München, 2014.

WIENER (2018): Wiener, K.: Statistisches Taschenbuch der Versicherungswirtschaft 2018, Verlag Versicherungswirtschaft, Berlin, 2018.

Wirtschaftsstrafgesetz (WiStG), in der Fassung vom 09.07.1954, zuletzt geändert am 13.04.2017.

WRENGER (2015): Wrenger, R.: Richtlinien einhalten und Förderungen nutzen. LED-Lösungen in Industriebauten, In: industrieBAU, 61(6), 2015, S. 40 bis 41.

X/Y/Z

ZEBE (2015): Zebe, H.-C.: Alles andere als flach, In: industrieBAU, 61(5), 2015, S. 50 bis 52.

ZWERENZ (2015): Zwerenz, K.: Statistik. Einführung in die computergestützte Datenanalyse, 6. Auflage, De Gruyter Oldenbourg, Berlin, Boston, 2015.

Stichwortverzeichnis

Anlagenverzeichnis

© Der/die Herausgeber bzw. der/die Autor(en), exklusiv lizenziert durch
Springer Fachmedien Wiesbaden GmbH, ein Teil von Springer Nature 2020
A. Harzdorf, *Anpassungs- und Umnutzungsfähigkeit von Produktionshallen*,
Baubetriebswesen und Bauverfahrenstechnik,
https://doi.org/10.1007/978-3-658-31658-7

Anlage 1: Fragebogen „Unternehmen" Teil A bis E

TECHNISCHE
UNIVERSITÄT
DRESDEN

Fakultät Bauingenieurwesen Institut für Baubetriebswesen

Fragebogen „Unternehmen" (ca. 90 Minuten)

Teilnehmer: _____

Datum: _____
Uhrzeit: _____
Ort: _____

Interviewart: ☐ persönliches Interview   ☐ telefonisches Interview

Die Expertenbefragung wird im Rahmen einer deutschlandweiten Datenerhebung zur Fragestellung der Anpassungs- und Umnutzungsfähigkeit von industriell genutzten Hallen durchgeführt. Von der Befragung werden fliegende Bauten (Leichtbauhallen) sowie Spezialnutzungen
(Hochregallager und Kühllager) ausgeschlossen.

A	**Allgemeines zum Experten**

A 1 Welche Position haben Sie im Unternehmen inne und welche Haupttätigkeiten
üben Sie aus?

A 2 Wie lange sind Sie im Unternehmen tätig und wo waren Sie vorher tätig?

A 3 Im Bereich welcher Lebenszyklusphasen bzw. Managementprozesse von Immobilien sind Sie hauptsächlich tätig?

☐ Beschaffung/Entstehung
☐ Bewirtschaftung/Nutzung
☐ Verwertung/Vermarktung

B	**Unternehmen und Hallenportfolio**

B 1 Wie ist das Immobilienmanagement im Unternehmen in Deutschland organisiert?

☐ zentral   ☐ dezentral   ☐ teils-teils

Wenn **teils-teils**, bitte erläutern Sie die Organisationsstruktur näher.

B 2 Werden die Kompetenzen und das Know-how für die Beschaffung/Entstehung,
Bewirtschaftung/Nutzung und Verwertung/Vermarktung von Immobilien im Unternehmen gehalten oder ausgelagert?

☐ gehalten   ☐ ausgelagert ☐ teils-teils

Wenn **teils-teils**, bitte erläutern Sie die Organisationsstruktur näher.

Dipl.-Ing. Anne Harzdorf   1

B 3	Wie viele Hallen (Eigentum und Miete) befinden sich in Deutschland im Unternehmensbestand? (Angabe von Hallen mit Flächen > 1.000 m²)
	_____ Hallen

B 4 Welche Gesamthallenfläche (Eigentum und Miete) befindet sich in Deutschland im Unternehmensbestand?

Gesamthallenfläche	_____ m² BGF
Durchschnittliche Hallengrößen	_____ m² BGF

B 5 Wieviel Prozent der angegebenen Gesamthallenfläche befindet sich im Eigentum oder ist angemietet? (Schätzung genügt)

im Eigentum/Finance Leasing	_____ %
zur Miete/Operate Leasing	_____ %
	Σ = 100 %

B 6 Wieviel Prozent der Hallenfläche im Eigentum befindet sich an unternehmenseigenen Werksstandorten oder in Industrie-/Gewerbegebieten? (Schätzung genügt)

Werksstandort	_____ %
Industrie-/Gewerbegebiet	_____ %
Sonstige: _____	_____ %
	Σ = 100 %

B 7 Welche Unternehmensbereiche sind für die Kosten von Beschaffung/Entstehung, Bewirtschaftung/Nutzung und Verwertung/Vermarktung von Hallen zuständig?

	Legale/rechtliche Verfügungsgewalt (z. B. Immobilienbereich)	Operative/tatsächliche Verfügungsgewalt (z. B. Produktionsbereich)	Teils-teils
Beschaffung/Entstehung	☐	☐	☐
Bewirtschaftung/Nutzung	☐	☐	☐
Verwertung/Vermarktung	☐	☐	☐

Wenn **teils-teils**, bitte erläutern Sie die Zuständigkeiten näher.

_____

B 8 Sind im Unternehmen in Deutschland derzeit Hallenflächen im Eigentum vom Leerstand (mind. 6 Monate) betroffen?

☐ ja ☐ nein

Wenn **ja**, wie groß ist der Hallenflächenleerstand insgesamt?

_____ m² BGF

B 9　Wieviel Prozent der Gesamthallenfläche im Unternehmen in Deutschland entfällt auf die folgenden übergeordneten Nutzungsarten? (Schätzung genügt)

Produktion/Fertigung　＿＿＿＿＿＿＿＿＿＿＿＿＿＿＿ %

Montage/Werkstatt　＿＿＿＿＿＿＿＿＿＿＿＿＿＿＿ %

Lager/Distribution　＿＿＿＿＿＿＿＿＿＿＿＿＿＿＿ %

Σ = 100 %

B 10　Bitte nennen und beschreiben Sie nachfolgend maximal fünf übergeordnete Hallentypen, welche im Unternehmen am häufigsten benötigt werden. Die genannten Hallentypen bilden die Grundlage für die Frageteile C und D.

	Bezeichnung	Beschreibung/Besonderheiten/Unterscheidung
Hallentyp 1		
Hallentyp 2		
Hallentyp 3		
Hallentyp 4		
Hallentyp 5		

C　Anpassungs- und Umnutzungsfähigkeit

C 1　Welche durchschnittlichen Lebensdauern werden aus Ihrer Erfahrung für die benannten Hallentypen erreicht?

	< 20 Jahre	~ 20 Jahre	~ 30 Jahre	~ 40 Jahre	~ 50 Jahre	≥ 50 Jahre
Hallentyp 1	☐	☐	☐	☐	☐	☐
Hallentyp 2	☐	☐	☐	☐	☐	☐
Hallentyp 3	☐	☐	☐	☐	☐	☐
Hallentyp 4	☐	☐	☐	☐	☐	☐
Hallentyp 5	☐	☐	☐	☐	☐	☐

C 2　Welche durchschnittlichen Nutzungszyklen werden aus Ihrer Erfahrung für Hallen im Unternehmen erreicht?

	~ 5 Jahre	~ 10 Jahre	~ 15 Jahre	~ 20 Jahre	~ 25 Jahre	~ 30 Jahre
Hallentyp 1	☐	☐	☐	☐	☐	☐
Hallentyp 2	☐	☐	☐	☐	☐	☐
Hallentyp 3	☐	☐	☐	☐	☐	☐
Hallentyp 4	☐	☐	☐	☐	☐	☐
Hallentyp 5	☐	☐	☐	☐	☐	☐

C 3　Bei wieviel Prozent der Hallen wird aus Ihrer Erfahrung bei notwendigen Umbaumaßnahmen in das Tragwerk eingegriffen? (Schätzung genügt)

＿＿＿＿＿＿＿＿＿＿＿＿＿＿＿ %

C 4+5 | Die folgenden Fragen unterscheiden zwischen der Anpassungs- und Umnutzungsfähigkeit. Die Begriffe sind wie folgt voneinander abzugrenzen:

Die **Anpassungsfähigkeit (Flexibilität)** beschreibt die Fähigkeit, Gebäude an neue Anforderungen von Nutzern oder technische Veränderungen bei gleicher Nutzung anzupassen.

Die **Umnutzungsfähigkeit (Variabilität)** beschreibt die Fähigkeit, Gebäude nach der ursprünglich geplanten Nutzung an eine neue Nutzung und damit verbundene geänderte Nutzungsbedürfnisse anzupassen.

Die Fragen C 4.1 bis C 4.6 beziehen sich auf Ihre Einschätzung der **Anpassungsfähigkeit** und die Fragen C 5.1 bis C 5.6 beziehen sich auf Ihre Einschätzung der **Umnutzungsfähigkeit** von Hallen.

Dipl.-Ing. Anne Harzdorf 4

Anpassungsfähigkeit – gleiche Nutzung

C 4.1 Wie wichtig schätzen Sie die Anpassungsfähigkeit von Hallen gegenwärtig und zukünftig (5 bis 10 Jahre) ein?

	wichtig	eher wichtig	mittel	eher unwichtig	unwichtig
Gegenwärtig	☐	☐	☐	☐	☐
Zukünftig	☐	☐	☐	☐	☐

Bitte begründen Sie Ihre Einschätzung.

C 4.2 Wie schätzen Sie grundsätzlich die Anpassungsfähigkeit der benannten Hallentypen im Unternehmen ein?

	gut	eher gut	mittel	eher schlecht	schlecht
Hallentyp 1	☐	☐	☐	☐	☐
Hallentyp 2	☐	☐	☐	☐	☐
Hallentyp 3	☐	☐	☐	☐	☐
Hallentyp 4	☐	☐	☐	☐	☐
Hallentyp 5	☐	☐	☐	☐	☐

C 4.3 Wie stark beeinflussen folgende übergeordnete Kriterien aus Ihrer Sicht grundsätzlich die Anpassungsfähigkeit von Hallen?

	sehr	ziemlich	mittel	wenig	nicht
Gesetzliche Rahmenbedingungen (z. B. Brand-, Schall-, Wärmeschutz etc.)	☐	☐	☐	☐	☐
Grundstück und Flächen (z. B. Größe, Zuschnitt, Erweiterungsflächen etc.)	☐	☐	☐	☐	☐
Gebäudegeometrie und -struktur (z. B. Hallenfläche, Hallenhöhe, Stützenraster etc.)	☐	☐	☐	☐	☐
Tragwerk (z. B. Tragsystem, Ausführungsart, Kraneinbau etc.)	☐	☐	☐	☐	☐
Andienung (z. B. Anzahl & Art der Überladebereiche etc.)	☐	☐	☐	☐	☐
Bodenplatte (z. B. Traglast, Ausführungsart, Nutzschicht etc.)	☐	☐	☐	☐	☐
Fassade und Dach (z. B. Ausführungsart Fassade & Dach etc.)	☐	☐	☐	☐	☐
Fenster, Tore und Türen (z. B. Fensterflächen, ebenerdige Tore etc.)	☐	☐	☐	☐	☐
Technische Gebäudeausrüstung (z. B. Sprinkler, Heizung, Elektro, Beleuchtung etc.)	☐	☐	☐	☐	☐
Ausbau (z. B. Grundausstattung etc.)	☐	☐	☐	☐	☐

Umnutzungsfähigkeit – neue Nutzung

C 5.1   Wie wichtig schätzen Sie die Umnutzungsfähigkeit von Hallen gegenwärtig und
        zukünftig (5 bis 10 Jahre) ein?

	wichtig	eher wichtig	mittel	eher unwichtig	unwichtig
Gegenwärtig	☐	☐	☐	☐	☐
Zukünftig	☐	☐	☐	☐	☐

Bitte begründen Sie Ihre Einschätzung.

_____

C 5.2   Wie schätzen Sie grundsätzlich die Umnutzungsfähigkeit der benannten Hallenty-
        pen im Unternehmen ein?

	gut	eher gut	mittel	eher schlecht	schlecht
Hallentyp 1	☐	☐	☐	☐	☐
Hallentyp 2	☐	☐	☐	☐	☐
Hallentyp 3	☐	☐	☐	☐	☐
Hallentyp 4	☐	☐	☐	☐	☐
Hallentyp 5	☐	☐	☐	☐	☐

C 5.3   Wie stark beeinflussen folgende übergeordnete Kriterien aus Ihrer Sicht grund-
        sätzlich die Umnutzungsfähigkeit von Hallen?

	sehr	ziemlich	mittel	wenig	nicht
Gesetzliche Rahmenbedingungen (z. B. Brand-, Schall-, Wärmeschutz etc.)	☐	☐	☐	☐	☐
Grundstück und Flächen (z. B. Größe, Zuschnitt, Erweiterungsflächen etc.)	☐	☐	☐	☐	☐
Gebäudegeometrie und -struktur (z. B. Hallenfläche, Hallenhöhe, Stützenraster etc.)	☐	☐	☐	☐	☐
Tragwerk (z. B. Tragsystem, Ausführungsart, Kraneinbau etc.)	☐	☐	☐	☐	☐
Andienung (z. B. Anzahl & Art der Überladebereiche etc.)	☐	☐	☐	☐	☐
Bodenplatte (z. B. Traglast, Ausführungsart, Nutzschicht etc.)	☐	☐	☐	☐	☐
Fassade und Dach (z. B. Ausführungsart Fassade & Dach etc.)	☐	☐	☐	☐	☐
Fenster, Tore und Türen (z. B. Fensterflächen, ebenerdige Tore etc.)	☐	☐	☐	☐	☐
Technische Gebäudeausrüstung (z. B. Sprinkler, Heizung, Elektro, Beleuchtung etc.)	☐	☐	☐	☐	☐
Ausbau (z. B. Grundausstattung etc.)	☐	☐	☐	☐	☐

Anpassungsfähigkeit – gleiche Nutzung

C 4.4   Was sind aus Ihrer Sicht die **fünf** wichtigsten **Teilaspekte** der übergeordneten Kriterien aus C 4.3 einer anpassungsfähigen Halle?

1. _____

2. _____

3. _____

4. _____

5. _____

C 4.5   Wie stark stimmen Sie den folgenden Aussagen zur Anpassungsfähigkeit von Hallen aus Ihrer Erfahrung zu?

1.) Die Umsetzung von anpassungsfähigen Hallen hat unternehmensintern einen untergeordneten Stellenwert.

stimme völlig zu	stimme eher zu	unentschieden	stimme eher nicht zu	stimme gar nicht zu
☐	☐	☐	☐	☐

2.) Die planerischen Vorgaben zur Realisierung von anpassungsfähigen Hallen werden unternehmensintern aufgrund von kurzfristigen Kostenminimierungen zum Investitionszeitpunkt oftmals nicht umgesetzt.

stimme völlig zu	stimme eher zu	unentschieden	stimme eher nicht zu	stimme gar nicht zu
☐	☐	☐	☐	☐

Können Sie anhand ausgewählter Beispiele darstellen, welche planerischen Vorgaben für anpassungsfähige Hallen realisiert und welche aufgrund kurzfristiger Kostenminimierung nicht umgesetzt wurden?

_____

_____

<u>Umnutzungsfähigkeit – neue Nutzung</u>

C 5.4   Was sind aus Ihrer Sicht die **fünf** wichtigsten **Teilaspekte** der übergeordneten
        Kriterien aus C 5.3 einer umnutzungsfähigen Halle?
        1. _____
        2. _____
        3. _____
        4. _____
        5. _____

C 5.5   Wie stark stimmen Sie den folgenden Aussagen zur Umnutzungsfähigkeit von
        Hallen aus Ihrer Erfahrung zu?

        1.) Die Umsetzung von umnutzungsfähigen Hallen hat unternehmensintern einen
            untergeordneten Stellenwert.

        stimme völlig zu   stimme eher zu   unentschieden   stimme eher nicht zu   stimme gar nicht zu
            ☐   ☐   ☐   ☐   ☐

        2.) Die planerischen Vorgaben zur Realisierung von umnutzungsfähigen Hallen
            werden unternehmensintern aufgrund von kurzfristigen Kostenminimie-
            rungen zum Investitionszeitpunkt oftmals nicht umgesetzt.

        stimme völlig zu   stimme eher zu   unentschieden   stimme eher nicht zu   stimme gar nicht zu
            ☐   ☐   ☐   ☐   ☐

        Können Sie anhand ausgewählter Beispiele darstellen, welche planerischen
        Vorgaben für umnutzungsfähige Hallen realisiert und welche aufgrund
        kurzfristiger Kostenminimierung nicht umgesetzt wurden?
        _____
        _____

D   **Anforderungen an Hallen**

D 1   **Brand-, Schall-, Wärmeschutz**

D 1.1   Gibt es zusätzliche Anforderungen zum Brand-, Schall- und Wärmeschutz von Hallen im Unternehmen, die über die genehmigungsrechtlichen Anforderungen hinaus eingehalten werden müssen?

Brandschutz	☐ ja	☐ nein
Schallschutz	☐ ja	☐ nein
Wärmeschutz	☐ ja	☐ nein

Wenn **ja**, bitte beschreiben Sie die Anforderungen näher.

_____

_____

D 2   **Grundstück und Flächen**

D 2.1   Können Sie Angaben zu den benötigten Freiflächen (z. B. Erweiterungsflächen, Stellflächen etc.) der benannten Hallentypen machen?

☐ ja   ☐ nein

Wenn **ja**, bitte benennen Sie die mindestens benötigten Freiflächen für typische Hallengrößen der benannten Hallentypen.

_____

_____

D 2.2   Gibt es aus Ihrer Sicht an das Grundstück und die vorhandenen Flächen weitere Anforderungen, die möglichst erfüllt sein sollten (z. B. Grundstücksgröße, Grundstückszuschnitt, Einfriedung, Zufahrten, Umfahrung etc.)?

☐ ja   ☐ nein

Wenn **ja**, bitte beschreiben Sie die Anforderungen näher.

_____

_____

D 3   **Gebäudegeometrie und Struktur**

D 3.1   Welche Hallengrößen (m² BGF) werden für die benannten Hallentypen typischerweise benötigt?

	≤ 2.500 m²	über 2.500 bis 5.000 m²	über 5.000 bis 7.500 m²	über 7.500 bis 10.000 m²	> 10.000 m²
Hallentyp 1	☐	☐	☐	☐	☐
Hallentyp 2	☐	☐	☐	☐	☐
Hallentyp 3	☐	☐	☐	☐	☐
Hallentyp 4	☐	☐	☐	☐	☐
Hallentyp 5	☐	☐	☐	☐	☐

D 3.2 | Welche Hallenhöhen (UK Binder) kommen für die benannten Hallentypen typischerweise zur Ausführung?

	< 6 m	~ 6 m	~ 7 m	~ 8 m	~ 9 m	~ 10 m	~ 11 m	~ 12 m	> 12 m
Hallentyp 1	☐	☐	☐	☐	☐	☐	☐	☐	☐
Hallentyp 2	☐	☐	☐	☐	☐	☐	☐	☐	☐
Hallentyp 3	☐	☐	☐	☐	☐	☐	☐	☐	☐
Hallentyp 4	☐	☐	☐	☐	☐	☐	☐	☐	☐
Hallentyp 5	☐	☐	☐	☐	☐	☐	☐	☐	☐

D 3.3 | Welche Abstände der äußeren Stützen in Längs- und Querrichtung werden typischerweise vorgesehen?

	< 5 m	~ 5 m	~ 6 m	~ 7 m	~ 8 m	> 8 m
Hallentyp 1	☐	☐	☐	☐	☐	☐
Hallentyp 2	☐	☐	☐	☐	☐	☐
Hallentyp 3	☐	☐	☐	☐	☐	☐
Hallentyp 4	☐	☐	☐	☐	☐	☐
Hallentyp 5	☐	☐	☐	☐	☐	☐

D 3.4 | Welche inneren Stützenabstände in Längs- und Querrichtung (inneres Stützenraster) werden für die benannten Hallentypen typischerweise ausgeführt?

	stützenfrei	inneres Stützenraster	Längsrichtung (Abfangbinderrichtung)	Querrichtung (Dachbinderrichtung)
Hallentyp 1	☐	☐	_____ m x	_____ m
Hallentyp 2	☐	☐	_____ m x	_____ m
Hallentyp 3	☐	☐	_____ m x	_____ m
Hallentyp 4	☐	☐	_____ m x	_____ m
Hallentyp 5	☐	☐	_____ m x	_____ m

D 3.5 | Wo werden Büro- und Sozialflächen für die benannten Hallentypen typischerweise untergebracht?

	ebenerdige Einbauten	mezzanine Einbauten	Anbauten/ Kopfbauten	separat
Hallentyp 1	☐	☐	☐	☐
Hallentyp 2	☐	☐	☐	☐
Hallentyp 3	☐	☐	☐	☐
Hallentyp 4	☐	☐	☐	☐
Hallentyp 5	☐	☐	☐	☐

D 3.6 | Welche Büro- und Sozialflächenanteile werden für Hallen im Unternehmen typischerweise vorgesehen?

< 5 %	~ 5 %	~ 10 %	~ 15 %	~ 20 %	≥ 20%
☐	☐	☐	☐	☐	☐

D 3.7 | Gibt es aus Ihrer Sicht an die Gebäudegeometrie weitere Anforderungen, die möglichst erfüllt sein sollten (z. B. Hallentiefe, Unterteilbarkeit, Geschossigkeit etc.)?

☐ ja   ☐ nein

Wenn **ja**, bitte beschreiben Sie die Anforderungen näher.

_____

_____

D 4   Tragwerk

D 4.1 | Wie häufig kommen die nachfolgend genannten Materialien für die Ausbildung der Stützen (außen, innen) von Hallen im Unternehmen zur Ausführung?

	(fast) immer	häufig	manchmal	selten	nie
Stahl	☐	☐	☐	☐	☐
Stahlbeton	☐	☐	☐	☐	☐
Holz	☐	☐	☐	☐	☐
Sonstige: _____	☐	☐	☐	☐	☐

D 4.2 | Wie häufig kommen die nachfolgend genannten Materialien für die Ausbildung der Binder von Hallen im Unternehmen zur Ausführung?

	(fast) immer	häufig	manchmal	selten	nie
Stahl	☐	☐	☐	☐	☐
Stahlbeton	☐	☐	☐	☐	☐
Holz	☐	☐	☐	☐	☐
Sonstige: _____	☐	☐	☐	☐	☐

D 4.3 | Für welche der benannten Hallentypen ist bei der Dimensionierung des Tragwerks der Einbau eines Krans zu berücksichtigen?

	nicht erforderlich	projektspezifisch erforderlich	generell erforderlich	Traglast
Hallentyp 1	☐	☐	☐	_____ t
Hallentyp 2	☐	☐	☐	_____ t
Hallentyp 3	☐	☐	☐	_____ t
Hallentyp 4	☐	☐	☐	_____ t
Hallentyp 5	☐	☐	☐	_____ t

D 4.4 Werden bei der Dimensionierung des Tragwerks für die benannten Hallentypen zusätzlich zu den erforderlichen Traglasten weitere Traglastreserven (z. B. höhere Anhängelasten, nachträgliche Montagearbeiten etc.) vorgesehen?

	Keine Traglastreserve	~ 0,5 kN/m²	~ 1 kN/m²	~ 2 kN/m²	> 2 kN/m²
Hallentyp 1	☐	☐	☐	☐	☐
Hallentyp 2	☐	☐	☐	☐	☐
Hallentyp 3	☐	☐	☐	☐	☐
Hallentyp 4	☐	☐	☐	☐	☐
Hallentyp 5	☐	☐	☐	☐	☐

D 4.5 Gibt es aus Ihrer Sicht an das Tragwerk weitere Anforderungen, die möglichst erfüllt sein sollten (z. B. Art der Tragsysteme und Aussteifungen, Rammschutz der Bauteile etc.)?

☐ ja ☐ nein

Wenn **ja**, bitte beschreiben Sie die Anforderungen näher.

_____

_____

D 5 Andienung

D 5.1 Wie werden die Überladebereiche für die benannten Hallentypen typischerweise ausgeführt?

	ebenerdig	Verladerampe evtl. mit Überladebrücke	Tor mit Überladebrücke und Wetterschürze
Hallentyp 1	☐	☐	☐
Hallentyp 2	☐	☐	☐
Hallentyp 3	☐	☐	☐
Hallentyp 4	☐	☐	☐
Hallentyp 5	☐	☐	☐

D 5.2 Welche Anzahl an Überladetoren wird für die benannten Hallentypen typischerweise vorgesehen?

	weniger als 1 pro 2.000 m²	1 pro 2.000 m²	1 pro 1.000 m²	1 pro 500 m²	mehr als 1 pro 500 m²
Hallentyp 1	☐	☐	☐	☐	☐
Hallentyp 2	☐	☐	☐	☐	☐
Hallentyp 3	☐	☐	☐	☐	☐
Hallentyp 4	☐	☐	☐	☐	☐
Hallentyp 5	☐	☐	☐	☐	☐

D 5.3   Welche Tiefe der Rangierflächen (Verladehof und Straße) kommt für die benannten Hallentypen typischerweise zur Ausführung?

Hallentyp 1	_____ m
Hallentyp 2	_____ m
Hallentyp 3	_____ m
Hallentyp 4	_____ m
Hallentyp 5	_____ m

D 5.4   Gibt es aus Ihrer Sicht an die Andienung weitere Anforderungen, die möglichst erfüllt sein sollten (z. B. mehrseitige Andienbarkeit, Neigung und Absenkung des Verladehofs, Sanitärzonen etc.)?

☐ ja   ☐ nein

Wenn **ja**, bitte beschreiben Sie die Anforderungen näher.

_____

_____

D 6   Bodenplatte

D 6.1   Welche Anforderungen werden an die Tragfähigkeit der Bodenplatte für die benannten Hallentypen gestellt?

	< 30 kN/m²	~ 30 kN/m²	~ 50 kN/m²	~ 70 kN/m²	> 70 KN/m²
Hallentyp 1	☐	☐	☐	☐	☐
Hallentyp 2	☐	☐	☐	☐	☐
Hallentyp 3	☐	☐	☐	☐	☐
Hallentyp 4	☐	☐	☐	☐	☐
Hallentyp 5	☐	☐	☐	☐	☐

D 6.2   Wie häufig kommen die nachfolgend genannten Ausführungsarten der Bodenplatte von Hallen im Unternehmen zur Ausführung?

	sehr häufig	häufig	manchmal	selten	nie
Walzbeton (unbewehrt)	☐	☐	☐	☐	☐
Stahlbeton	☐	☐	☐	☐	☐
Stahlfaserbeton	☐	☐	☐	☐	☐
Bitumen	☐	☐	☐	☐	☐
Sonstige: _____	☐	☐	☐	☐	☐

D 6.3 Wie häufig kommen die nachfolgend genannten Nutzschichten der Bodenplatte von Hallen im Unternehmen zur Ausführung?

	(fast) immer	häufig	manchmal	selten	nie
Hydrophobierung	☐	☐	☐	☐	☐
Versiegelung	☐	☐	☐	☐	☐
Beschichtung	☐	☐	☐	☐	☐
Hartstoffeinstreu	☐	☐	☐	☐	☐
Estrich	☐	☐	☐	☐	☐
Sonstige: _____	☐	☐	☐	☐	☐

D 6.4 Erfordern die benannten Hallentypen die Ausführung der Bodenplatte mit einem Gefälle und innenliegender Entwässerung? (z. B. durch Umgang mit wassergefährdenden Stoffen)

	nicht erforderlich	projektspezifisch erforderlich	generell erforderlich	Gefälle
Hallentyp 1	☐	☐	☐	_____ %
Hallentyp 2	☐	☐	☐	_____ %
Hallentyp 3	☐	☐	☐	_____ %
Hallentyp 4	☐	☐	☐	_____ %
Hallentyp 5	☐	☐	☐	_____ %

D 6.5 Gibt es aus Ihrer Sicht an die Bodenplatte weitere Anforderungen, die möglichst erfüllt sein sollten (z. B. Ausbildung Untergrund, Wärmedämmung, Anordnung der Fugen, Abriebfestigkeit, Löschwasserrückhaltung etc.)?

☐ ja   ☐ nein

Wenn **ja**, bitte beschreiben Sie die Anforderungen näher.

_____

_____

D 7   Fassade und Dach

D 7.1 Wie häufig kommen die nachfolgend genannten raumabschließenden Fassadenausführungen von Hallen im Unternehmen zur Ausführung?

	(fast) immer	häufig	manchmal	selten	nie
Mauerwerk	☐	☐	☐	☐	☐
Betonfertigteile	☐	☐	☐	☐	☐
Porenbetonfertigteile	☐	☐	☐	☐	☐
Kassettenelemente	☐	☐	☐	☐	☐
Sandwichelemente	☐	☐	☐	☐	☐
Sonstige: _____	☐	☐	☐	☐	☐

D 7.2 Wie häufig kommen die nachfolgend genannten Dacharten von Hallen im Unternehmen zur Ausführung?

	(fast) immer	häufig	manchmal	selten	nie
Flachdach	☐	☐	☐	☐	☐
Pultdach	☐	☐	☐	☐	☐
Satteldach	☐	☐	☐	☐	☐
Sheddach	☐	☐	☐	☐	☐
Sonstige: _____	☐	☐	☐	☐	☐

D 7.3 Wie häufig kommen die nachfolgend genannten raumabschließenden Dachausführungen von Hallen im Unternehmen zur Ausführung?

	(fast) immer	häufig	manchmal	selten	nie
Betonfertigteilplatten	☐	☐	☐	☐	☐
Porenbetonplatten	☐	☐	☐	☐	☐
Trapezbleche	☐	☐	☐	☐	☐
Sonstige: _____	☐	☐	☐	☐	☐

D 7.4 Gibt es zusätzliche Anforderungen an den Anprall-, Diebstahl- und Explosionsschutz von Hallen im Unternehmen?

Anprallschutz	☐ ja	☐ nein
Diebstahlschutz	☐ ja	☐ nein
Explosionsschutz	☐ ja	☐ nein

Wenn **ja**, bitte beschreiben Sie die Anforderungen näher.

_____

_____

D 7.5 Gibt es aus Ihrer Sicht an die Fassade und das Dach weitere Anforderungen, die möglichst erfüllt sein sollten (z. B. Sockelausbildung, Neigung des Dachs, Dachentwässerung, Attikaausbildung, Absturzsicherung etc.)?

☐ ja   ☐ nein

Wenn **ja**, bitte beschreiben Sie die Anforderungen näher.

_____

_____

D 8   **Fenster, Tore und Türen**

D 8.1 Wie häufig kommen die nachfolgend genannten Arten der natürlichen Belichtung von Hallen im Unternehmen zur Ausführung?

	(fast) immer	häufig	manchmal	selten	nie
Lichtkuppeln (Dach)	☐	☐	☐	☐	☐
Lichtbänder (Dach)	☐	☐	☐	☐	☐
Sheds (Dach)	☐	☐	☐	☐	☐
Lichtbänder (Fassade)	☐	☐	☐	☐	☐
Einzelflächen (Fassade)	☐	☐	☐	☐	☐
Sonstige: _____	☐	☐	☐	☐	☐

D 8.2 Welche Anzahl an ebenerdigen Toren im Bereich der raumabschließenden Fassade wird für die benannten Hallentypen typischerweise vorgesehen?

	weniger als 1 pro 10.000 m²	~1 pro 10.000 m²	~1 pro 5.000 m²	~1 pro 2.500 m²	~1 pro 1.000 m²	mehr als 1 pro 1.000 m²
Hallentyp 1	☐	☐	☐	☐	☐	☐
Hallentyp 2	☐	☐	☐	☐	☐	☐
Hallentyp 3	☐	☐	☐	☐	☐	☐
Hallentyp 4	☐	☐	☐	☐	☐	☐
Hallentyp 5	☐	☐	☐	☐	☐	☐

D 8.3 Gibt es aus Ihrer Sicht an Fenster, Tore und Türen weitere Anforderungen, die möglichst erfüllt sein sollten (z. B. Durchsturzsicherung Dachfenster, Belichtungsflächen Fassade, Ausführungsart Tore etc.)?

☐ ja   ☐ nein

Wenn **ja**, bitte beschreiben Sie die Anforderungen näher.

_____

_____

D 9   **Technische Gebäuderüstung**

D 9.1 Wo werden die Technikzentralen der benannten Hallentypen typischerweise angeordnet?

_____

_____

D 9.2 Wie erfolgt die Medienführung in Hallen im Unternehmen überwiegend?

Medienführung Bodenkanäle	Medienführung Wand	Medienführung Binderebene/Dach
☐	☐	☐

D 9.3 | Wird der Einbau einer Löschanlage für die benannten Hallentypen generell vorgesehen und welche Löschanlagenart kommt typischerweise zur Ausführung?

	Keine Löschanlage	Wasser-löschanlage	Schaum-löschanlage	Gas-löschanlage	Pulver-löschanlagen
Hallentyp 1	☐	☐	☐	☐	☐
Hallentyp 2	☐	☐	☐	☐	☐
Hallentyp 3	☐	☐	☐	☐	☐
Hallentyp 4	☐	☐	☐	☐	☐
Hallentyp 5	☐	☐	☐	☐	☐

D 9.4 | Wird die Beheizbarkeit der benannten Hallentypen typischerweise vorgesehen?

☐ ja   ☐ nein

Wenn **ja**, für welche Temperaturen wird die Heiztechnik für die benannten Hallentypen typischerweise ausgelegt?

Hallentyp 1 _____ °C
Hallentyp 2 _____ °C
Hallentyp 3 _____ °C
Hallentyp 4 _____ °C
Hallentyp 5 _____ °C

Wenn **ja**, wie häufig kommen die nachfolgend genannten Heiztechnikarten zur Ausführung?

	(fast) immer	häufig	manchmal	selten	nie
Warmluftheizung	☐	☐	☐	☐	☐
Strahlheizung	☐	☐	☐	☐	☐
Fußbodenheizung	☐	☐	☐	☐	☐
Sonstige: _____	☐	☐	☐	☐	☐

D 9.5 | Gibt es aus Ihrer Sicht an die technische Gebäudeausrüstung weitere Anforderungen, die möglichst erfüllt sein sollten (z. B. Starkstrom, Rauch- und Wärmeabzugsanlagen, Raumlufttechnische Anlagen, Beleuchtungsart, weitere spezielle technische Gebäudeausrüstung etc.)?

☐ ja   ☐ nein

Wenn **ja**, bitte beschreiben Sie die Anforderungen näher.

_____
_____

D 10   Ausbau

D 10.1 Gibt es aus Ihrer Sicht an die Grundausstattung des Nutzerausbaus Anforderungen, die möglichst erfüllt sein sollten?

☐ ja   ☐ nein

Wenn **ja**, bitte beschreiben Sie die Anforderungen näher.

_____

_____

E   Abschluss

E 1   Können Sie Angaben zu Spannbreiten der durchschnittlichen Kosten von Hallen im Unternehmen machen? (Angabe Ohne/Inklusive USt.)

☐ KG 300 (Baukonstruktion)   von _____ €/(m² * BGF) bis _____ €/(m² * BGF)

☐ KG 400 (Technische Anlagen) von _____ €/(m² * BGF) bis _____ €/(m² * BGF)

☐ Gesamtkosten*² von _____ €/(m² * BGF) bis _____ €/(m² * BGF)

*² Bitte geben Sie die enthaltenen Teilleistungen an

E 2   Gibt es weitere Anforderungen an Hallen, die aus Ihrer Sicht als wichtig erachtet werden können (z. B. Zertifizierung, Photovoltaik etc.)?

☐ ja   ☐ nein

Wenn **ja**, bitte beschreiben Sie die Anforderungen näher.

_____

_____

E 3   Möchten Sie die Ergebnisse der Expertenbefragung erhalten?

☐ ja   ☐ nein

Vielen Dank für Ihre Teilnahme!

Anlage 2: Fragebogen „Markt" Teil B

**TECHNISCHE
UNIVERSITÄT
DRESDEN**

Fakultät Bauingenieurwesen Institut für Baubetriebswesen

Fragebogen „Markt" (ca. 90 Minuten)

B	Unternehmen und Hallen

B 1   Welche Leistungsbereiche werden im Unternehmen in Bezug auf Hallen abgedeckt?

☐ Projektberatung   ☐ Projektausführung/-umsetzung
☐ Projektentwicklung   ☐ Projektvermittlung/-vermarktung

B 2   Wieviel Prozent der Geschäftstätigkeiten in Bezug auf Hallen entfallen auf die nachfolgend genannten Branchen? (Schätzung genügt)

Industrie *	_____ %
Logistik	_____ %
Handel	_____ %
Sonstige: _____	_____ % Σ = 100 %

B 3   Bitte nennen und beschreiben Sie nachfolgend maximal fünf übergeordnete Hallentypen, welche im Rahmen der genannten Leistungsbereiche im Unternehmen am häufigsten nachgefragt/realisiert werden. Die genannten Hallentypen bilden die Grundlage für die Frageteile C und D

	Bezeichnung	Beschreibung/Besonderheiten/Unterscheidung
Hallentyp 1		
Hallentyp 2		
Hallentyp 3		
Hallentyp 4		
Hallentyp 5		

Anlage 3: Anschreiben Experteninterview

TECHNISCHE UNIVERSITÄT DRESDEN

Fakultät Bauingenieurwesen Institut für Baubetriebswesen

Technische Universität Dresden, 01062 Dresden

[Unternehmen]
[Position]
[Anrede, Name]
[Strasse]
[Stadt]

Prof. Dr.-Ing
Rainer Schach
Institutsdirektor

Telefon:
Telefax:
E-Mail:
AZ:

Dresden, den [xx.xx.xxxx]

„Anpassungs- und Umnutzungsfähigkeit von Produktionshallen"
Experteninterview

Sehr geehrte(r) [Anrede Name],

Gebäude sollen heutzutage nachhaltig geplant, gebaut und betrieben werden. Das bedeutet, dass neben der Wirtschaftlichkeit auch spätere Nutzungsanforderungen in die Betrachtungen einfließen sollten. Dies trifft auch auf industriell genutzte Hallen zu. In einem Forschungsprojekt untersuchen wir, wie mithilfe von konzeptionellen Planungsansätzen der Werterhalt von Produktionshallen gesichert, die Vermarktungsfähigkeit erhöht, das Leerstandsrisiko reduziert und notwendige Anpassungen im Rahmen von Folgenutzungen mit möglichst geringem Ressourcenaufwand realisiert werden können.

Frau Dipl.-Ing. Anne Harzdorf beschäftigt sich als wissenschaftliche Mitarbeiterin an meinem Institut in Ihrem Promotionsvorhaben mit diesem Thema. In einer Expertenbefragung soll speziell für Unternehmen der Industrie ermittelt werden, welche nutzungsspezifischen Kriterien für die Anpassungs- und Umnutzungsfähigkeit von Produktionshallen von Bedeutung sind.

Ich würde mich freuen, wenn Sie für dieses Forschungsprojekt im Rahmen einer ca. 90-minütigen Befragung zur Verfügung stehen würden. Frau Harzdorf würde Sie hierzu wegen einer Terminvereinbarung in den nächsten Tagen telefonisch kontaktieren.

Ich würde mich außerordentlich über Ihre Teilnahme freuen und bedanke mich hierfür bereits im Voraus.

Mit freundlichen Grüßen

Univ.-Prof. Dr.-Ing. R. Schach
Institutsdirektor

DRESDEN
concept
Exzellenz aus
Wissenschaft
und Kultur